Geotechnische Klassifikationen von Festgesteinen und Festgebirgen

Bernd Müller
Uwe Pippig
Ulrich Sebastian

Geotechnische Klassifikationen von Festgesteinen und Festgebirgen

Springer Spektrum

Bernd Müller
Geotechnisches
Sachverständigenbüro
Schkeuditz, Sachsen, Deutschland

Uwe Pippig
Geotechnisches
Sachverständigenbüro
Schkeuditz, Sachsen, Deutschland

Ulrich Sebastian
Fachschule für Technik
Freiberg, Sachsen, Deutschland

ISBN 978-3-662-59776-7 ISBN 978-3-662-59777-4 (eBook)
https://doi.org/10.1007/978-3-662-59777-4

Die Deutsche Nationalbibliothek verzeichnet diese Publikation in der Deutschen Nationalbibliografie; detaillierte bibliografische Daten sind im Internet über http://dnb.d-nb.de abrufbar.

Springer Spektrum

Planung/Lektorat: Sarah Koch

Springer Spektrum ist ein Imprint der eingetragenen Gesellschaft Springer-Verlag GmbH, DE und ist ein Teil von Springer Nature.
Die Anschrift der Gesellschaft ist: Heidelberger Platz 3, 14197 Berlin, Germany

Vorwort

Das vorliegende Büchlein ist in der ingenieurgeologisch-felsmechanischen Praxis geboren. Die Festgesteine und Festgebirge wurden in der bisherigen Literatur hinsichtlich ihrer quantitativen Bewertung oberflächlich behandelt und regelrecht vernachlässigt. Bestimmte Eigenschaften wie beispielsweise die einaxiale Druckfestigkeit wurden kritiklos übernommen, ohne die Fehler der Ermittlung zu beachten. Es ist das Anliegen des Buches, auf der Grundlage von Kenn- und Messwerten sowie nachweisbaren Abhängigkeiten die wichtigsten geotechnisch-felsmechanischen Klassifikationen von Festgesteinen und Festgebirgen vorzustellen. Die oft im Widerspruch zu bestehenden Normen stehenden Ausführungen und Einteilungsprinzipien mit sprachlich eindeutiger Zuordnung sowie einheitlicher Bewertung sollen die bestehenden Lücken in den Standards und Fachbüchern der Gesteinskunde, Ingenieurgeologie und Geotechnik schließen. Dazu werden fehlerhafte und unklare Beurteilungen der ingenieurgeologisch-geotechnischen Verhältnisse von vorhandenen Berichten eingestreut, um die erforderlichen Verbesserungen der quantitativen Gesteins- und Gebirgsbewertung zu verdeutlichen. Aus diesen Beispielen der Praxis soll nicht zuletzt die klare inhaltliche und begriffliche Kennzeichnung der Festgebirge und -gesteine den Anwendern nahegebracht werden. Mit dem Fachbüchlein wollen die Autoren das Verständnis für die vielfältigen Zusammenhänge der scheinbar chaotischen natürlichen Verhältnisse der Festgebirge wecken. Die Natur ist geordneter, als auf den ersten Blick anzunehmen.

Allen mitwirkenden Mitarbeitern von Springer sind wir für die Ermutigung und Unterstützung zu Dank verpflichtet. Unser Dank geht auch an die Mitarbeiterin des Geotechnischen Sachverständigenbüros Dr. Müller, Frau Kerstin Marker, die unter anderem viele Zeichnungen perfekt digitalisierte. Besonderer Dank gilt Herrn Dr. Ingolf Baumann der AOS GmbH für die fachliche Beratung, Motivation zur Thematik und schreibtechnische Unterstützung. Alle aufgeführten phasenanalytischen Untersuchungen wurden sehr professionell durch das Ehepaar Dr. M. H. Werner, dem Labor für Materialprüfung und -analyse GmbH Leipzig in dankenswerter Weise vorgenommen.

Möge das bunte Büchlein viele Freunde unter Studierenden und Fachkollegen finden, zur Anwendung der Empfehlungen anregen oder eine Hilfe für das Verständnis der Festgesteine und -gebirge darstellen. Über Hinweise und Verbesserungen würden wir uns sehr freuen.

Die Autoren

Inhaltsverzeichnis

Über die Autoren

Dr. Bernd Müller
hat Geologie studiert, auf dem Gebiet Felsbau für die Bereiche Naturstein und Bauwesen promoviert und habilitiert. Er war Dozent an Hochschulen und Leiter verschiedener Büros und Gesellschaften, die sich mit Geotechnik und Sprengtechnik beschäftigen. Seit vielen Jahren leitet er sein Geotechnisches Sachverständigenbüro in Leipzig und ist Sachverständiger für Geotechnik, Sprengtechnik und Erschütterungen.

Uwe Pippig
ist Geophysiker und war im Uran- und Salzbergbau tätig, bevor er Projektleiter in verschiedenen Ingenieurbüros wurde. Er ist langjähriger wissenschaftlicher Mitarbeiter und Ko-Autor von Bernd Müller.

Dr. Ulrich Sebastian
ist Geologe und beschäftigte sich in seiner Promotion mit Strukturgeologie an Metamorphiten. Er unterrichtet an der Fachschule für Technik in Freiberg/Sachsen, wo Staatlich geprüfte Techniker für Geologie-, Bohr- bzw. Bergbautechnik ausgebildet werden.

Einführung

B. Müller, U. Pippig, U. Sebastian, *Geotechnische Klassifikationen von Festgesteinen und Festgebirgen*, https://doi.org/10.1007/978-3-662-59777-4_1

Wir verdanken Carl von Linné die erste Klassifikation des Pflanzen- und Tierreiches. Sie stellt ein frühes Musterbeispiel einer wissenschaftlichen Systematik dar und zeigt mit ihrem Erfolg gleichzeitig die Bedeutung der Einordnung von Gegenständen eines Wissensgebietes in eine straff gegliederte Hierarchie. Linnés Gliederung galt auch für Fossilien, wurde jedoch nicht mit Erfolg auf die Gesteine angewandt. Seit über 200 Jahren haben Geologen versucht, die scheinbar unendliche Vielfalt der Gesteine in Schubladen zu pressen. Neben der genauso unendlichen Vielfalt von Gesteinsnamen existieren heute auch unzählige Klassifikationen für unsere mineralische Welt – für die feste (Fels) und mehr noch für die lockere (Boden). Für Geologen war schnell klar, dass die Entstehung der Gesteine im Mittelpunkt ihrer Nomenklatur stehen muss. Anders sahen das die Ingenieure, für die im Bauwesen und in den Bergwerken die technischen Gesteinseigenschaften am wichtigsten sind. Sie bemerkten auch, dass die Gesteinsart nicht allein für die Abbaueigenschaften und Standfestigkeiten verantwortlich ist. Manchmal ist die Gegenwart von Trennflächen – wie zum Beispiel von Klüften – oder der Verwitterungsgrad sogar viel ausschlaggebender. Deshalb unterschied man recht schnell zwischen Gestein und Gebirge – und für beide mussten Klassifikationen gefunden werden.

So, wie Linnés Gliederung für Tiere und Pflanzen aufgrund des wissenschaftlichen Fortschritts angepasst werden musste, müssen auch die technischen Gesteins- und Gebirgsklassifikationen ständig an die Erfordernisse der Branchen angeglichen werden. Verschiedene Gewerke entwickelten ihre eigenen Normen. Hinderlich ist dabei häufig der technische Aufwand, der betrieben werden muss, um eine solide Einordnung mit guter Reproduzierbarkeit vornehmen zu können. Die heute verfügbaren Klassifikationen von Festgesteinen und Festgebirgen sind oft mit empirischen Kenngrößen und nur sporadisch mit statistischen Zusammenhängen durchsetzt. Manchmal sind diese Werte nur fehlerhaft bestimmbar, sodass sie für praktische Fragestellungen im Bauwesen, Tunnelbau und Bergbau ungenügend nutzbar sind. Für alle konstruktiven Aufgaben im Felsbau sind aber genau diese ingenieurgeologisch-felsmechanischen Kennwerte unbedingt erforderlich. Es gilt, diese Eigenschaften in sinnvolle Beziehung zur geotechnisch-konstruktiven Aufgabe zu setzen und mit praktikablen und möglichst objektiven Methoden zu ermitteln.

Mit der Zunahme der Bautätigkeit über und unter Tage sowie mit dem Anwachsen der Dimensionen der Baumaßnahmen (vor allem der linienhaften Verkehrsbauten) entstand in allen Ländern die Notwendigkeit, wirklich brauchbare geotechnische Klassifikationen für Festgebirge und -gesteine zu erarbeiten. Der Vergleich internationaler Regelungen zeigt, dass eine objektive geotechnische Klassifikation hierfür aussteht. Eine Standardisierung auf diesem Gebiet kam einerseits wegen der Komplexität, den ungeklärten Zusammenhängen und aufgrund praktischer Bedenken nur zögernd voran. Andererseits wurde durch die verbreitete Meinung, der Fels sei im Gegensatz zum Boden ein „guter und unveränderlicher" Baugrund, eine tiefergehende Bewertung viele Jahre gehemmt. Hinzu kommt, dass das Wissenschaftsgebiet der Geotechnik durch neue Erkenntnisse im Gesteins- und Gebirgsverhalten unübersichtlich geworden ist.

Grundsätzlich sind nur solche Klassifikationen für die geotechnische Praxis von Bedeutung, die

- eine allgemeine ingenieurgeologisch-felsmechanische Bewertung des Festgebirges gestatten (materialorientierte Klassifikation) und
- auf bestimmte geotechnische Fragestellungen beziehbar sind (zweckorientierte Klassifikation).

Für die Erarbeitung von Klassifikationen gilt es, statistisch gesicherte Korrelationen zwischen material- und zweckorientierten Eigenschaften auf der Basis nachweisbarer logischer Zusammenhänge zu finden. Es kann für das Festgebirge und die Festgesteine wegen dieser Grundsatzforderung keine einheitliche Klassifikation geben, sondern nur ein Klassifikationssystem von geologischen und ingenieurgeologisch-felsmechanischen Einteilungen mit den verschiedenen geotechnischen Spezialisierungsrichtungen.

Für ein praktikables Klassifikationssystem des Felsbaues können die nachstehenden Forderungen formuliert werden:

- In den einzelnen Klassifikationen sollten Parameter berücksichtigt werden, die möglichst statistisch abgesicherte Korrelationen zum jeweiligen Klassifikationsziel aufweisen. Dieses Ziel muss festgelegt werden.
- Im Klassifikationssystem für den Felsbau müssen die entsprechenden Eigenschaften von Festgebirge und Festgestein auf der Grundlage der definierten Gefügemodelle Eingang finden.
- Die ermittelten Kennwerte sind stets auf bestimmte Bereiche des Gebirges (Homogenbereiche) zu beziehen.
- Eine Klassifikation sollte auf leicht verständlichen, gleichen quantitativen Merkmalen beruhen, die einfach, definiert und in genügender Anzahl objektiv zu messen sind.
- Die Messmethoden der Untersuchungen in situ bzw. im Labor müssen möglichst international anerkannt und wenn erforderlich standardisiert sein.
- Die Eingangsdaten sollen für die Wissenspräsentation in Computern (Datenbanken) geeignet sein.
- Letztlich sollten Klassifikationen überschaubar, anwenderfreundlich, für den Fachingenieur einfach lesbar sein und die Arbeiten des planenden Ingenieurs nicht einschränken.

Trotz dieser Forderungen muss man stets die komplizierten Entstehungsverhältnisse und physikalischen Eigenschaften des Diskontinuums Festgebirge beachten. Es ist immer ein bestimmtes Maß an Erfahrung erforderlich, um das Gebirge in Teile gleicher Eigenschaften (Homogenbereiche) für die jeweilige Fragestellung gliedern zu können.

Damit steht jeder Versuch einer Klassifikation vor einem Dilemma. Zur Erstellung von geotechnischen Gutachten, felsmechanischen und felsstatischen Nachweisen und Ausführungsplanungen von Baumaßnahmen über und unter Tage sind einerseits verständliche und statistisch gesicherte Zuordnungen der Festgesteine und Festgebirge zwingend erforderlich. Gleichzeitig soll aber auch eine vertretbare Vereinheitlichung und Eindeutigkeit der verwendeten Begriffe und Darstellungsformen erreicht werden.

Das Anliegen des Buches ist, praktikable geotechnische Klassifikationen für den Felsbau im Bauwesen, Tunnelbau und Bergbau vorzustellen. Grundlage dafür sind langjährige Erfahrungen im Umgang mit gesteinsphysikalischen und felsmechanischen Kennwerten und deren Ermittlung an allen Gesteinsarten und an verschiedenen Festgebirgen. Es sollen spezifische Eigenschaften der Gesteine und des Gebirges betrachtet werden, die sich aufgrund ihrer Quantifizierbarkeit für eine Klassifikation eignen. Es werden (z. T. überraschende) Zusammenhänge zwischen verschiedenen physikalischen Eigenschaften und Kennwerten aufgedeckt und erstmals quantitativ dargelegt. Das Buch verfolgt damit zwei Ziele. Zum einen soll es zu einem besseren Verständnis der (v. a. physikalischen und damit technischen) Eigenschaften der Gesteine im Festgebirge führen. Teilweise wird mit überholten Anschauungen aufgeräumt, und etablierte Termini und Kategorien werden einer kritischen Revision unterzogen. Zum anderen soll das Buch Nachschlagewerk der nutzbaren Parameter bei der Klassifikation und Einordnung der Festgesteine und -gebirge in der Praxis sein. Um die Bedeutung des vorgestellten Klassifikationssystems zu unterstreichen, wird der Text durch zahlreiche praktische Beispiele ergänzt, bei denen eine falsche Bewertung der Geotechnik zu fatalen Auswirkungen auf die Baumaßnahme führte.

Insgesamt werden 16 Klassifikationen aus den Eigenschaften der Gesteine und Gebirge und ihren Zusammenhängen abgeleitet. Die ◘ Abb. 1.1 zeigt die hierarchischen Zusammenhänge der in diesem Buch vorgestellten Klassifikationen der Festgesteine und Festgebirge für Felsbau, Bauwesen, Tunnel- und Bergbau im Überblick.

Die Anwendung der hier angebotenen ingenieurgeologisch-geotechnischen Klassifikationen setzt eine allgemeine oder speziell auf die Fragestellung bezogene Untersuchung der jeweiligen Festgebirge voraus. Die notwendigen Untersuchungsmethoden werden in den folgenden Kapiteln erklärt.

Für alle Klassifikationen wurden eigene Einteilungsprinzipien entwickelt, die aber am Ende immer in eine Einteilung in Klassen nach gleichem Muster mündet: einem Code, bestehend aus Großbuchstaben (Klassifikation) und einer Zahl (Klasse) von Ø bis in der Regel 10 oder 12. Je ungünstiger die Eigenschaft in Bezug auf die bautechnische oder bergmännische Fragestellung wird, umso größer wird die Zahl. Für gewöhnlich werden nur gerade Zahlen in der Klassifikation angegeben. Das bietet die Möglichkeit, ungerade Zahlen für die Übergänge zwischen zwei Einstufungen im Code auszudrücken. Die Vorgehensweise gestattet eine platz- und zeitsparende Bewertung, die sich auf übersichtliche Art und Weise auch in Datenbanken einordnen lässt.

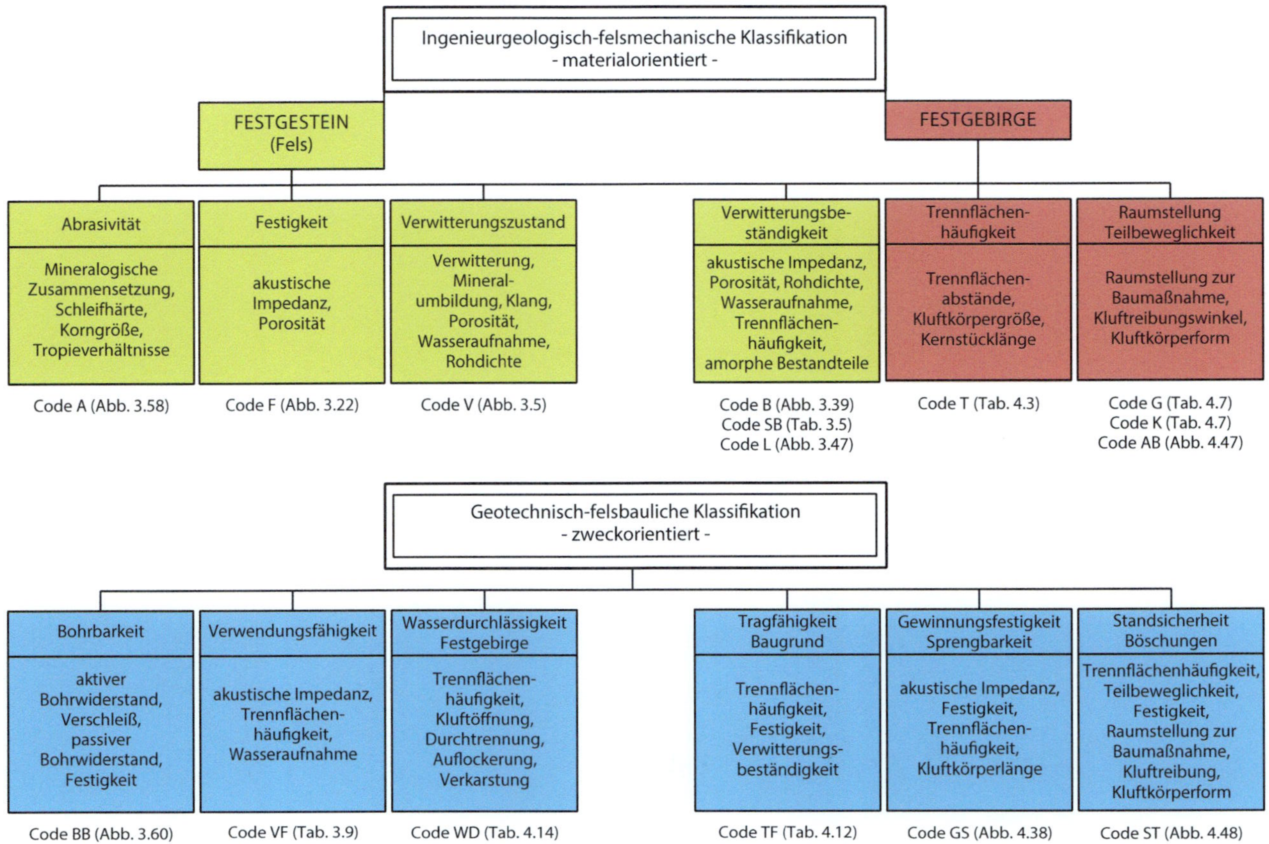

Abb. 1.1 Hierarchische Zusammenhänge der in diesem Buch vorgestellten Klassifikationen der Festgesteine und Festgebirge mit Angabe der wichtigsten Einflussgrößen. Unter den Kästen sind die 16 Klassifikationen (Code) als Kürzel und zum schnellen Auffinden die entsprechenden Abbildungs- bzw. Tabellennummern notiert

Definitionen

B. Müller, U. Pippig, U. Sebastian, *Geotechnische Klassifikationen von Festgesteinen und Festgebirgen*, https://doi.org/10.1007/978-3-662-59777-4_2

2.1 Festgestein und Festgebirge

Selbst über so einfache Begriffe, wie Gestein und Gebirge herrscht keine einheitliche Meinung, was ihre Definitionen anbelangt. Das liegt vor allem am Blickwinkel, weil jeder Anwender den Fokus auf andere Eigenschaften richtet. Zum fachlich-inhaltlichen Verständnis der hierarchischen Zusammenhänge innerhalb der geotechnischen und felsbaulichen Fragestellungen und zwecks sprachlicher Vereinheitlichung werden einige Begriffe hier vorab definiert. Dies geschieht ergänzend, aber manchmal auch abweichend zu den wichtigen Normen der Branche (u. a. DIN EN ISO 14689, DIN EN ISO 14688-1, -2). In jedem Fall soll eine klare Definition die Grundlage für das wissenschaftlich fundierte Arbeiten innerhalb des Fachgebietes sein. Die ausgewählten Begriffe werden genetisch, inhaltlich, physikalisch-mechanisch bei bestmöglicher Objektivität definiert. In Klammern werden nicht empfohlene, aber häufig verwendete Synonyme aufgeführt.

▪ Mineral

Minerale sind natürlich entstandene, meist feste, anorganische Bestandteile der Erdkruste, die aus homogenen chemischen Elementen oder Verbindungen bestehen und in kristalliner oder amorpher Form vorliegen. Minerale sind die Grundbauelemente der Gesteine.

▪ Gestein

Gesteine sind natürliche Gemenge von einem oder mehreren Mineralen mit oder ohne organische Beimengungen als feste, geologisch entstandene Bestandteile der Erdkruste. Die ▫ Abb. 2.1 zeigt die wesentlichsten in der Erdkruste vorhandenen Gesteine. Im Bauwesen, Bergbau und in der Geotechnik (was den Erd-, Grund-, Fels- und Tunnelbau einschließt) werden die Gesteine wegen ihrer deutlichen Unterschiede im mechanischen Verhalten unterteilt in

- Lockergestein (Boden) und
- Festgestein (Fels).

▪ Festgestein (Fels)

Diese Bezeichnung steht für ein Gemenge miteinander verkitteter oder verwachsener Minerale mit oder ohne organische Beimengungen so fester Bindung, dass

- mindestens eine einaxiale Druckfestigkeit von 1 MPa oder
- mindestens eine akustische Impedanz von 4×10^6 kg/(m^{2}s) gegeben ist, beziehungsweise
- durch Kneten oder Schütteln in Wasser oder 24 h Lagerung in Wasser oder
- bei Austrocknung kein Zerfall eintritt.

Es ist zu beachten, dass es feinkörnige, sedimentäre Festgesteine gibt, die infolge eines Anteils von Dreischichttonmineralen oder amorphen Bestandteilen nach dem Lösen aus dem Verband durch Wassereinwirkung zu Lockergestein zerfallen.

▪ Lockergestein (Boden)

Ein Lockergestein ist ein Gemisch von lose gelagerten und/oder aneinanderhaftenden Kornaggregaten aus Mineralen, Gesteinsteilchen und organischen Bestandteilen verschiedener Korngrößen. Sie zerfallen in Wasser durch Kneten und

a

1. gewöhnlich vorhandenes Korngefüge			kristallin - gerichtet, geschiefert, teilaufgeschmolzen		kristallin richtungslos, geflossen, verschweißt, porphyrisch, glasig, erstarrt				
genetische Einordnung in die Klasse			Metamorphite		Magmatite				
2. genetische Einordnung in die Hauptgruppe			Regionalmetamorphit Kontaktmetamorphit		Plutonit - Übergangsmagmatit - Vulkanit				
3. lithologische Einordnung in die Gruppe									
Korngrößen mm	allgemeine Zusammensetzung		Quarz, Feldspat, Glimmer, teilw. dunkle Minerale	verschiedene Minerale	schwach gefärbte, helle Minerale wie Quarz, Feldspat, Glimmer		dunkle und helle Minerale	dunkle Minerale	
	Bezeichnung					saure	intermediäre	basische	ultrabasische Magmatite
20000–2000	ruditisch	blockkörnig		tektonische Brekzie Marmor	Plutonite	Alkaligranit Pegmatit Granit Granodiorit Monzogranit	Quarzsyenit Quarz-monzonit Diorit Syenit	Gabbro Monzonit Monzo-gabbro	Foyait Foidgabbro Foidmonzo-syenit Peridotit
2000–63		steinkörnig	Gneise Greisen Migmatit	Quarzit Granulit					
63–2		kieskörnig		Serpentinit Amphibolit					
2–0,063	arenitisch	sandkörnig	Grünschiefer Glimmerschiefer Feinsand-schiefer	Eklogit Knotenschiefer	Übergangs-magmatite	Mikrogranit Aptit	Mikrodiorit	Mikrogabbro	Mikro-pyroxenit
0,063–	lutitisch	schluffkörnig	Phyllit Schluffschiefer	Garbenschiefer Fruchtschiefer	Vulkanite	Rhyolith Dacit	Quarzlatit Andesit Quarz-trachyt	Trachyt Latit Basalt	Phonolith Basanit Foidit Tephrit
–0,002		tonkörnig	Tonschiefermylonit	Hornfels					
glasig, amorph						Obsidian, Pechstein, Glas		Vitro-Basalt	

Abb. 2.1 Übersicht zur geologischen Klassifikation der Gesteine im Bauwesen und im Bergbau. **a** Kristalline Gesteine, **b** Sedimente/Sedimentite. Ausgehend vom Korngefüge (1.) erfolgt eine Zuordnung zu den geologischen Hauptgruppen der Gesteine (2.). Weitere genetische Kriterien und physikalische Eigenschaften führen zur Einteilung in Gruppen (3.). Jede Gruppe füllt eine Spalte, in welcher die Gesteine – entsprechend ihrer Korngröße sortiert – aufgeführt werden. Die *gelb* markierten Bereiche umfassen die Lockergesteine, alle übrigen die Festgesteine

b

<table>
<tr><td colspan="4">1. gewöhnlich vorhandenes Korngefüge</td><td colspan="7">geschichtet, massiv, dicht</td><td>chaotisch</td><td colspan="2">nicht geschichtet</td></tr>
<tr><td colspan="4">genetische Einordnung in die Klasse</td><td colspan="10">Sedimente/Sedimentite</td></tr>
<tr><td colspan="4" rowspan="2">2. genetische Einordnung in die Hauptgruppe</td><td colspan="4">klastischer Sedimentit</td><td colspan="2" rowspan="2">pyroklastischer Sedimentit, verschweißt</td><td rowspan="2">chem., biogener Sedimentit, verfestigt</td><td rowspan="2">glazigener Sedimentit</td><td colspan="2" rowspan="2">Residualgesteine nicht umgelagert</td></tr>
<tr><td>unverfestigt, umgelagert</td><td>diagenetisch verfestigt</td><td>unverfestigt</td><td>diagenetisch verfestigt</td></tr>
<tr><td colspan="14">lithologische Einordnung in die Gruppe</td></tr>
<tr><td colspan="4">3. Korngrößen [mm] / allgemeine Zusammensetzung / Bezeichnung</td><td colspan="2">Kornanteile von Gesteinen, Quarz, Feldspat, Tonmineralen und anderen Mineralen</td><td colspan="2">mindestens 50 % Bestandteile sind Karbonate</td><td colspan="2">mindestens 50 % Bestandteile sind vulkanischen Ursprungs</td><td>verschiedene Minerale (Salze, Karbonate, Quarz, org. Bestandteile)</td><td colspan="3">verschiedene Minerale, Gesteine, Gesteinsrelikte, 3-Schicht-Tonminerale</td></tr>
<tr><td>20000
2000</td><td rowspan="3">ruditisch</td><td>blockkörnig</td><td rowspan="4">nichtbindig und gemischtkörnig</td><td>Blöcke</td><td rowspan="3">Konglomerat, Brekzie</td><td rowspan="3">Karbonatkies</td><td rowspan="3">Nagelfluh, Kalkkonglomerat</td><td rowspan="3">Agglomerat, Brockentuff, vulkanische Brekzie, Lapillituff</td><td rowspan="6">nicht gegliedert: vulkanische Aschen (Lockergestein)</td><td rowspan="4">Salzgesteine, Halit, Kalisalze, Anhydrit, Gips, Kalksteine, Dolomite, Kalktuff, Travertin, Lydit, Kieselschiefer ,

Torf</td><td>Moränen</td><td rowspan="6">Tillit (verfestigtes glazigenes Sediment)</td><td>Blockschutt</td></tr>
<tr><td>2000
63</td><td>steinkörnig</td><td>Steine</td><td>Blockstein</td><td>Steinschutt</td></tr>
<tr><td>63
2</td><td>kieskörnig</td><td>Kiese</td><td>Kiesgemisch</td><td>Kiesschutt</td></tr>
<tr><td>2
0,063</td><td>arenitisch</td><td>sandkörnig</td><td>Sande</td><td>- Sandstein, Quarzsandstein (bis 95 % Quarz),
- Arkose (bis 25 % Feldspat),
- Grauwacke (mind. 15 % Gesteinsfragmente)</td><td>Karbonatsand</td><td>klastische Kalksteine, Dolomite</td><td>Aschentuff</td><td>Geschiebesand</td><td>Lateritkies, nichtbindiger Zersatz, Lateritsand</td></tr>
<tr><td rowspan="2">0,063
0,002</td><td rowspan="2">lutitisch</td><td>schluffkörnig</td><td rowspan="2">bindig</td><td>Schluffe</td><td>Schluffstein, Schluff-Tonstein</td><td>Karbonatschluff</td><td rowspan="2">Kalk-Mergelstein
Mergelstein
Kreide</td><td>feinkörniger Tuff</td><td rowspan="2">Weichbraunkohle, Hartbraunkohle, Steinkohle, Anthrazit</td><td rowspan="2">Geschiebemergel</td><td rowspan="2">bindiger Zersatz, Lehm</td></tr>
<tr><td>tonkörnig</td><td>Tone</td><td>Schluffstein, Schluff-Tonstein</td><td>Karbonatschlamm</td><td>sehr feinkörniger Tuff</td></tr>
<tr><td colspan="3">glasig, amorph</td><td></td><td>amorphe Tone</td><td colspan="3">Tonstein mit amorphen Anteilen</td><td colspan="2">Glastuff</td><td>Kalksinter, Feuerstein</td><td colspan="2"></td><td>Smektit-Tone</td></tr>
</table>

Abb. 2.1 (Fortsetzung)

Schütteln oder nach 24 h Wasserlagerung. Die Lockergesteine haben in der Regel eine einaxiale Druckfestigkeit von ≤ 1 MPa.

▪ Festgebirge (Festgesteinsverband, -massiv, Fels)

Das Festgebirge stellt ein zusammenhängendes Vorkommen der Festgesteine in der Natur dar, welches sowohl durch das Vorhandensein von Trennflächen als auch durch bestimmte, geologisch bedingte Lagerungsverhältnisse gekennzeichnet ist. Infolge der räumlichen Regelung der Trennflächen und der wechselhaften Trennflächenabstände wird das Festgebirge felsmechanisch als geregeltes Diskontinuum aufgefasst (◘ Abb. 2.2). Von entscheidender Bedeutung für ein Vorhaben ist häufig die Raumstellung der Trennflächen.

▪ Gefüge

Das Gefüge beschreibt die Ausbildung, räumliche Anordnung und die flächenhafte oder lineare Orientierung aller Einzelbestandteile der geologischen Kategorien Mineral, Gestein, Gebirge und Regionalgeologische Einheit (◘ Abb. 2.2). Die Minerale haben ein Kristallgefüge oder sie sind amorph, die Gesteine besitzen ein Korngefüge, die Festgebirge sind in ein Flächengefüge zerbrochen, und die Regionalgeologische Einheit weist ein tektonisches Störungsgefüge auf. Die jeweiligen Gefügemerkmale sind in mechanischer Hinsicht wichtiger als die stofflichen Eigenschaften.

Exkurs

Quarz und Quarzit

Ein aus Quarz bestehender Fein- bis Mittelsand ist als Lockergestein nichtbindig und rieselfähig. Bestimmend für das Verhalten ist der Winkel der inneren Reibung. Wird der Quarzsand durch ein Bindemittel verkittet, steigt seine einaxiale Druckfestigkeit auf 30 bis 80 MPa an. Nach einer regionalmetamorphen Überprägung wird der Sandstein zum Quarzit und kann einaxiale Druckfestigkeiten von > 180 MPa annehmen. Der stoffliche Bestandteil des Quarzes hat bei allen diesen Gesteinen auf die einzelnen Festigkeiten erst im dichten Quarzit einen Einfluss. Die Beschaffenheit des Korngefüges der einzelnen Gesteine beeinflusst das Festigkeitsverhalten in entscheidendem Maße.

▪ Korngefüge

Hierunter versteht man die Ausbildung, Anordnung und Orientierung der Gemengeteile eines Gesteins.

▪ Diskontinuitäten

Als Diskontinuitäten werden alle Verformungs- und Brucherscheinungen wie Trennflächen, Hohlräume, verborgene Spaltebenen, Risse, die Schichtung der Sedimentgesteine, die Foliation der metamorphen Gesteine sowie mineralogische Regelungen in Form der Kristallisationsfoliation bezeichnet. Weil solche Erscheinungen (v. a. größerer Tiefen) oft auf physikalischem Wege nachgewiesen werden, findet man den Begriff der Diskontinuität häufig in geophysikalischem Kontext.

2

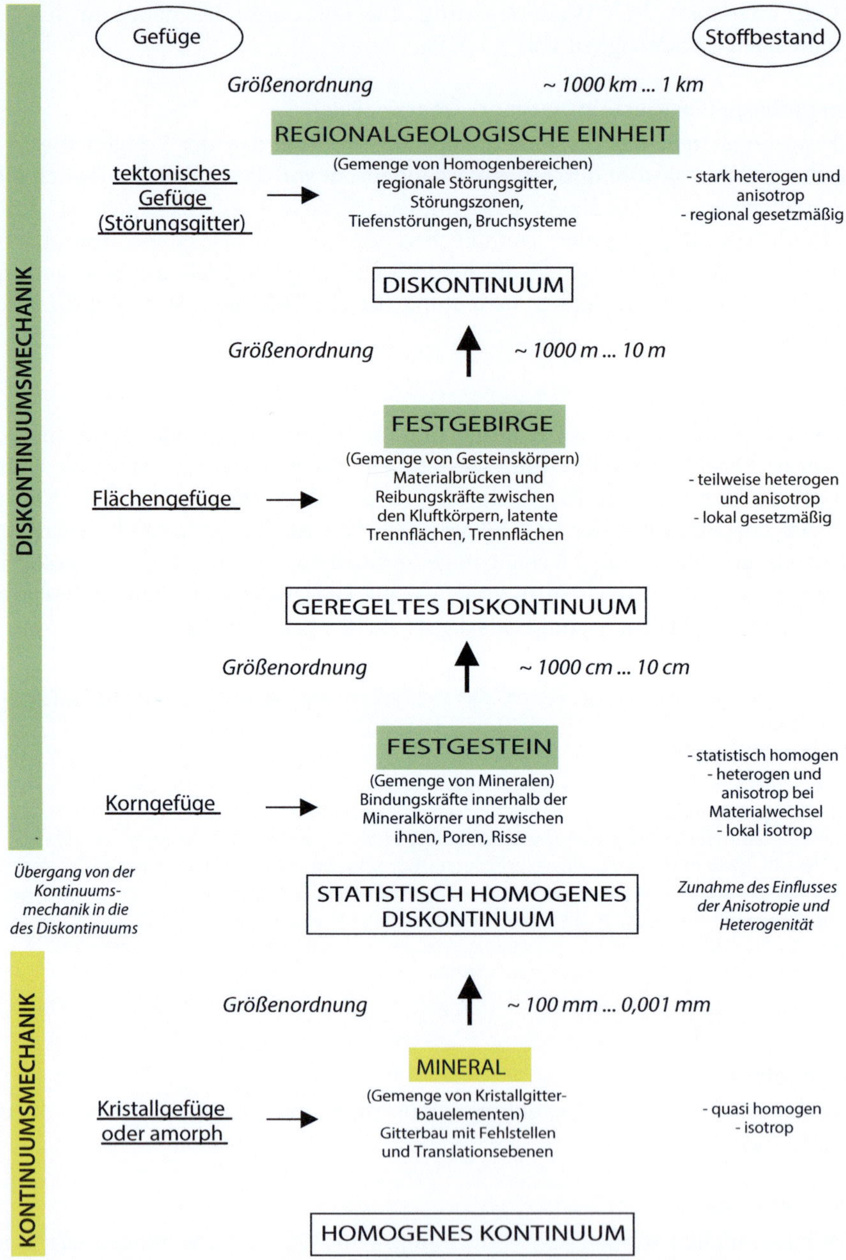

Abb. 2.2 Festgestein und Festgebirge innerhalb der Hierarchie mechanischer Wirkprinzipien in Abhängigkeit von der Größenordnung. Lediglich das Mineral kann als homogenes Kontinuum betrachtet werden (*unten, gelb*). Mit steigender Größenordnung bis hin zur Regionalgeologischen Einheit (*oben*) muss in der Praxis der zunehmenden Heterogenität und Anisotropie Rechnung getragen werden (Diskontinuum, *grün*). Ähnlich wie in der Physik ändern sich mit der Größenordnung der Betrachtung (hier: mm bis km) die „Spielregeln"

- **Trennflächen (Klüfte, Kluftflächen, Rupturen, Fugen)**

Trennflächen sind natürliche Brüche oder Bruchsysteme im Festgestein, entlang derer der Zusammenhalt des Korngefüges aufgehoben ist und die eine genetisch bedingte gesetzmäßige Raumstellung aufweisen. Die Trennflächen sind durch Druck-, Zug- oder Scherspannungen, thermisch bedingte Dehnung, Abkühlung, Schrumpfung, Austrocknung und Volumenänderung entstanden. Brüche, die durch Abkühlung entstanden sind, heißen Absonderungs- oder Säulenflächen und solche entlang von Bewegungsbahnen nennt man Störungsflächen. Geologisch betrachtet sind Klüfte zwar lediglich eine spezielle Form der Trennflächen (Brüche ohne Versatz), da sie jedoch die mit Abstand häufigsten sind, wird in der Technik oft von Klüften gesprochen, wenn Trennflächen gemeint sind (z. B. Kluftzahl nach DIN 14689).

- **Trennflächenschar**

Der Begriff beschreibt annähernd parallele Trennflächen einer Richtung und Genese. Die Festgebirge haben in der Regel drei richtungskoordinierte Trennflächenscharen oder Haupttrennflächen. Durch mehraktige Beanspruchung kann das Festgebirge weitere, meist scherbruchartige Scharen zusätzlich erhalten. Die Absonderungs- bzw. Säulenflächen weisen als Sonderfall eine Trennflächenschar rings um die Säulenachse auf und eine zweite etwa senkrecht zu den Säulenachsen.

- **Trennflächengefüge**

Das Trennflächengefüge umfasst die Ausbildung, Anordnung, Häufigkeit, Verteilung und Orientierung der Trennflächen bzw. der Trennflächenkörper eines Homogenbereiches im Festgebirge.

- **Trennflächenabstand**

Der Trennflächenabstand ist der kürzeste Abstand zwischen Trennflächen der gleichen Größenordnung und Trennflächenschar.

- **Raumstellung (Raumlage)**

Die Raumstellung von Flächen (z. B. Trennflächen) und linearen Elementen (Lineationen, Achsen oder Rillung auf Bewegungsflächen) wird als Einfallrichtung und Einfallwinkel (oder Streichrichtung, Einfallquadrant und Einfallwinkel) gemessen. Die Richtungen (Azimute) geben die räumliche Orientierung zu geografisch Nord wieder, der Einfallwinkel die Neigung aus der Horizontalen.

- **Trennflächenkörper (Kluftkörper)**

Der Trennflächenkörper ist ein Raumelement des Festgebirges mit bestimmter Form und Größe, welches allseitig von Trennflächen begrenzt und völlig oder nur teilweise von benachbarten Körpern getrennt ist.

- **Felsmechanik**

Fachgebiet, welches das mechanische Verhalten von Festgebirgen untersucht, modelliert und berechnet. Es ist die Mechanik des geregelten Diskontinuums (◘ Abb. 2.2).

- **Felsbau**

Fachgebiet der Geotechnik/Bautechnik für die Planung, Bemessung, Berechnung, Durchführung und Überwachung von Baumaßnahmen im Festgebirge.

- **Verwitterungszustand (Verwitterungsgrad, Verwitterungsstufen)**

Der Verwitterungszustand beinhaltet den vorgefundenen Zustand eines Festgesteines, der infolge von Verwitterungseinflüssen vom unverwitterten Gestein abweicht. Dabei handelt es sich insbesondere um Farbänderungen, Mineralneu- und -umbildungen, Festigkeits- und Dichteverlust, zunehmende Wasseraufnahme und Porosität sowie Veränderung des Klanges beim Anschlagen.

- **Verwitterungsbeständigkeit**

Der Widerstand eines Festgesteines gegen Verwitterungseinflüsse wird als Verwitterungsbeständigkeit definiert. Diese kann durch zeitbezogene Veränderungen quantitativ gekennzeichnet werden: Verlust an Festigkeit, Zunahme der Porosität und Wasseraufnahme. Die Verwitterungsbeständigkeit bedingt die Verwendungsfähigkeit und Frostempfindlichkeit von Festgesteinen. Amorphe, kolloidale Bestandteile und quellende Tonminerale können die Verwitterungsbeständigkeit stark herabsetzen.

- **Natürliche Auflockerung**

Ein von natürlicher Auflockerung betroffener Felsbereich ist durch oberflächennahe Verwitterungsvorgänge, fossile periglaziale und/oder rezente langsame Spaltenbildungen, Gleitungen, Verkippungen, Entspannungen oder Bewegungen zur Öffnung und Erweiterung aller Trennflächenscharen entstanden. In deren Folge wird die Gebirgsfestigkeit herabgesetzt bzw. die Verformbarkeit und Teilbeweglichkeit erhöht.

- **Anthropogene Auflockerung**

Öffnungen, Spaltenbildungen und Auflockerungen des Trennflächengefüges, die durch jede Art menschlicher Tätigkeit (vor allem Bautätigkeit) entstehen. Dazu gehören das Herstellen von Ein- und Anschnitten, tage- und tunnelbauliche Arbeiten,

Abb. 2.3 Das Bild zeigt ein gesprengtes Haufwerk in einem Tagebau, welches eine scharfe Grenze zwischen zwei Homogenbereichen erkennen lässt: Der linke Teil (Rhyolith) unterscheidet sich durch kleinere Trennflächenabstände vom rechten Teil (Pyroklastit). Die Einstufung des Festgebirges hinsichtlich der Sprengbarkeit ist leicht erkennbar: Der linke Teil ist leicht und der rechte mittelschwer sprengbar. In diesem Beispiel kann die unterschiedliche Farbe der Materialien als Hilfe für die Abgrenzung der Homogenbereiche herangezogen werden

Bohr-, Spreng- und Rammtätigkeiten oder sonstige Veränderungen des Spannungszustandes im Festgebirge.

■ Homogenbereich

In der Geotechnik bezeichnet man einen geologischen Körper unter Beachtung der Größenordnung als Homogenbereich, wenn dieser gleichartig aufgebaut ist und in bestimmten Eigenschaften übereinstimmende Werte aufweist. Die für einen Homogenbereich geforderte Gleichartigkeit ist in geologischen Körpern selten gegeben. Für die praktische Tätigkeit geht man aber vereinfachend von einer Quasihomogenität abgegrenzter Bereiche aus (◘ Abb. 2.3). Bei der Abgrenzung dieser

Exkurs

Homogenbereiche

Die Verwendung des Begriffes Homogenbereich hat durch die Veröffentlichung des Ergänzungsbandes 2015 zur Verdingungsordnung Bau (VOB), Ausgabe 2012, und die zugeordneten DIN-Normen zur Verwirrung in der Praxis geführt.
In allen Normen der Allgemeinen Technischen Vertragsbedingungen für die Ausführung von Bauleistungen (ATV = VOB, Teil C) wurden die bisherigen Klassen durch sogenannte Homogenbereiche für Boden/Lockergestein und Fels/Festgestein ersetzt.
Zur Kennzeichnung der Homogenbereiche werden in den Normen, die den Baugrund bzw. Bauraum behandeln müssen, Kennwerte und Eigenschaften vorgegeben, die in der Leistungsbeschreibung anzugeben sind. Für die ATV-Normen wurde folgende Definition für die Homogenbereiche beschlossen (Borchert und Große 2016):
„Boden und Fels sind entsprechend ihrem Zustand vor dem Lösen in Homogenbereiche einzuteilen. Der Homogenbereich ist ein begrenzter Bereich, bestehend aus einzelnen oder mehreren Boden- oder Felsschichten, der für das jeweilige Gewerk vergleichbare Eigenschaften aufweist. Sind umweltrelevante Inhaltsstoffe zu beachten, so sind diese bei der Einteilung in Homogenbereiche zu berücksichtigen."
Ein Homogenbereich ist vom Bearbeiter demnach so zu definieren, dass dieser Boden- und Felsbereiche zusammenfasst, die gewerkespezifisch gleiche Leistungswerte für das Bearbeiten, wie beispielsweise Lösen, Laden, Bohren, Rammen usw. erwarten lassen. Ursprünglich wollte man damit Nachtragsforderungen durch ungenügend beurteilten Baugrund vermeiden. Jedoch führte die Umstellung zu Unsicherheiten und zu regelrechten fachlichen Stilblüten. Der Wegfall der klar abgegrenzten Klassen wurde scheinbar als Freibrief für unscharfe Charakterisierungen des Baugrundes missverstanden. Die ◘ Abb. 2.4 und die ◘ Abb. 2.5 zeigen zwei Beispiele für falsche Interpretationen der ATV. Sie sind einem Geotechnischen Bericht für den Bau eines Verkehrsweges entnommen und betreffen je einen Homogenbereich für Fels und Boden.
Die ausgewählten Praxisbeispiele belegen, dass für eine derartig breit streuende Parameterangabe kein Homogenbereich definiert werden darf, weil von Homogenität nicht die Rede sein kann. Diese Beispiele sind keine Einzelfälle.
Es muss die Frage gestellt werden, ob die Bearbeiter das Prinzip der Homogenbereiche lediglich falsch anwenden oder ob das Konzept insgesamt nicht den Anforderungen der Praxis entspricht.

Parameter	*Homogen-bereich*
Geltungsbereich des Homogenbereiches für Gewerk gem. VOB Teil C (ATV)	DIN 18300 - Erdarbeiten DIN 18301 - Bohrarbeiten DIN 18304 - Ramm-, Rüttel- und Pressarbeiten
Bodengruppen nach DIN 18196	GU, GU*, GT, GT*, SU, SU*, GW, GI, TL, TM, ST*, ST, SE, UL
Bodengruppen nach DIN18915	k. A.
ortsübliche Bezeichnung	Flusskies, Schwemmsand, Hanglehm, Hangschutt, Schwemmlehm, Lößlehm, Fließerde, Verwitterungszonen des Unteren (su) und Mittleren Buntsandsteines (sm)
Korngrößenverteilung	vergleiche Anlage
Massenanteil Steine (> 63 - 200 mm) [%]	0 - 30
Massenanteil Blöcke (> 200 - 600 mm) [%]	0 - 10
Massenanteil große Blöcke (> 600 mm) [%]	0 - 5
Konsistenzzahl I_c [-]	0,3 - 2
Konsistenz (verbal)	breiig bis fest
Plastizitätszahl I_P [%]	4 - 50
Wassergehalt w [%]	0 - 50
bezogene Lagerungsdichte I_D (verbal)	locker bis sehr dicht
Dichte p [t/m²]	1,8 - 2,4
Wichte g [kN/m³]	18 - 24
organ. Anteil V_{gl} [%]	0 - 10
Kohäsion c´[kN/m²]	0 - 30
undränierte Scherfestigkeit bindiger Böden c_u nach DIN 18137 - 2 [kN/m²]	15 - 300
Abrasivität LAK [g/t]	0 - 1250
säurelösl. Sulfatgehalt DIN EN 1744 - 1 [mg/kg]	k. A.

Abb. 2.4 Die Liste zeigt ein Beispiel für einen schlecht gewählten Homogenbereich im Lockergestein. Er erfasst eine erhebliche Bandbreite von bindigen Kiesen (GU*/GT*) bis leicht plastischen Schluffen (UL) mit völlig unterschiedlichen bodenphysikalischen Eigenschaften. Die aufgeführten Kennwerte streuen in Größenordnungen. Von Homogenbereich kann hier nicht gesprochen werden

Parameter	*Homogen-bereich*
Geltungsbereich des Homogenbereiches für Gewerk gem. VOB Teil C (ATV)	DIN 18300 - Erdarbeiten DIN 18301 - Bohrarbeiten DIN 18304 - Ramm-, Rüttel- und Pressarbeiten
Benennung nach DIN 14689 - 1	Kalkstein, Mergelstein
ortsübliche Bezeichnung	Festgestein und Verwitterungszone Unterer Muschelkalk (mu)
Verwitterung und Veränderung nach DIN EN ISO 14689 - 1	frisch bis zerfallen
Veränderlichkeit nach DIN EN ISO 14689 - 1	nicht veränderlich bis stark veränderlich
Dichte p [t/m²]	2,1 - 2,75
einaxiale Druckfestigkeit an Gestein s_u [MN/m²]	bis 80
Trennflächenabstand nach DIN EN ISO 14689 - 1	Schichtung, grob laminiert bis dick; Klüftung mittelständig bis sehr weitständig
Trennflächenrichtung nach DIN EN ISO 14689 - 1	k. A.
Gesteinskörperform nach DIN EN ISO 14689 - 1	tafelförmig, prismatisch, gleichmäßig
Öffnungsweite von Trennflächen nach DIN EN ISO 14689 - 1	k. A.
Kluftfüllung von Trennflächen DIN EN ISO 14689 - 1	k. A.
Abrasivität CAI [-]	0 - 2
säurelösl. Sulfatgehalt DIN EN 1744 - 1 [mg/kg]	0 - 250000

Abb. 2.5 Die Liste zeigt ein Beispiel für einen schlecht gewählten Homogenbereich im Festgestein. Die in diesem Bereich erfassten Festgesteine sind als frisch bis zerfallend und nicht veränderlich bis stark veränderlich eingestuft worden. Für welchen Wert soll sich der planende Ingenieur entscheiden?

Quasihomogenbereiche ist insbesondere auf die Anisotropie zu achten, die die Änderung von Eigenschaften in den einzelnen Raumrichtungen kennzeichnet. Beispielsweise bedingt eine Foliation im Gestein die unterschiedliche Festigkeit in verschiedene Richtungen.

2.2 Abgrenzung des Festgesteins zum Lockergestein

Alle Festgesteine werden durch exogene Prozesse (v. a. Verwitterung) hinsichtlich ihrer Farbgebung, ihres Stoffbestandes, einhergehender Dichteverringerung, zunehmender Wasseraufnahme sowie stets abnehmender Festigkeit verändert. Dabei können diese Vorgänge je nach Intensität des Wirkens ihrer Faktoren (Klima) unterschiedliche Zeiträume in Anspruch nehmen. Ab einem bestimmten Punkt in diesem Prozess beginnt der Zerfall/Zersatz, und das Gestein nimmt die Eigenschaften eines Lockergesteines an. Die Charakterisierung des Verwitterungszustandes ist eine der Möglichkeiten zur genauen Abgrenzung zwischen Fest- und Lockergestein. Ein weiteres Kriterium der Grenzziehung ist die Größe der Festigkeit. Man hat sich international auf 1 MPa einaxialer Druckfestigkeit geeinigt, d. h. Gesteine mit einer höheren einaxialen Druckfestigkeit werden dem Festgestein zugeordnet, wenn diese nicht in Wasser nach 24 Stunden zerfallen.

Leider haben sich Bezeichnungen in der Ingenieurgeologie und Geotechnik eingebürgert, die zu inhaltlichen Verwirrungen führen können, wie der Begriff der „veränderlich festen Gesteine". Veränderlich fest sind streng genommen alle Festgesteine. Der genannte Begriff soll allerdings Gesteine betreffen, die in geringen Zeiträumen zu einem deutlichen Festigkeitsverlust neigen wie beispielsweise Ton-, Ton-Schluffsteine, Mergelsteine, tonig gebundene Sandsteine oder „Sonnenbrenner"-Basalte.

Zur Beurteilung derartiger Gesteine sollte besser die Verwitterungsbeständigkeit herangezogen werden, die eine objektive Bewertung des Überganges zum Lockergestein ermöglicht.

Neben den exogenen Vorgängen können endogene tektonische Prozesse ein unterschiedlich tiefgründiges Zerbrechen und Zerlegen der Festgesteine bewirken. Die bruchmechanischen Ereignisse führen bei entsprechender Intensität und Häufigkeit zu sehr geringen Trennflächenabständen bis hin zu zerriebenem Festgestein. Auf diese Art und Weise wird aus einem Festgebirge ein Lockergebirge mit bodenmechanischen Verhaltensweisen (Trennflächenhäufigkeit).

Geotechnische Klassifikationen der Festgesteine

B. Müller, U. Pippig, U. Sebastian, *Geotechnische Klassifikationen von Festgesteinen und Festgebirgen*, https://doi.org/10.1007/978-3-662-59777-4_3

3.1 Dichte, Porosität und Wasseraufnahme

Dichte und Porosität sind gesteinsphysikalische Kennwerte, die zu den häufigsten untersuchten Eigenschaften an Festgesteinen gehören. Die Dichte ist das Verhältnis der Masse eines Körpers zu seinem Volumen. In der Geotechnik muss zwischen der Rein- oder Korndichte und der Rohdichte unterschieden werden. Die Reindichte ergibt sich aus der Masse je Gesteinsprobe ohne Berücksichtigung der Hohlräume. Unter Rohdichte, die im Weiteren die maßgebliche Rolle spielt, ist die Masse einer Gesteinsprobe einschließlich der Hohlräume und deren mögliche Füllung zu verstehen – ausgedrückt z. B. in g/cm^3 oder kg/m^3. Die Trockenrohdichte ist die Rohdichte einer bei 105 °C getrockneten Probe.

Die Rohdichte ist eine Eigenschaft, die sich in den einheitlichen, genetischen Gesteinsgruppen gesetzmäßig verändern kann. Hier folgen einige Beispiele:

- Mit fallendem SiO_2-Anteil der Magmatite erfolgt eine Zunahme der Rohdichte (◘ Abb. 3.6).
- In klastischen Sedimentgesteinen ist durch eine fortschreitende diagenetische Verfestigung eine steigende Verdichtung und Verkittung der Bestandteile und damit eine Zunahme der Rohdichte zu verzeichnen.
- Die Vorgänge der chemischen, physikalischen und organischen Verwitterung verringern die Rohdichte der Gesteine in unterschiedlichem Maße.

Die Porosität benennt den Grad der Raumerfüllung oder den Hohlraumanteil eines Festgesteines, der von beweglichen Gasen oder Flüssigkeiten eingenommen werden kann. Die wahre (oder Gesamt-) Porosität ist das Verhältnis des Porenvolumens zum Gesamtvolumen einer Probe, ausgedrückt als dimensionsloser Wert kleiner Null oder (multipliziert mit 100 %) als Vol.-%. Die Porosität beeinflusst als grundlegende Eigenschaft der Gesteine in entscheidendem Maße nahezu alle geotechnisch wichtigen Verhaltensweisen und hängt von der Anzahl und Größe der Poren ab. Für praktische Belange sind jedoch auch die Form und die Verbindung der Poren ausschlaggebend. Solche Poren, die nicht der Kapillarwirkung unterliegen, machen die nutzbare (entwässerbare) Porosität aus. In Sedimentgesteinen steht die Porosität in direktem Zusammenhang zur Rohdichte. Nimmt beispielsweise in zunehmend verfestigten Trümmersedimenten die Rohdichte zu, nimmt die Porosität ab.

Die Wasseraufnahme eines Festgesteins wird als die Massezunahme der trockenen Probe nach einer Wasserlagerung festgelegter Dauer (meist 24 h) definiert und in Masse-% angegeben. Da die Wasseraufnahme dabei über die Oberfläche der Probe erfolgt, sollten Probengröße bzw. spezifische Oberfläche der Probe beachtet werden (Unterschied: ein großes oder viele kleine Stücke). Da die Poren für die Wasseraufnahme verantwortlich zeichnen, korreliert also auch diese Größe mit der Porosität und damit der Rohdichte. Die ◘ Abb. 3.1 bestätigt den Zusammenhang zwischen Rohdichte und Wasseraufnahme.

Eine Gegenüberstellung von Wassergehalt und Porosität sollte sich als Grundlage für eine Festgesteinsklassifikation eignen. Der untere Teil der ◘ Abb. 3.2, mit den

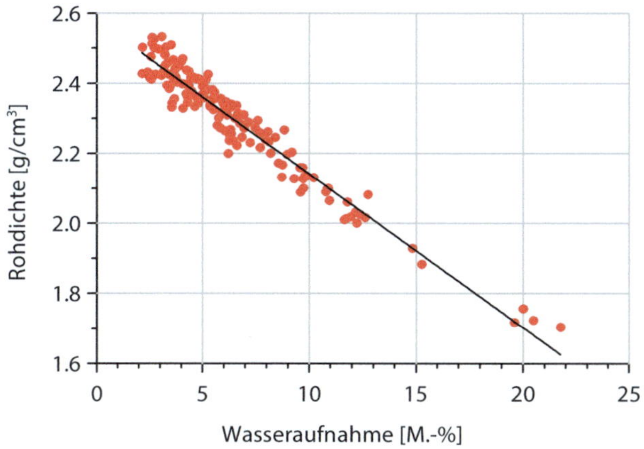

Abb. 3.1 Eindeutige, lineare Korrelation zwischen Rohdichte und Wasseraufnahme. Das Beispiel von Ton-, Ton-Schluff- und Feinsandsteinen des Röts (Oberer Buntsandstein) stammt aus einem durch Sprengvortrieb erschlossenen Festgebirge unter Tage

Untersuchungsergebnissen zahlreicher Festgesteine unterschiedlicher Herkunft und Genese, untermauert noch einmal den Zusammenhang und liefert gleichzeitig den Hintergrund für die Klassifizierung von FØ bis F12 (F steht hier für Festigkeit).

Unterstützend wird eine weitere Messgröße ins Spiel gebracht. Die akustische Impedanz ist relativ einfach im Labor zu bestimmen (▶ Abschn. 3.3 und 3.4). Sie ist das Produkt aus Rohdichte und der Geschwindigkeit einer akustischen Welle im Gestein. Als Faustregel gilt: Je dichter ein Material, desto schneller kann sich eine Welle in ihm fortpflanzen. Messtechnisch ist es dabei am einfachsten, die Ankunft der ersten (also der schnellsten) Welle zu messen – und das ist die P-Welle (primary). Die akustische Impedanz (P-Welle) zeigt gesicherte Beziehungen zur wahren Porosität und zur Wasseraufnahme (Abb. 3.2, oberes Teildiagramm), sodass man alle Festgesteine, gleich welcher Entstehung oder welchen Zustands, vergleichen und objektiv bewerten kann. Der Vorteil dieses Schemas liegt auf der Hand: Es stehen drei Parameter für die Klassifikation zur Verfügung, von denen der Bearbeiter zwei auswählen kann – je nachdem, welche Werte vorliegen oder in der Situation am einfachsten zu bestimmen sind. Zudem ist diese Klassifikation auch gut für den Übergangsbereich zum Lockergestein anwendbar. Apropos Lockergestein: Es folgt ein Beispiel, welches ausnahmsweise in diesem Buch von Boden handelt. Es geht darum zu zeigen, welche Rolle Rohdichte und Wassergehalt auch bei einer Klassifikation von Lockergesteinen spielen können.

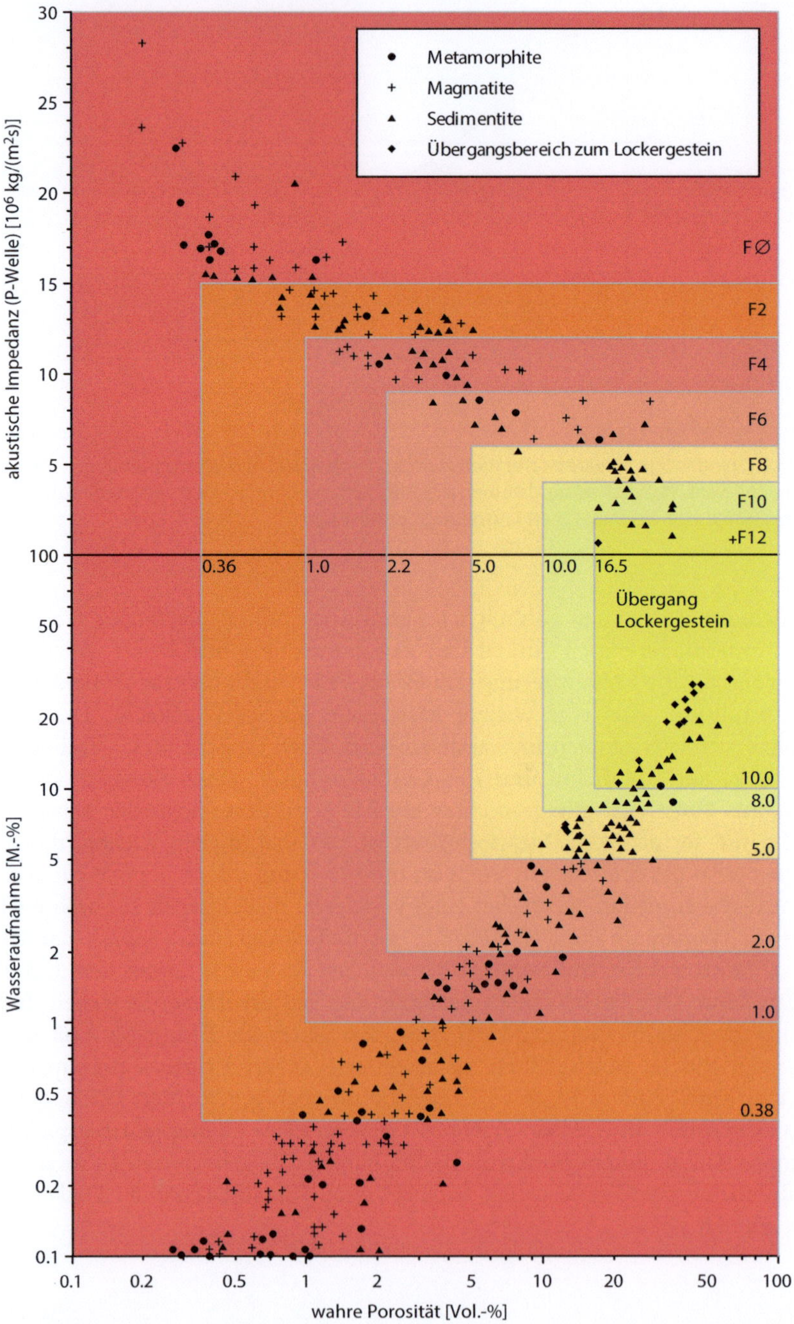

Abb. 3.2 Bewertungs- und Einteilungsvorschlag der Festgesteine auf der Grundlage der akustischen Impedanz (P-Welle), der Wasseraufnahme und der wahren Porosität. Die Gesteine werden in die Kategorien FØ bis F12 eingeteilt (oben rechts). Die ungeraden Kategorien können als Zwischenstufen genutzt werden. Es überrascht, wie wenige Eigenschaften – in einem Diagramm dargestellt – die Vielfalt der natürlichen, geologischen Bildungen widerspiegeln können. Der verwendete Code FØ bis F12 ist gleich dem in der Klassifikation für die Festigkeit (Abb. 3.22)

Exkurs

Extreme Plastizitäten – Ein Exkurs in die Lockergesteine

Bei umfangreichen Bauarbeiten auf der Albhochfläche wurden die verbreiteten Residualgesteine der Verkarstung der karbonatischen Festgesteine im gesamten Bauraum stofflich sowie bodenphysikalisch untersucht. Die bindigen Rückstandsgesteine sind unter tropischen bis subtropischen Klimabedingungen entstanden und führten neben Dreischichttonmineralen einen hohen Anteil von amorph-kolloidaler Matrix. Die Ergebnisse der Untersuchungen sind in ◘ Abb. 3.3 im Plastizitätszahl-Fließgrenze-Trockenrohdichte-Diagramm ausgewertet. Zum Vergleich sind auch Kennwerte bindiger Lockergesteine aus afrikanischen Ländern mit dargestellt. Es erwies sich, dass die Grenzen für die Plastizität, wie sie in der DIN 18196 angegeben werden, nicht ausreichen. Deshalb musste das Diagramm erheblich erweitert werden. Es wurden die ausgeprägt plastischen und quellenden smectithaltigen, semiamorphen Tone und Smectit-Tone mit hohem amorphem Anteil eingeführt.
Auch bei diesen problematischen Böden kann die Trockenrohdichte weiterhelfen und können die bindigen Lockergesteine objektiv eingeordnet werden.
Das erweiterte Bewertungsdiagramm der bindigen Lockergesteine kann helfen, die bautechnisch komplizierten, wasserempfindlichen Gesteine besser zu beurteilen. Vor allem soll gezeigt werden, dass mit einfachen Parametern, wie Trockenrohdichte und Wassergehalt, praktische Fragestellungen auf den Baustellen beantwortet werden können. So lässt sich zum Beispiel die Verdichtbarkeit dieser Lockergesteine mit den drei Parametern der ◘ Abb. 3.3 quantitativ einordnen (Code V2 bis V12).
Aber man kann noch einen Schritt weitergehen. Auf den Baustellen der Albhochfläche war eine Befahrung der ausgeprägt plastischen, semiamorphen Tone nur bei trockenen Verhältnissen möglich. Aus der Not eine Tugend machend, wurden Trockenrohdichte und Wassergehalt genutzt, um eine Bewertung der Befahrbarkeit solcher Lockergesteine aufzustellen (◘ Abb. 3.4).

3.2 Verwitterungszustand

Alle Gesteine an der Erdoberfläche sind bis zu einer bestimmten Tiefe den physikalischen, chemischen und biologisch-organisch bedingten Verwitterungsprozessen ausgesetzt. Auf diese Weise kommt es zu

- Mineralumbildungen,
- Mineralneubildungen,
- Veränderungen der Farbgebung,
- Entfestigung des Korngefüges,
- Dichteverlust sowie
- Abbau der Kornbindung bis hin zum Zersatz oder Zerfall des Festgesteins in ein Lockergestein.

Der Verwitterungszustand (Verwitterungsgrad, Verwitterungsstufe) ist die im Bauraum oder im bergmännisch zu erschließenden Festgebirge aktuell vorgefundene

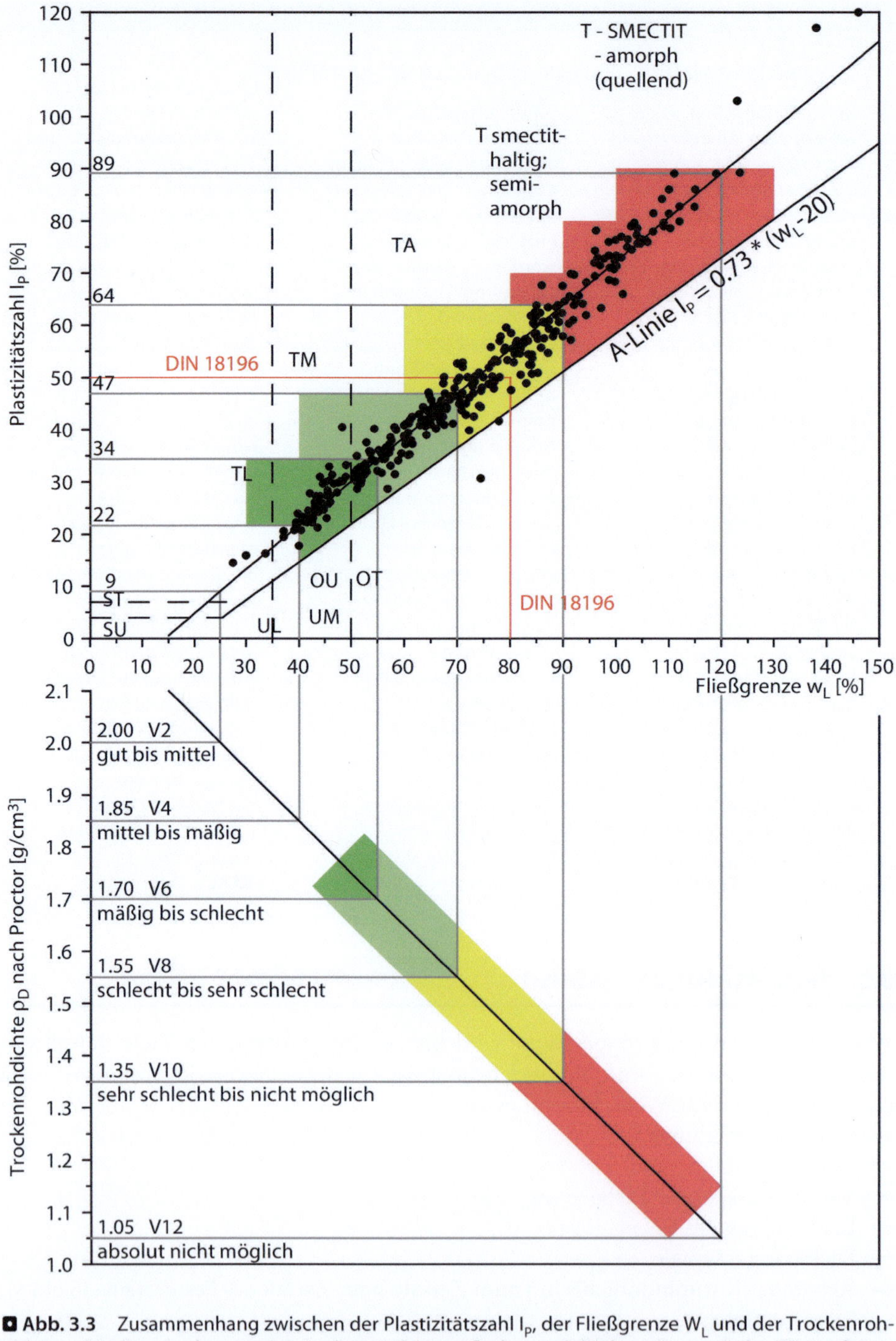

Abb. 3.3 Zusammenhang zwischen der Plastizitätszahl I_P, der Fließgrenze W_L und der Trockenrohdichte ρ_D bindiger Lockergesteine. In diesem Schema finden auch Böden mit „exotischer" Entstehung Platz. Der Code V gibt die Verdichtungsfähigkeit der klassifizierten bindigen Lockergesteine an und ist nicht mit dem Code für den Verwitterungszustand der Festgesteine zu verwechseln

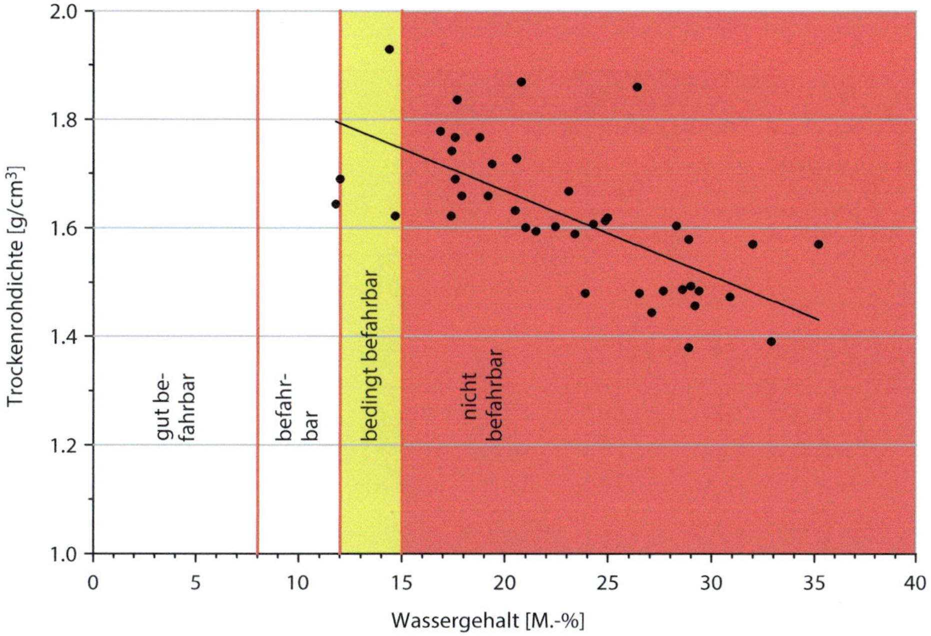

Abb. 3.4 Sogar die Befahrbarkeit einer Baustelle lässt sich aus der Beziehung zwischen Trockenrohdichte und Wassergehalt ableiten. Das Beispiel beschreibt ausgeprägt plastische Lockergesteine der Albhochfläche

Beschaffenheit eines Festgesteins hinsichtlich eingewirkter Verwitterungsvorgänge im Vergleich zum nicht verwitterten Gestein. Je nach Gesteinsart oder der Intensität des Verwitterungsprozesses bilden sich unterschiedliche Zustandsformen aus.

Bei Geowissenschaftlern ist während der In-situ-Aufnahme die qualitative Beschreibung des Verwitterungszustandes von Festgesteinen bevorzugt und allgemein verbreitet. Auf dem Weg zu einer Objektivierung der Gesteinsansprache wäre jedoch eine Quantifizierung wünschenswert. Damit ließen sich auch die jeweils geforderten technischen Eigenschaften der Gesteine sicherer bewerten. Um aber eine quantitative Beurteilung mittels gesteinsphysikalischer Parameter zu ermöglichen, ist es notwendig, ein nicht verwittertes Festgestein der gleichen Zusammensetzung zum Vergleich heranzuziehen. Sicher ist das nicht immer möglich, und es muss die Erfahrung und Sachkenntnis des Bearbeiters zur Einordnung der angetroffenen Festgesteine in den Verwitterungszustand eingebracht werden. In der Abb. 3.5 sind dazu verschiedene qualitative Merkmale aufgeführt. Sie zeigt auch, wie in den gültigen Normen zur „Beschreibung" und „Benennung" des Verwitterungszustandes verfahren und oft eine zu weitgehende Einteilung praktiziert wird.

Nach Auswertung zahlreicher Kennwerte verschiedener Festgesteine konnte herausgefunden werden, dass die quantitative Bestimmung des Verwitterungszustandes mit der

- Rohdichte [g/cm³],
- Porosität [Vol.-%] und
- Wasseraufnahme [M.-%] nach 24 h Wasserlagerung

zum Vergleich: Benennung der Verwitterungsgrade bzw. -stufen EN ISO 14689, IAEG 81	zum Vergleich: Beschreibung des Gesteines mit den jeweiligen Normen EN ISO 14689, IAEG 81, ISRM 78	Verwitterungszustand	qualitative, makroskopische Feldprüfungen				quantitative Laborprüfung: Differenz der vom nicht verwitterten zum verwitterten Festgestein ermittelten:		Code
			Farbänderungen des Korngefüges	im Bereich der Trennflächen	Entfestigungen des Korngefüges	mit dem Hammer zerschlagbar	Porosität [Vol. - %]	Wasseraufnahme [M. - %]	
frisch, unverwittert	keine farblichen, mikro- oder makroskopischen Veränderungen erkennbar, möglicherweise leichte Verfärbungen an den Trennflächen	nicht verwittert	Korngefüge fest verwachsen oder verkittet, Minerale unverändert	keine verwitterungsbedingten Veränderungen, schwache Verfärbungen	keine Entfestigung gegenüber dem Ausgangszustand	je nach Gesteinsart schwer bis leicht	Porosität je nach Festgestein	Wasseraufnahme je nach Festgestein	VØ
schwach verwittert angewittert	erste Verfärbungen sind durch mikroskopische Zersetzung von Mineralen erkennbar, verringerte Druckfestigkeit des Gesteines	schwach verwittert	flecken- bis leicht flächenhafte Verfärbungen, beginnende Veränderungen der Minerale	teilweise Verfärbungen und Entfestigung an Trennflächen	flächenhafte bis teilflächige Entfestigung	je nach Gesteinsart in große Stücke zerschlagbar	bis 3 Vol.-%	mindestens 1 M.-%	V2
leicht verwittert	Färbung deutlich rotbraun entlang von Klüften, das Gestein ist deutlich bis zu 15 % entfestigt	mäßig verwittert	deutlich flächenhafte und beginnende durchdringende Verfärbung, Mineralneubildung im Teilgefüge	deutliche Verfärbungen auf Trennflächen, Mineralneubildung auf den meisten Trennflächen	flächenhafte bis teilflächige Entfestigung	je nach Gesteinsart leicht in mittlere Stücke zerschlagbar	3 - 5 V ol.-%	1 - 3 M.-%	V4
mittelstark verwittert	entlang von Klüften tritt starke Verwitterung auf, weniger als 40 - 50 % des Gesteins sind zersetzt; die niedrigeren Stufen treten nebeneinander auf								
stark verwittert	mehr als 40 - 50 % des Gesteins sind zersetzt, die ursprüngliche Struktur ist noch gut erkennbar, Klüfte bestimmen Gesamtverhalten des Gebirges, frisches Gestein liegt als ein Steinskelett oder als Spitzkorn vor	stark verwittert	durchgreifende Verfärbungen und deutliche bis verbreitete Mineralneubildung, Auflösung Korngefüge	starke Entfestigung von den Trennflächen und den Kluftkörpern ausgehend, vereinzelt zerfallende Oberflächen, tiefgreifend verfärbt	durchgängig entfestigtes Korngefüge	leicht bis sehr leicht in kleine bis kleinste Stücke zerschlagbar	5 - 8 Vol.-%	3 - 5 M.-%	V6
vollständig/ sehr stark verwittert	Trennflächen sind wirkungslos, der ursprüngliche Zusammenhalt ist kaum noch vorhanden, Gebirgsstruktur erhalten	Übergangsbereich Lockergestein - Lockergebirge					genaue Grenze noch nicht möglich	genaue Grenze noch nicht möglich	V8
völlig verwittert zersetzt	das Gestein ist ein Lockergestein (Boden), ursprüngliche Strukturen restlos zerstört, Volumenänderung, wenig transportiertes Material		ehemaliges Korngefüge nebulös sichtbar, in Wasser zerdrückbar, zerfallend	ehemalige Trennflächen durch Verfärbungen erhalten, in Kluftkörpern vereinzelt Relikte	Korngefüge ohne Festgesteinseigenschaften	beim Anschlagen feinkörniger Zerfall	> 8 V ol.-%	> 5 M.-%	V10

Abb. 3.5 Klassifikation des Verwitterungszustandes von Festgesteinen. Der Verwitterungszustand wird auf der Grundlage der Quantifizierung von Porosität und Wasseraufnahmevermögen in zehn Klassen eingeteilt und mit dem Code V versehen. Für die Ansprache der Proben sind auch die qualitativen (deskriptiven) Merkmale mit aufgeführt. Links ist zum Vergleich die übliche Handhabung in wichtigen Normen dargestellt

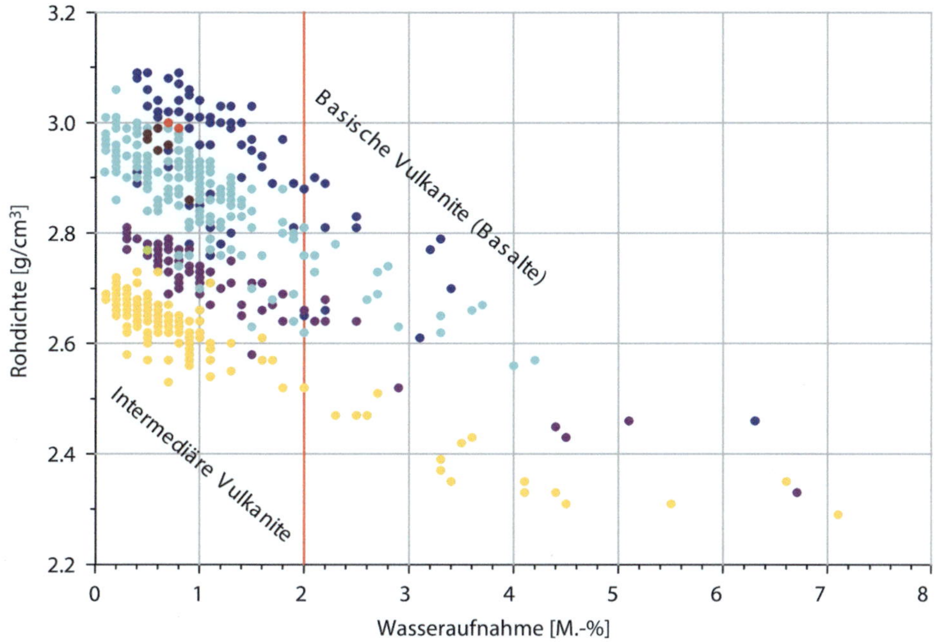

Abb. 3.6 Beziehung zwischen Rohdichte und Wasseraufnahme verschiedener basischer und intermediärer Vulkanite (*verschiedenfarbige Punkte*). Das Beispiel vermittelt den eindeutigen Zusammenhang von Rohdichte und Wasseraufnahme aus mehr als 300 Einzelwerten. Diese Abhängigkeit lässt sich bei jeder Gesteinsart – gleich welcher Entstehung – mit dem Vorteil nachweisen, dass diese Eigenschaften vergleichsweise einfach bestimmbar sind. Die *rote Linie* bei 2 Masse-% Wasseraufnahme kennzeichnet den Übergang zu stark verwittertem Gestein

objektiv vorgenommen werden kann. Da Porosität und Wasseraufnahme in engem Zusammenhang stehen, genügt es, eine der beiden Größen heranzuziehen – vorzugsweise die einfach bestimmbare Wasseraufnahme. Setzt man diese in Beziehung zur Rohdichte, ergibt sich ein linearer Zusammenhang, der als Grundlage für die Quantifizierung des Verwitterungszustandes dient Abb. 3.6.

Wenn die Wasseraufnahme der gleichen Gesteinsart im Untersuchungsgebiet bei gleichzeitiger Verringerung der Rohdichte ansteigt, nimmt auch der Verwitterungszustand zu. Der Verwitterungszustand lässt sich durch die Korrelationen gemessener Werte der Rohdichte und Wasseraufnahme statistisch gesichert für jedes Festgestein ermitteln.

Die Vorgehensweise ist dabei wie folgt:

- Es werden (beispielsweise innerhalb eines Projektes) die Proben verschiedener Verwitterungsstadien ein und desselben Gesteins untersucht und mithilfe der Abb. 3.5 in die Verwitterungszustände VØ bis V6/10 eingeordnet. Zudem werden an allen Proben die Rohdichte und die Wasseraufnahme bestimmt und die Messwerte in einem Diagramm dargestellt. Die gezeigten Ergebnisse weisen gesichert nach, dass eindeutige Korrelationen beider Eigenschaften bezogen auf die genetisch gleichen Festgesteine bestehen und zur Beurteilung der bautechnischen Qualität und des Verwitterungszustandes geeignet sind.

3

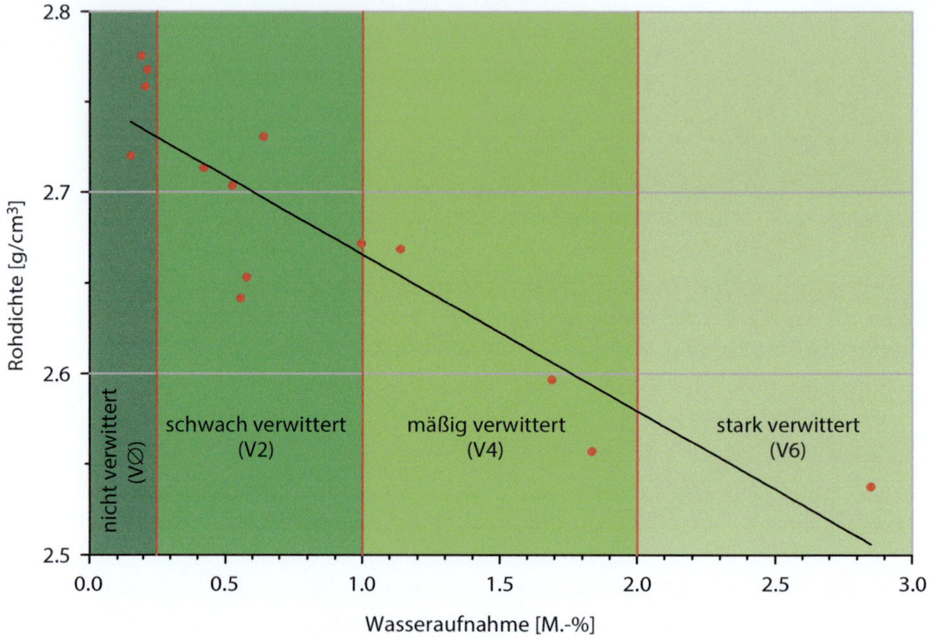

Abb. 3.7 Die Werte für die Rohdichte und die Wasseraufnahme von Proben des gleichen Gesteins (hier Granodiorit der Lausitz) korrelieren linear. Alle Proben wurden qualitativ auf ihren Verwitterungszustand hin untersucht. Nach Abb. 3.5 wurden sie dabei den Kategorien VØ bis V6 zugeordnet

- Durch die qualitative Begutachtung kann nun am quantitativen Zusammenhang eine Einteilung in die Verwitterungszustände VØ bis V6/10 auf der Abszisse erfolgen (Abb. 3.5). Diese Einteilung erfolgt für jedes Festgestein eines Vorkommens und jede Lokalität gesondert. Es ist zu beachten, dass nur aus dem Vergleich der Rohdichte und Wasseraufnahme zwischen nicht verwittertem und verwittertem Festgestein der tatsächliche Verwitterungszustand zugeordnet werden kann (Abb. 3.7 und 3.8).
- Anhand dieses selbst erstellten Schemas lassen sich nun weitere Proben beliebiger Anzahl allein über die Wasseraufnahme (oder die Rohdichte) hinsichtlich ihres Verwitterungszustandes klassifizieren.

Die universelle Bedeutung der beiden Klassifikationsmerkmale Rohdichte und Wasseraufnahme für die Bewertung der Festgesteine zeigt sich darin, dass der allmähliche Übergang zum Lockergestein quantitativ belegbar ist (Abb. 3.7). Mit

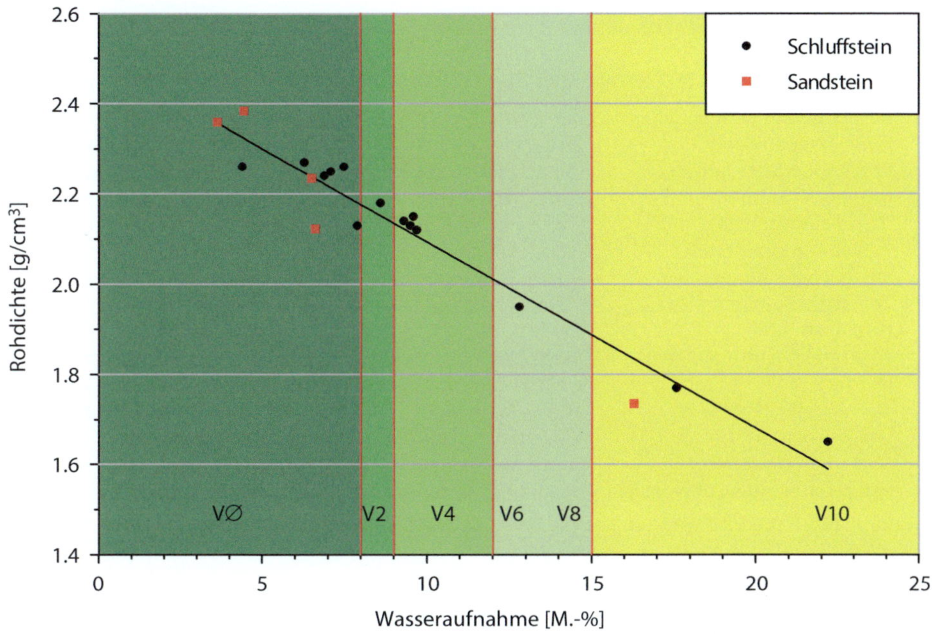

Abb. 3.8 Am Beispiel von diagenetisch gering verfestigten Schluff- und Feinsandsteinen des Mittleren Buntsandsteins kann gezeigt werden, dass der Zusammenhang von Rohdichte und Wasseraufnahme bis in den Bereich der völligen Zersetzung verfolgt werden kann (V10). Das verwitterte Material entspricht dann einem Lockergestein

einer Wasseraufnahme von mehr als 5 bis 15 Masse-% beginnt, je nach Festgesteinsbeschaffenheit, allmählich der Übergang zum Lockergestein. Eine genaue quantitative Grenzziehung, einheitlich für alle Festgesteine, ist zwangsläufig durch die Vielfalt der Gesteine nicht möglich. Der quantitative Zusammenhang gemäß Abb. 3.5 ist für jedes Festgestein eines Vorkommens und jede Lokalität gesondert zu bestimmen.

Noch ein Wort zu den statischen Gesteinsfestigkeiten, die gern für eine Zuordnung der Verwitterungsintensität herangezogen werden. Sie eignen sich nicht oder nur bedingt für eine dahingehende Klassifizierung. Einerseits wird eine Überprüfung der Gesteinsfestigkeit mit zunehmender Verwitterung oder Rissbildungen verfälscht, weil keine rissfreien Prüfkörper herstellbar sind. Andererseits ist die Vielfalt der Gesteine neben den unterschiedlichen Verwitterungsvorgängen mit Kennwerten der statischen Gesteinsfestigkeiten objektiv nicht mit statistischen Abhängigkeiten bewertbar. Nur in Einzelfällen kann man für eine Gesteinsart in einem bestimmten Arbeitsgebiet mit entsprechend guten Prüfkörpern die Festigkeit einem Verwitterungszustand zuordnen.

3

Exkurs

Verwitterungszustand versus quellfähige Minerale

Beim Studium zahlreicher tunnelbaugeologischer Ergebnisberichte musste festgestellt werden, dass die Ansprache des Verwitterungszustandes fälschlicherweise aus dem Zerfall der Bohrkerne nach dem Ausbringen an die Tagesoberfläche abgeleitet wurde. So kam es, dass die Ton-Schluffsteine als „stark verwittert" bis „zu Lockergestein zerfallend" eingestuft wurden, obwohl diese keiner Verwitterung ausgesetzt waren.
Manche klastischen Sedimente wie Ton-, Schluff- und Feinsandsteine, die im Gebirgsverband eine durchaus mittlere Festigkeit aufweisen (beispielsweise an der Ortsbrust beim Tunnelvortrieb, wo sie sprengtechnisch gelöst werden müssen), zerfallen jedoch in kleinste Stücke oder in Einzelkörner, sobald sie ins Freie gelangen und Niederschlägen oder der Austrocknung ausgesetzt werden. Der Zerfall hat aber nichts mit dem Verwitterungszustand zu tun, sondern wird durch einen bestimmten Anteil von quellenden Dreischicht-Tonmineralen oder/und durch einen bis 60 % reichenden Anteil von amorphen bis kolloidalen Bestandteilen mit großer Wasseraufnahmefähigkeit verursacht.
Die ausgebrachten Bohrkerne von Bohrungen in derartigen Sedimentgesteinen sind sofort nach dem Ausbringen aufzunehmen und bei Verdacht eines Zerfalles im Wasser einer stofflich-mineralogischen Untersuchung zuzuführen (◘ Tab. 3.1).
Zerfallendes Bohrgut führt also schnell zu falschen Beurteilungen der Gesteinsfestigkeiten in situ. Ermittelt man jedoch zeitnah die Rohdichte und die Wasseraufnahme der Bohrkerne, kann der tatsächliche Verwitterungszustand erfasst werden (◘ Abb. 3.9).

3.3 Gesteinsstatische Eigenschaften

Unter statischen Festigkeitseigenschaften sind die Druck-, Biege-, Zug- und Scherfestigkeit der Festgesteine bei Beanspruchung durch kontinuierlich einwirkende Kräfte (Druck-, Biege-, Zug- und Scherkräfte) zu verstehen. Häufig bezieht man diese Kräfte auf eine Fläche und man erhält die Spannung, die zwar die Einheit des Druckes aufweist, im Gegensatz zu diesem jedoch vektoriell ist. Bruchbildungen im Festgestein werden ausschließlich durch Zug- und Scherspannungen ausgelöst. Zertrümmerungen und Zerstörungen der Gesteine durch Druckbelastung werden durch Bewegungen an Trenn- und Störungsflächen bewirkt. Für geotechnische Fragestellungen haben dabei die einaxiale Druckfestigkeit und die Scherfestigkeit die größte praktische Bedeutung und werden im Weiteren genauer behandelt.

▪ Einaxiale Druckfestigkeit

Zur Kennzeichnung der Festigkeit von Festgesteinen wird weltweit vorwiegend die einaxiale Druckfestigkeit zugrunde gelegt. Als definierte Prüfkörper für die Bestimmung der Druckfestigkeit werden Würfel, Zylinder oder Prismen mit einem Verhältnis von Durchmesser zu Länge (Schlankheitsgrad) von 1:2 verwendet. Unter der einaxialen Druckfestigkeit versteht man diejenige Druckbeanspruchung auf eine definierte Fläche des Prüfkörpers, bei der der Körper bricht. Kurioserweise ist es gar nicht die Druckfestigkeit, die das Bruchverhalten des Materials limitiert, sondern die

Tab. 3.1 Die Tabelle vermittelt beispielhaft die mineralogische Zusammensetzung von Ton-Schluff- und Feinsandsteinen die in Wasser oder bei Austrocknung an der Tagesoberfläche in kleinste Stücke zerfallen. Beide Gesteine (Röt und Mittlerer Keuper) sind unter tropischen Klimabedingungen terrestrisch entstanden und zeigen Rückstände einer chemischen Verwitterung. Bei vorherigen Erkundungsarbeiten waren die Ton-Schluffsteine nicht verwittert angetroffen worden. Es lohnt sich also, in der Praxis den Verwitterungszustand quantitativ zu bewerten. Auf diese Weise werden Fehleinschätzungen zum Festigkeitsverhalten der Gesteine vermieden

Mineralphase	Ton-Schluffstein (Röt) [Masse-%]	Ton-Schluff-Feinsandstein „Feuerletten" (Mittlerer Keuper) [Masse-%]
Amorph/kolloidal	**45–55**	**40–60**
Quarz	6–8	10–36
Muskovit	2–3	0–9
Clinochlor	0,5–1,5	0–3
Albit	3–5	0
Orthoklas	3–4	0
Hämatit	<0,5	0–3,2
Montmorillonit	**0,5–0,8**	**1–4**
Dolomit	5–8	4,0–13
Calzit	0	4,8–15
Mikroklin	0	0–4,5
Anorthit	0	0–2,5
Enslin-Wert	**>110**	**114–146**

Zugfestigkeit. In Wirklichkeit führt nämlich die senkrecht zur Belastungsrichtung induzierte Zugspannung zum Bruch der Probe.

Die einaxiale Druckfestigkeit eines Festgesteins ist meist richtungsabhängig, und die verschiedenen Versuchsbedingungen sind komplex. Die Verwendung unsicherer Kennwerte für Sicherheitsanalysen, tunnelbautechnische Bewertungen und felsmechanische Berechnungen führt deshalb oft zu falschen geotechnischen Schlussfolgerungen.

Solche sensiblen Versuchsbedingungen bei der Druckfestigkeitsprüfung sind beispielsweise:

- Größe, Form und Schlankheitsgrad des Prüfkörpers,
- Beschaffenheit der Endflächen und Lastverteilung,
- definierte Belastungsgeschwindigkeit beim Prüfvorgang,
- Vorbehandlung der Prüfkörper wie trocken, nass, gefrostet usw.,
- orientierte Entnahme der Prüfkörper zum Korn- und Trennflächengefüge bzw. Beachtung der Anisotropie,
- die Prüfkörper müssen vollkommen intakt sein; das Auftreten von verdeckten Rissbildungen, Trennflächen oder ähnlichen Fehlstellen in den Prüfkörpern muss vermieden werden (Abb. 3.10, 3.11 und 3.12).

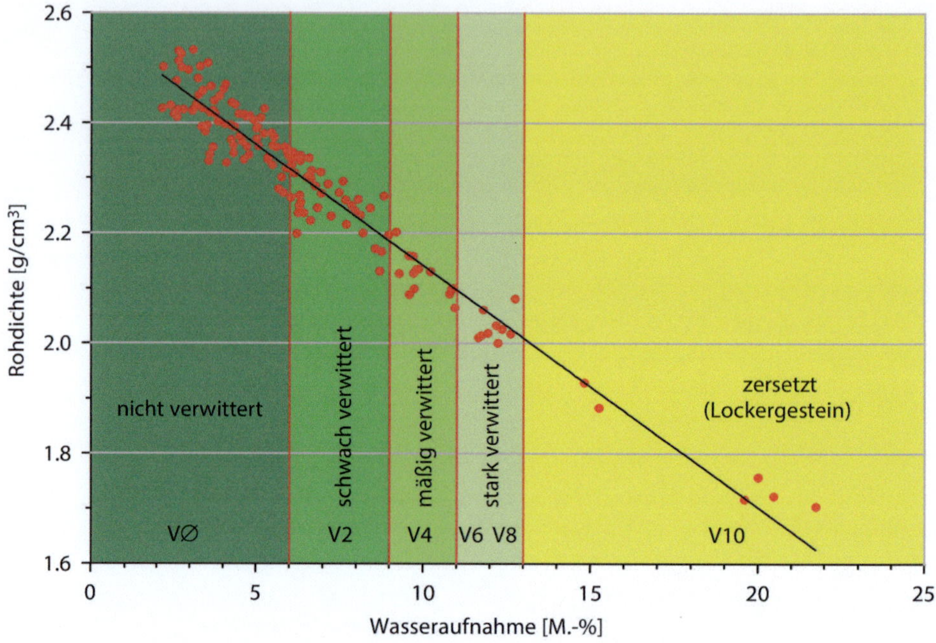

Abb. 3.9 Beziehung zwischen Rohdichte und Wasseraufnahme von Ton-Schluffsteinen des Oberen Buntsandsteins (Röt) und der daraus ableitbare Verwitterungszustand

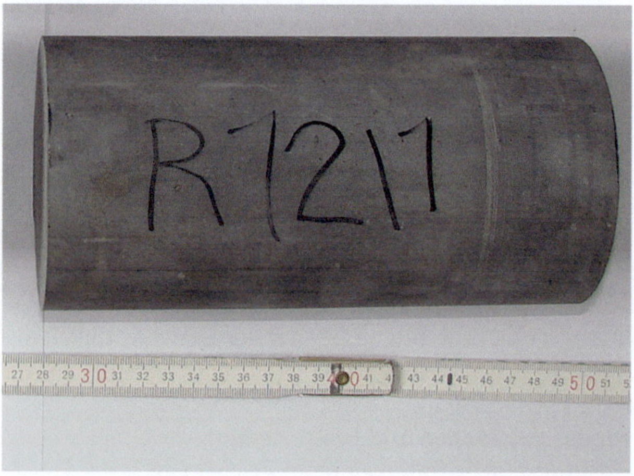

Abb. 3.10 Intakte, rissfreie Festgesteinsprobe aus Basalt – ein idealer Zustand des Prüfkörpers

Insbesondere die letztgenannte Bedingung der intakten, rissfreien Prüfkörper wird in der Praxis oft vernachlässigt.

Größere vorhandene Trennbrüche und -flächen, latente Risse, Materialgrenzen parallel zur Schichtung und ähnliche Bildungen wirken sich bei der Druckfestigkeitsprüfung so abmindernd auf die Werte aus, dass sich diese bis auf 1 % des tatsächlichen (erwarteten) Wertes verringern können.

Abb. 3.11 Riss- und trennflächengeschädigte Festgesteinsprobe aus Ton-Schluffstein. Sie ist zur Festigkeitsprüfung nicht geeignet

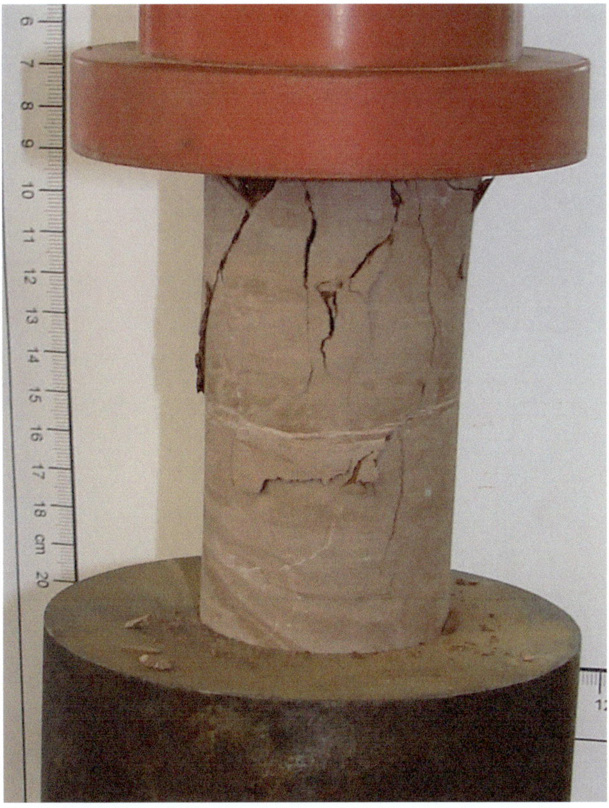

Abb. 3.12 Gesteinsprobe nach der Druckfestigkeitsprüfung. Der Bruch wurde durch vorhandene Riss- und verborgene Trennflächen zu früh eingeleitet und verfälscht. Die ermittelte Größe der Druckfestigkeit ist nicht realistisch

3

Exkurs

Falsche Druckfestigkeit durch nichtintakte Proben

Für ein größeres Bauvorhaben wurden (meist wassergespülte) Kernbohrungen mit einem Durchmesser > 100 mm im Festgebirge aus einer Ton-Schluff-Feinsandstein-Wechsellagerung mit teilweise karbonatischem Bindemittel durchgeführt. Aus dem in Bohrkisten ausgelegten Kerngewinn wurden zu einem späteren Zeitpunkt Proben von Bohrkernen für die Ermittlung der einaxialen Druckfestigkeit entnommen. 75 % der ermittelten einaxialen Druckfestigkeiten wiesen Werte von < 1 N/mm² auf und entsprachen damit eigentlich einem Lockergestein. Infolge der teilweise ausgetrockneten, rissbelasteten und der von Trennflächen durchzogenen Gesteinsproben war eine derartig geringe Größe der Festigkeit zu erwarten, und die Prüffähigkeit der Proben hätte in Frage gestellt werden müssen. Den Bearbeitern ist zugute zu halten, dass die objektiv vorhandene, nach den Vorschriften offenbar erlaubte Prüfkörperbeschaffenheit zu den niedrigen Werten führen musste.

Die restlichen 25 % der Proben wiesen unrealistische Druckfestigkeiten von 1,2 bis 13,2 N/mm² auf.

Die ◘ Abb. 3.13 zeigt den Vergleich zwischen den zunächst zu niedrig bestimmten und den in der späteren Untersuchungsphase gefundenen tatsächlichen Druckfestigkeiten. Diese wurden zerstörungsfrei über die akustische Impedanz (P-Welle) ermittelt und lagen weit über den in der Erkundungsphase bestimmten Werten.

Die auf der Grundlage der geringen Druckfestigkeiten geplante Baumaßnahme musste zwangsläufig durch eine Neuplanung ersetzt werden. Auf diese Weise kam es zu erheblichen Veränderungen in der Bauausführung und zu drastischen Nachträgen und Mehraufwendungen.

Fazit: Sind Risse, Trennflächen oder andere Brucherscheinungen an einer Festgesteinsprobe vor der Prüfung vorhanden, ist der gemessene Wert der einaxialen Druckfestigkeit bruchmechanisch wertlos. Die entsprechende Norm DIN 18136 sollte dahingehend ergänzt werden, dass nur intakte Festgesteinsproben geprüft werden dürfen. Sind rissfreie Proben nicht beschaffbar, ist auf zerstörungsfreie Methoden auszuweichen.

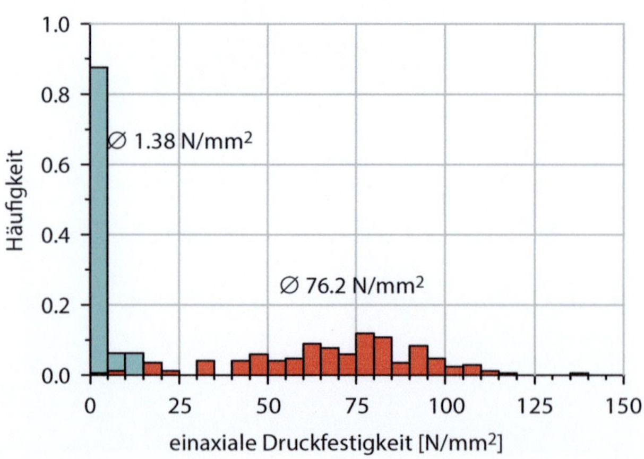

◘ **Abb. 3.13** Häufigkeitsverteilung der ermittelten fehlerhaften einaxialen Druckfestigkeiten der Baugrunderkundung (*blau*) und der mittels akustischer Impedanz (P-Welle) zerstörungsfrei bestimmten, realistischen Druckfestigkeiten (*rot*) von Ton-, Schluff- und Feinsandsteinen

Bei der Beurteilung der gemessenen Werte der einaxialen Druckfestigkeit von Festgesteinen ist es somit zwingend erforderlich, die wesentlichsten Prüfbedingungen der Versuchsdurchführung, die vorhandenen Gefügemerkmale, mögliche Rissbildungen, den Wassergehalt und die Prüfkörperbehandlung zu beschreiben und aktenkundig zu dokumentieren. Ansonsten können die Festigkeitswerte untereinander nicht verglichen werden oder sind, wegen der erheblichen Fehler und der Streuung der Daten, für weitere geotechnische Fragestellungen nicht verwertbar.

Die bereits beschriebenen Bedingungen und Nachteile bei der Ermittlung der einaxialen Druckfestigkeit lassen sich weiter ergänzen:

- Durch die Bruchzerstörung der Probe bei der Bestimmung des Druckfestigkeitswertes lassen sich mögliche Prüffehler nicht durch Wiederholungen korrigieren.
- Die Größe der einaxialen Druckfestigkeit eignet sich infolge der definierten, nicht übertragbaren Prüfbedingungen nur indirekt zur Beurteilung anderer geotechnischer Fragestellungen.
- Messungen von in situ entnommenen Prüfkörpern sind nur dann möglich, wenn diese ungestört, riss- und trennflächenfrei in der erforderlichen Größe entnommen werden können.
- Bei gering festen, diagenetisch schwach verfestigten und stark klüftigen Festgesteinen ist eine rissfreie Prüfkörperherstellung selten möglich.

Exkurs

Latente Risse in granitoiden Gesteinen

In diesem Zusammenhang sollte auf eine besondere, wenig beachtete Beschaffenheit von quarzreichen Magmatiten hingewiesen werden, die bei Festigkeitsbestimmungen berücksichtigt werden muss. Die granitoiden Gesteine weisen oft eine Teilbarkeit in bestimmten Ebenen auf. Diese Spaltfähigkeit wird durch feine, latente Risse in horizontalen und vertikalen Richtungen verursacht. Die ◘ Abb. 3.14 zeigt das Schwarz-Weiß-Foto eines Lackfilmes. Man ätzt dazu die polierte Fläche des Gesteins (im vorliegenden Fall schwedischer Granit) mit Flusssäure in einer definierten, kurzen Zeit an. Schleifharte Minerale werden dabei kaum und solche mit geringer Schleifhärte stärker geätzt. Auf die geätzte Fläche wird in dünnen Lagen mehrfach farbloser Lack aufgetragen. Nach dem Aushärten des Films kann dieser von der Gesteinsfläche abgezogen werden. Der Lackfilm bildet alle Feinheiten der Minerale ab und kann wie ein Filmnegativ verwendet werden. In der ◘ Abb. 3.14 ist der schleifharte Quarz mit den Teilbarkeitsrissen in den Kristallelementen sichtbar. Die Teilbarkeitsrisse sind wahrscheinlich durch exogene Prozesse oberflächennah entstanden und haben Beziehungen zur oberflächenparallelen Exfoliation oder Plattenklüftung (◘ Abb. 3.15). Die Risserscheinungen werden auf das Wirksamwerden induzierter Zugspannungen im Bereich der Oberfläche zurückgeführt. Die Bildungen sind reliefabhängig (◘ Abb. 3.15). Das bruchmechanisch nicht durchsetzende Risssystem im Mikrobereich hat einen außerordentlichen Einfluss auf die Festigkeitsanisotropie von betroffenen quarzreichen Gesteinen. Das Bruchbild der ◘ Abb. 3.16 bestätigt diese Aussage durch eine Versuchssprengung im Granodiorit der Lausitz bei Kindisch. Die Teilbarkeitsrisse verlaufen parallel zum entstandenen Spalt und zeigen den enormen Einfluss auf die Bruchbildung. Eine parallel zu den Rissen eingetragene Druckspannung bewirkt geringere Festigkeiten als in den anderen Richtungen.

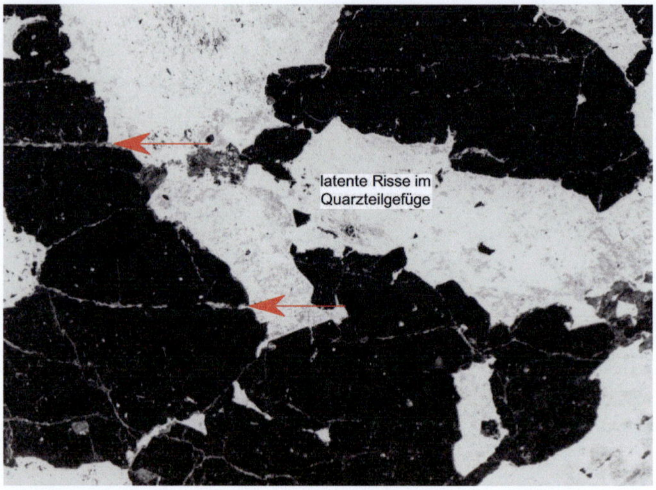

Abb. 3.14 Stark vergrößertes Korngefüge eines Granites. Der schwarze Quarz des Lackfilmbildes zeigt ± gerichtete Risse, die die Spaltfähigkeit des Gesteines in situ und bei der Weiterbearbeitung erleichtern

▪ Alternative: Ultraschallmessung

Um von diesen vielen Einflüssen und Fehlerquellen bei der Ermittlung der einaxialen Druckfestigkeit für bestimmte geotechnische Problemstellungen unabhängig zu sein (insbesondere bei der Bewertung gering bis extrem gering fester Gesteine), wurde vom Erstautor bereits im Jahr 1977 vorgeschlagen, die akustische Impedanz (P-Welle) – auch spezifische Schallhärte genannt – einer Gesteinsprobe als zerstörungsfrei bestimmbaren Festigkeitskennwert zu verwenden. Zusammen mit der einaxialen Druckfestigkeit kann man die akustische Impedanz (P-Welle) für eine allgemeine Festigkeitsklassifikation der Gesteine zugrunde legen. Der Grund dafür ist, dass zwischen der akustischen Impedanz der P-Wellengeschwindigkeit (Longitudinal- oder Druckwelle) und der exakt bestimmten einaxialen Druckfestigkeit eine statistisch gesicherte, lineare Regressionsbeziehung nachweisbar ist (Abb. 3.17).

Die Druckfestigkeit kann somit aus der zerstörungsfreien Prüfung für nahezu alle Gesteinsarten und Baustoffe rechnerisch ermittelt werden. Wegen dieser generell belegbaren Abhängigkeit ist die akustische Impedanz (P-Welle) als Klassifikationsparameter zur Kennzeichnung des Festigkeits- und Verformungsverhaltens für Festgesteine objektiv geeignet.

Das Diagramm der Abb. 3.18 bestätigt mit einem weiteren Beispiel die Bedeutung der Ultraschallmessungen zur Bestimmung der akustischen Impedanz (P-Welle) im Vergleich zur klassischen Druckfestigkeitsprüfung an den gleichen, rissgeschädigten Prüfkörpern. Die Ultraschallmessungen nutzen meist einen schmalen, rissfreien Korridor durch die Probe und gelten somit für intakte Festgesteinskörper. Werden Trennflächen oder Fehlstellen tatsächlich gequert, ist das jedoch am Wellenbild direkt erkennbar. Durch Verschieben des Gebers und des Nehmers auf der Probe kann die Messung einfach korrigiert werden.

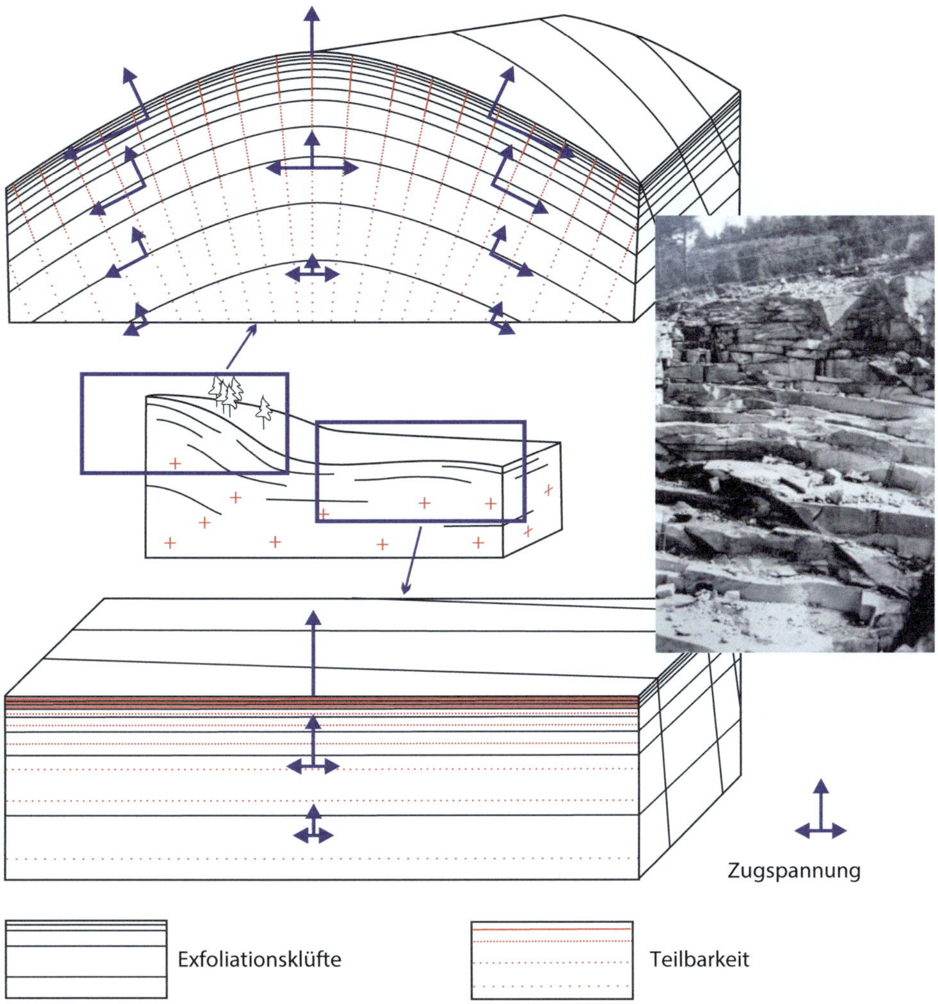

Abb. 3.15 Modelldarstellung der oberflächenparallelen Exfoliations- oder Plattenklüftung mit den richtungsorientierten latenten Teilbarkeitsrissen. Im historischen Foto eines Steinbruches der Oberlausitz ist diese Teilbarkeit im Granodiorit gut zu erkennen

Als Messsystem wird das Ultraschallmessgerät UKS-D, bestehend aus einem Ultraschallgenerator USG 40 und einem PC-Oszilloskop Pico Scope® 3224 der Firma Geotron Elektronik Rolf Krompholz, seit Jahren erfolgreich eingesetzt (Abb. 3.19). Zur Untersuchung von Gesteinsproben mit dem UKS-D ist es empfehlenswert, die Probenstücke mittels Kernbohrungen aus dem Festgebirge oder größeren Trennflächenkörpern zu gewinnen. Nach der Entnahme des Bohrkerns werden die eigentlichen Prüfkörper mit einem Schlankheitsgrad von 1:2 zugeschnitten. Diese genaue Größe ist erforderlich, damit bei der Durchschallung das sogenannte Dehnwellenverfahren genutzt werden kann. Die Ultraschallmessung ist auch an Gesteinsproben

Abb. 3.16 Ergebnis eines Sprengversuches zum Nachweis des latenten Risssystems und der vorhandenen Zugspannungen in einem Granodiorit der Oberlausitz. Die Bruchbildung des detonierenden Sprengstoffes wurde durch die vorhandenen Risse „gelenkt" (Maßstab 1,0 m)

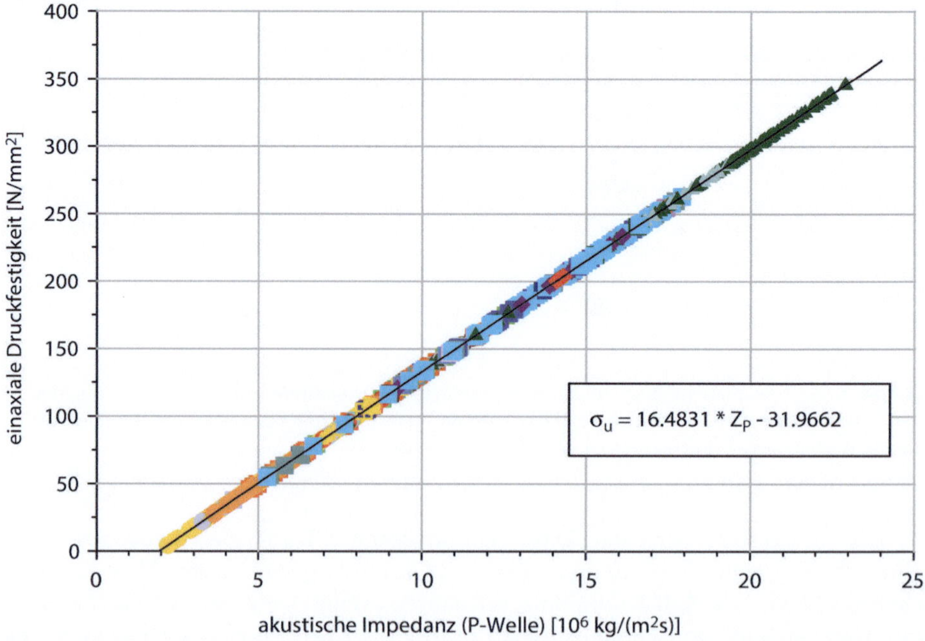

Abb. 3.17 Beziehung der akustischen Impedanz (P-Welle) und der einaxialen Druckfestigkeit mittels Ultraschallmessungen verschiedener Festgesteine. Die verschiedenen Farben und Formen der Symbole deuten die Vielfalt der untersuchten Gesteine an, werden hier aber nicht näher erläutert

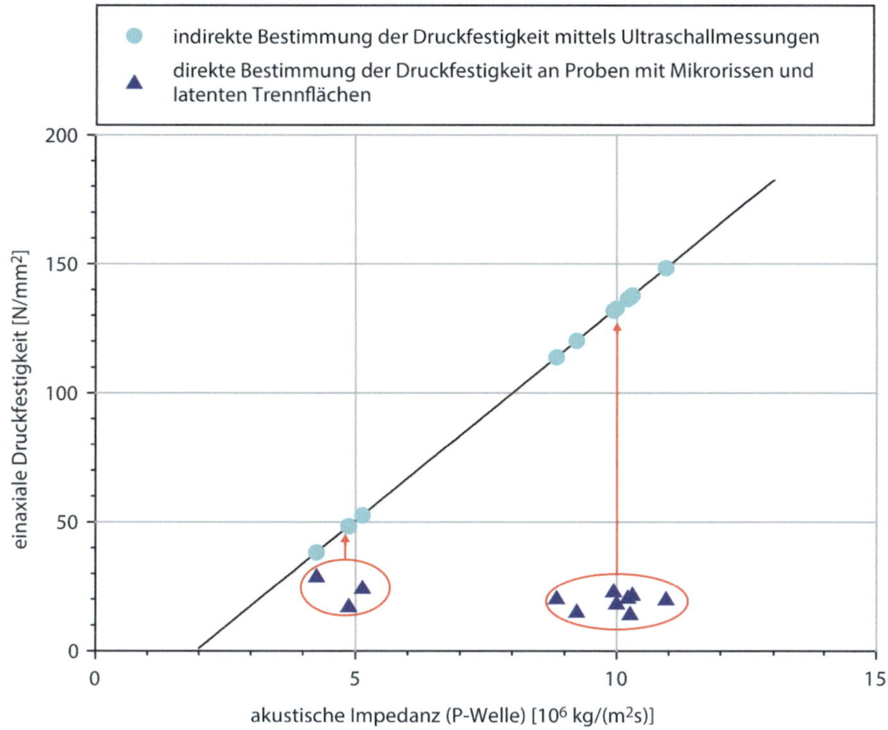

Abb. 3.18 Fehlerhafte Bestimmung der einaxialen Druckfestigkeit infolge von Mikrorissen und latenten Trennflächen an Ton- und Schluffsteinen (*Dreiecke*) im Vergleich zu den durch Ultraschallmessung ermittelten tatsächlichen Werten (*Kreise*)

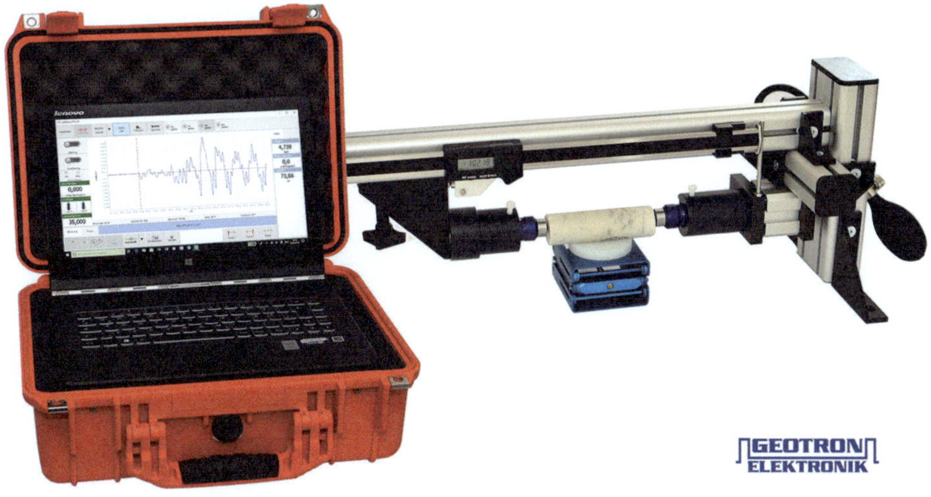

Abb. 3.19 Das Ultraschallmessgerät UKS-D, bestehend aus einem Ultraschallgenerator USG 40 und einem PC-Oszilloskop Pico Scope® 3224 der Firma Geotron Elektronik Rolf Krompholz, bei laufender Messung

3

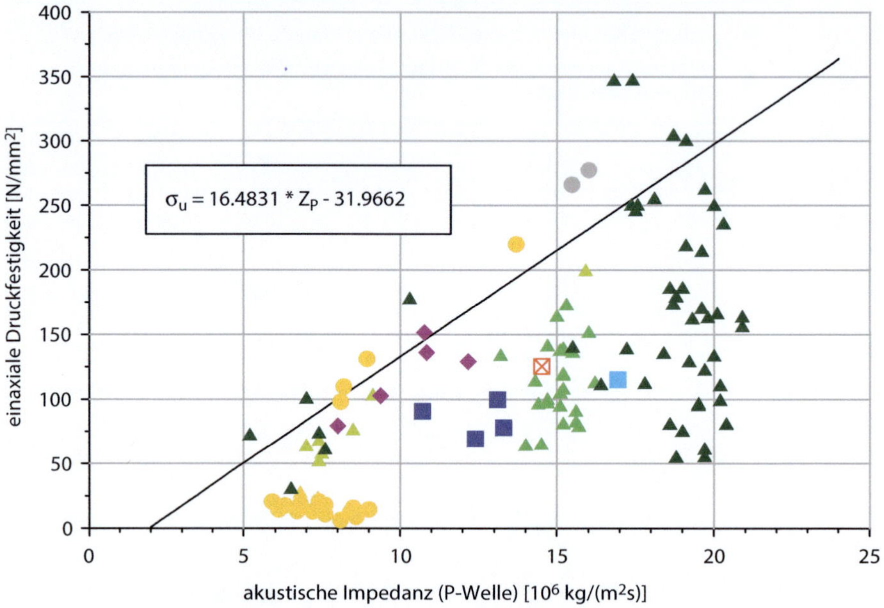

Abb. 3.20 Beziehung zwischen der akustischen Impedanz (P-Welle) Z_P und der einaxialen Druckfestigkeit σ_u an zylinderförmigen Prüfkörpern (Schlankheit 1:2) verschiedener Gesteine. Die Bestimmung der einaxialen Druckfestigkeit stellt hohe Anforderungen an die Prüfkörper.

durch eine einfache Durchschallung bei bekanntem Abstand von Geber und Nehmer zwecks Messung der P-Wellengeschwindigkeit realisierbar.

Die Ultraschallmessungen können an den Prüfkörpern jederzeit wiederholt und überprüft werden.

In Abb. 3.20 werden einzelne Messergebnisse in verschiedenen Gesteinen zwischen der akustischen Impedanz (P-Welle) und der einaxialen Druckfestigkeit dargestellt und damit die universelle Gültigkeit für alle Festgesteine belegt. Die statistisch gesicherte Beziehung in Abb. 3.17 wird für die Berechnung der einaxialen Druckfestigkeit genutzt und bildet die Grundlage für die zerstörungsfreie Ermittlung an anderen Festgesteinen gleich welcher Entstehung.

Exkurs

Akustische Impedanz und Karbonatgehalt

Die Darstellung der Abb. 3.21 zeigt eine interessante Beziehung zwischen der Rohdichte und der vielfältig nutzbaren akustischen Impedanz (P-Welle) von karbonatischen Sedimentgesteinen. Mit der Zunahme von Rohdichte und akustischer Impedanz (P-Welle) steigt der Karbonatanteil der verschiedenen Gesteine systematisch an. Auf diese Art und Weise ist also auch die Zuordnung der karbonatischen Gesteine problemlos möglich.

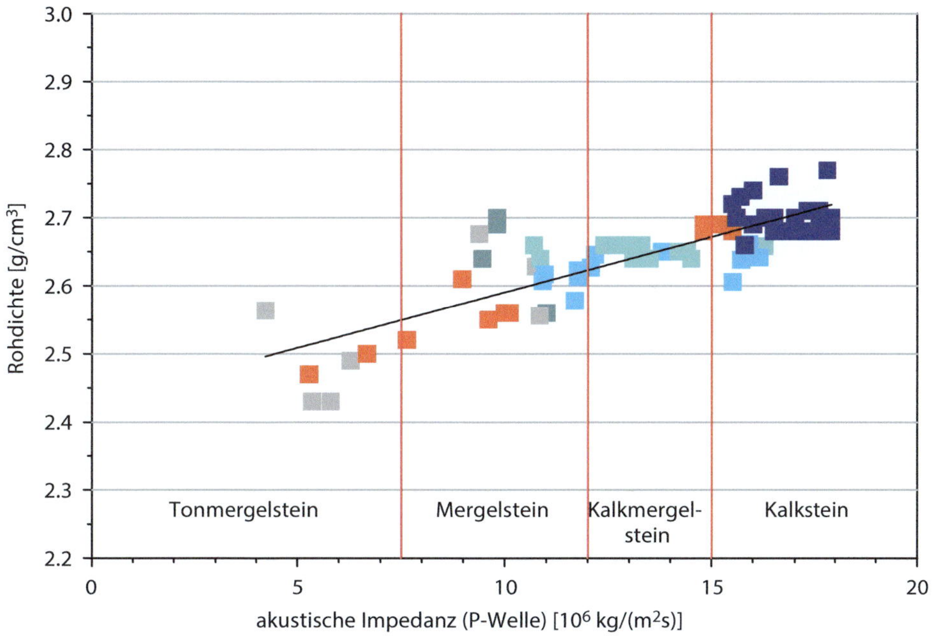

Abb. 3.21 Beziehung zwischen Rohdichte und akustischer Impedanz (P-Welle) verschiedener karbonatischer Gesteine

Klassifikationsvorschlag

Mit der vielseitig belegbaren gesteinsphysikalischen Abhängigkeit von akustischer Impedanz (P-Welle) und einaxialer Druckfestigkeit kann unter Beachtung von Porosität und Wasseraufnahme auch eine Klassifikation der Festigkeit (F) bis zum Übergang ins Lockergestein erfolgen (Abb. 3.22).

Die akustische Impedanz (P-Welle) zeigt sogar selbst gesicherte Beziehungen zur Porosität und zur Wasseraufnahme. Damit ist die Festigkeit durch die Bestimmung der akustischen Impedanz (P-Welle) oder der einaxialen Druckfestigkeit an intakten Prüfkörpern sowie der Porosität und der Wasseraufnahme den Festigkeitsgruppen zuzuordnen. So können auf praktische Weise alle Fest- und Lockergesteine (gleich welcher Entstehung; Abb. 3.2) zusammenfassend verglichen und objektiv bewertet werden. Die Festigkeit darf aber auch mittels der Zerschlagbarkeit und des Klanges beim Anschlagen abgeschätzt werden.

Vergleicht man den Klassifikationsvorschlag von Abb. 3.22 mit bestehenden Einteilungsprinzipien der einaxialen Druckfestigkeit, fallen Unterschiede auf (Tab. 3.2). Ein Gestein „mürb" zu nennen, erinnert an einen knackenden Keks. Zwischen „hart" und „mürb" besteht kein ingenieurgeologischer Zusammenhang! Aus diesem Grund wurde in Abb. 3.22 der Grundbegriff „fest" für Festigkeit oder „schallhart" für die akustische Impedanz (P-Welle) gewählt. Damit ist eine sprachliche Harmonie mit dem Klassifikationsmerkmal hergestellt.

Festigkeit nach der Bestimmung der						Festigkeit nach Abschätzung		Code
akustischen Impedanz (P)		einaxialen Druckfestigkeit		wahre Porosität	Wasser-aufnahme	der Zerschlag-barkeit	des Klanges	
Benennung	$[10^6 kg/(m^2 s)]$	Benennung	[MPa]	[Vol. - %]	[M. - %]			
extrem schallhart	> 15	extrem fest	> 260	< 0.36	< 0.38	schwer	sehr hoch	FØ
sehr schallhart	12 - 15	sehr fest	160 - 260	0.36 - 1.0	0.38 - 1.0	schwer	hell bis hoch	F2
schallhart	9 - 12	fest	60 - 160	1.0 - 2.2	1 - 2	mäßig	tief bis hell	F4
mittel schallhart	6 - 9	mittel fest	30 - 60	2.2 - 5.0	2 - 5	gut	gedämpft bis tief	F6
gering schallhart	4 - 6	gering fest	10 - 30	5.0 - 10.0	5 - 8	leicht	dumpf bis gedämpft	F8
sehr gering schallhart	2 - 4	sehr gering fest	1 - 10	10.0 - 16.5	8 - 10	sehr leicht	äußerst dumpf	F10
extrem gering schallhart	< 2	extrem gering fest	< 1	> 16.5	> 10	Lockergestein	-	F12

Abb. 3.22 Klassifikation der Festigkeit (F) von Festgesteinen. Einige Eigenschaften wurden in Abb. 3.2 grafisch umgesetzt

Die zusätzlichen Angaben zur Porosität und Wasseraufnahme sollen die Objektivierung der Festigkeitswerte abrunden und helfen, die Kennzeichnung der Gesteine mit einfachen Parametern zu erweitern. Der Übergangsbereich vom Fest- zum Lockergestein lässt sich ebenfalls gesteinsphysikalisch auf diese vergleichsweise einfache Art und Weise ohne Weiteres klassifizieren. Die Vielfalt der natürlichen Bildungen kann hinsichtlich ihrer Eigenschaften und Verhaltensweisen also viel besser im komplexen Zusammenhang eingeschätzt werden.

Rückprallhammer nach Schmidt

Nach langjährigen guten Erfahrungen kann man die operative In-situ-Abschätzung der einaxialen Druckfestigkeit von Festgesteinen unter Beachtung bestimmter Randbedingungen mit dem Rückprallhammer nach Schmidt vornehmen. Der Messvorgang besteht darin, mithilfe einer definierten, federgespannten Masse als „Hammer" über einen Schlagbolzen einen Stoß auf den ausgewählten Messpunkt eines Gesteines oder Baustoffes auszuüben.

Je elastischer bzw. je fester ein Gestein oder Baustoff ist, desto höher wird die Geschwindigkeit des Rückpralles. Der Rückprallwert wird beim Messen durch den hellen (bei großen Werten) oder dumpfen Klang (bei geringen Werten) „hörbar". Man darf erwarten, dass der Rückprallwert des Prallhammers mit der

Tab. 3.2 Vergleich ausgewählter Festgesteinsklassifikationen in Abhängigkeit von der einaxialen Druckfestigkeit [MPa]

IAEG-Empfehlung (Matula 1981)		DIN 1054 (2010)		ISRM-Empfehlung 1978/1981 sowie DIN EN ISO 14689 (2018)		Klassifikation F Abb. 3.22	
Einaxiale Druckfestigkeit	Benennung	Einaxiale Druckfestigkeit	Benennung	Einaxiale Druckfestigkeit	Benennung	Einaxiale Druckfestigkeit	Benennung
>230	extrem fest			>250	extrem hoch	>260	extrem fest
120–230	sehr fest			100–250	sehr hoch	160–260	sehr fest
5–120	fest	>50	hart	50–100	hoch	60–160	fest
15–50	mäßig fest	12,5–50	mäßig hart	25–50	mäßig hoch	30–60	mittel fest
1,5–15	gering fest	5–12,5	mäßig mürb	5–25	gering	10–30	gering fest
		1,25–5	mürb	1–5	sehr gering	1–10	sehr gering fest
		<1,25	sehr mürb	<1	extrem gering	<1	extrem gering fest (Locker-gestein)

einaxialen Druckfestigkeit und der akustischen Impedanz (P-Welle) in direkter linearer Beziehung steht. Allerdings sind die Rückprallwerte nur auf eine bestimmte Gesteinsart beziehbar und auf andere nicht übertragbar. Der Rückprallwert muss innerhalb einer Gesteinsformation an mehreren Punkten mit senkrechter Haltung des Prallhammers gemessen werden. In ◘ Tab. 3.3 sind beispielhaft durchschnittliche Rückprallwerte und dazu ermittelte einaxiale Druckfestigkeiten sowie akustische Impedanzen (P-Welle) aufgeführt, die nach statistisch gesicherten Untersuchungen bestimmt worden sind. Mit solchen Angaben kann in situ auf einfache Art die vorhandene Festigkeit des Gesteins mittels Rückprallhammer kontrolliert werden.

▪ Scherfestigkeit

Die Scherfestigkeit wird für zahlreiche felsmechanische Problemstellungen benötigt, wie beispielsweise bei Standsicherheitsberechnungen von Böschungen und tunnelbaustatischen Bemessungen. Nach den Ergebnissen mit der akustischen Impedanz (P-Welle) konnte man erwarten, dass die akustische Impedanz (S-Welle) – das Produkt aus Rohdichte und der Transversal- oder Scherwellengeschwindigkeit – mit der Scherfestigkeit der Festgesteine eine vergleichsweise ähnliche lineare Beziehung eingeht. Das wurde mit geeigneten Kennwerten überprüft.

In einer vor Jahren erarbeiteten Richtlinie zur Durchführung von Scherversuchen an zylindrischen Gesteinsproben (sogenannte IBG-Richtlinie 7) wird die Scherfestigkeit definiert. Demnach ist es die Scherfestigkeit – die auf die Größe der erzwungenen Scherbruchfläche bezogene einaxiale Tangentialkraft –, die den Bruch bewirkt. Trägt man in ein (Normal-)Spannungs-Scherspannungsdiagramm (σ-τ-Diagramm) die Größe der Zugfestigkeit als Halbkreis im negativen Teil und die der einaxialen Druckfestigkeit im positiven Teil auf, lassen sich beide mit der Mohr'schen Hüllkurve verbinden (◘ Abb. 3.23). Der Durchgang der Hüllkurve an der τ-Achse entspricht der bruchmechanisch realistischen Scherfestigkeit τ_S – einem felsmechanischen Kennwert.

◘ Tab. 3.3 Beispielhafte mittlere Rückprallwerte und dazugehörige durchschnittliche einaxiale Druckfestigkeiten und spezifische Impedanzen (P-Welle) nach statistisch gesicherter Bestimmung (jeweils 100 bis 1000 Werte)

Gestein	Rückprallwert ∅	Einaxiale Druckfestigkeit ∅ N/mm^2	Akustische Impedanz (P-Welle) ∅ 10^6 $kg/(m^2s)$
Tonstein – Schluffstein	26	98	6,9
Biotitgranit	34	178	12,8
Rhyolith	42	205	13,4
Gneis	46	235	14,5
Basalt	51	268	20,8

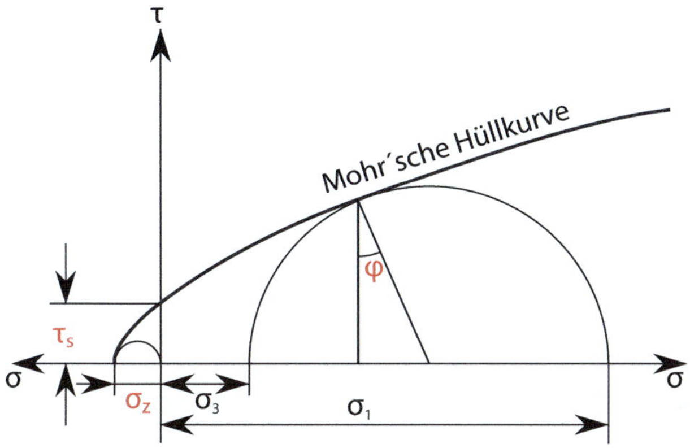

Abb. 3.23 Scherfestigkeit τ_S eines intakten Festgesteins (elastisches Medium) als Schnittpunkt der Mohr'schen Hüllkurve mit der Ordinate des σ-τ-Diagramms. Auf der Hüllkurve kann wegen ihrer Krümmung kein Winkel φ der „inneren Reibung" abgeleitet werden. Links der τ-Achse ist im negativen Spannungsbereich die Zugfestigkeit σ_Z des Gesteins eingetragen

An der gekrümmten Hüllkurve kann kein „Winkel der inneren Reibung" abgeleitet werden. Es darf jedoch die Scherfestigkeit der elastischen Festgesteine bei bekannter Zug- und einaxialer Druckfestigkeit ohne Messung über die Hüllkurve abgeschätzt werden.

Es war von besonderem Interesse, diese bestimmten und abgeleiteten Scherfestigkeiten mit der akustischen Impedanz (S-Welle) in Beziehung zu setzen. Das Ergebnis ist der Abb. 3.24 zu entnehmen und zeigt eine statistisch gesicherte Beziehung der beiden Parameter. Mit der Größe der akustischen Impedanz (S-Welle) ist die Scherfestigkeit durch Berechnung indirekt und zerstörungsfrei zu ermitteln.

Scherparameter für Festgesteine?

Für Lockergesteine werden mittels Scherversuchen die Scherparameter Kohäsion c und Winkel der inneren Reibung φ über die Spannungen σ und τ, die im Grenzzustand in einer Gleitfuge des Prüfkörpers auftreten, durch mindestens drei Punkte im Diagramm wiedergegeben (Abb. 3.25). Die Wertepaare mehrerer, bei verschiedenen Belastungen σ abgescherter Probekörper liegen annähernd auf einer Geraden, die durch die Grenzbedingung nach Coulomb beschrieben wird. Der entscheidende Unterschied des Lockergesteines zum elastischen Festgestein ist, dass das plastische Lockergestein durch die zunehmende Last zusammengedrückt bzw. verdichtet wird. Damit wird zwangsläufig sukzessive eine höhere Scherspannung für das Abscheren benötigt.

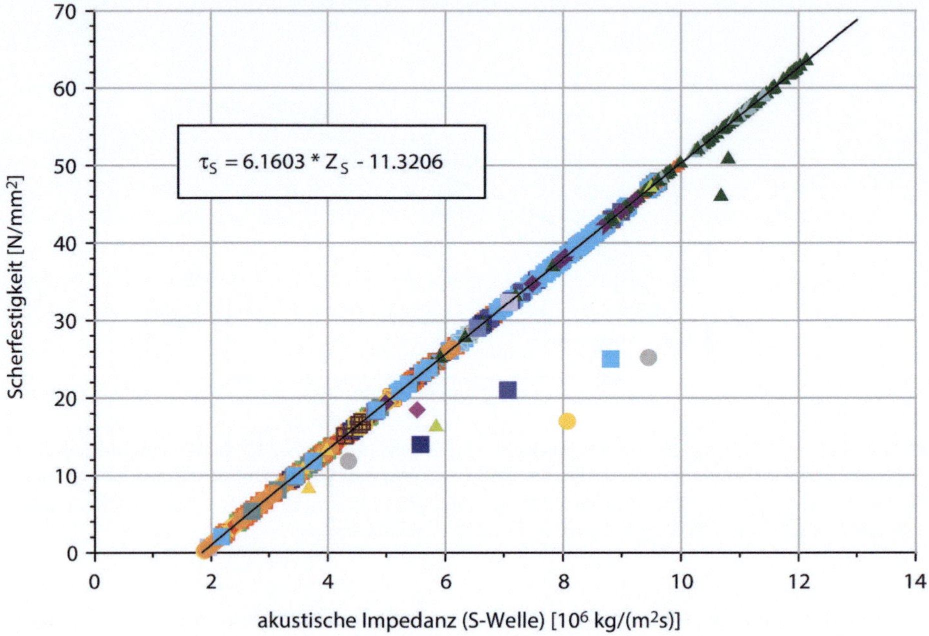

Abb. 3.24 Beziehung zwischen Scherfestigkeit τ_S und akustischer Impedanz (S-Welle) Z_S verschiedener Gesteine. Das bedeutet, dass anstelle der störanfälligen Ermittlung der Scherfestigkeit die einfache Bestimmung der akustischen Impedanz der S-Welle treten kann

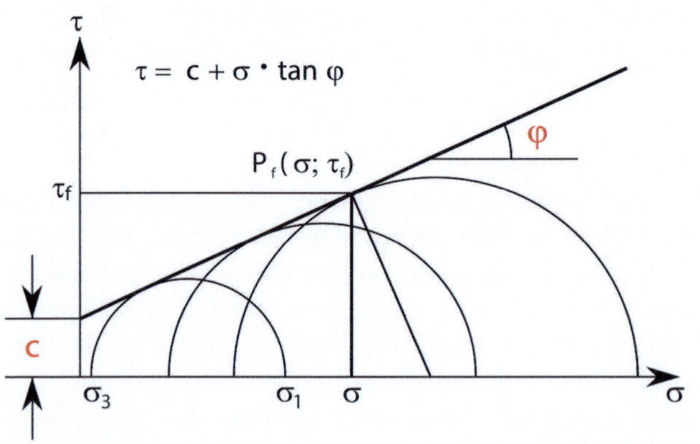

Abb. 3.25 Scherparameter Kohäsion c und Winkel der inneren Reibung φ eines bindigen Lockergesteins im Mohr-Coulombschen σ-τ-Diagramm. Bei einem nichtbindigen Lockergestein würde die Kohäsion den Wert $c = 0$ kN/m² annehmen. Das hier abgebildete Coulomb-Kriterium gilt also für plastische Medien, wie dem Lockergestein (Unterschied zum elastischen Festgestein: **Abb. 3.23**)

Die in einer gescherten Bruchfläche maximal aufnehmbare, parallel zu dieser Fläche wirkende Scherspannung wird mit den Scherparametern φ (innerer Reibungswinkel) und c (Kohäsion) des Lockergesteins bodenmechanisch gekennzeichnet.

Ein Festgestein lässt sich nicht zusammendrücken oder komprimieren, sodass ein solcher mehrfacher Scherversuch wie im plastischen Lockergestein nicht möglich ist. Es ist in den meisten Fachbüchern der Felsmechanik, Geotechnik und anderen Nachschlagewerken leider ein generell festzustellender Fehler, dass die Festgesteine eine „Kohäsion" und einen „Winkel der inneren Reibung" zugeschrieben bekommen. Diese Vorgehensweise widerspricht der Bruchmechanik! Die oft angegebenen Werte für Festgesteine sind weder durch einen Versuch noch durch eine normgerechte Prüfung bestimmt worden. Obwohl es sich lediglich um Annahmen handelt, werden oft auf Grundlage dieser falschen Werte erforderliche Sicherungsmaßnahmen berechnet – mit den entsprechenden Folgen.

Das Festgebirge besteht aus einem oder mehreren Festgesteinen in einfacher oder Wechsellagerung, die jeweils ihre eigenen Scherfestigkeiten aufweisen. Auf den Trennflächen, die überwiegend in geregelten Raumrichtungen auftreten, wird die mechanische Verhaltensweise durch die Trennflächenbeschaffenheit sowie Trennflächenreibungswinkel bestimmt und durch die ungenau zu beurteilende Durchtrennung der Flächen im Festgebirge als bewegungshemmender Einfluss erschwert. Dieser Durchtrennungsgrad des Trennflächengefüges verursacht die Ausdehnung der nicht durchbrochenen Flächen, die gegebenenfalls als Scherbruchflächen das Gebirgsverhalten bei entsprechender Belastung beeinträchtigen können. Auf Trennflächen mit unvollständigem Durchtrennungsgrad können sich bei Dauerbeanspruchung progressive Scherbrüche entwickeln. Während auf den normalen Trennflächen oder Störungsbahnen ohne Zerreibsel oder Lockergesteinsbelag das Reibungsverhalten vom bestimmbaren Trennflächenreibungswinkel beherrscht wird, sind auf den Trenn- oder Störungsflächen mit vorhandenem Lockergesteinsbelag ausnahmsweise die bodenmechanischen Scherparameter für das Verformungsverhalten maßgebend. Erst wenn die Festgesteine im Gebirge auf Trennflächen oder Spalten Lockergesteinsfüllungen von mehr als 5 cm aufweisen oder Störungszonen und Gleitflächen von Rutschungen durchgängig Lockergesteinscharakter annehmen, muss man die Scherparameter φ und c an entnommenen Lockergesteinsproben ermitteln.

Nicht selten wird bei hohen Belastungen die Restscherfestigkeit der Lockergesteinsfüllungen erreicht. Im ► Abschn. 4.3 werden weitere Hinweise für fels- und tunnelbaustatische Berechnungen aufgeführt.

3

Exkurs

Scherparameter für Festgestein an einem Beispiel aus dem Tunnelbau

Bei einem Tunnelbauobjekt traten durch unerwartete Lagerungsstörungen höhere Anforderungen an die Ortsbrustsicherung auf. Für die tunnelstatische Dimensionierung der Sicherungsmaßnahmen wurden vom Bearbeiter des tunnelbaugeologischen Gutachtens die aktuell erforderlichen felsmechanischen Gesteins- und Gebirgskennwerte der angetroffenen Gebirgstypen angefordert. Die mitgeteilten Kennwerte zeigt die ◘ Tab. 3.4.

Bei der Überprüfung der Parameter aus ◘ Tab. 3.4 stellte sich heraus, dass sie durch Schätzung ermittelt wurden. Es gibt aber kein Prüfverfahren zur Ermittlung der Scherparameter Kohäsion und Winkel der inneren Reibung von Festgesteinen. Bedauerlicherweise werden derartige Kennwertschätzungen der Scherparameter von Festgesteinen kritiklos geduldet, wovon zahlreiche geotechnische Gutachten und Fachbücher für den Felsbau, Tunnelbau und das Bauwesen zeugen. Aber auch für das Verhalten des Festgebirges werden immer wieder „Scherparameter" geschätzt (wie in ◘ Tab. 3.4). In der Geotechnik besteht offenbar der Mangel, die tatsächlichen Verformungs- und Verhaltensweisen der Festgebirge infolge vorhandener Trennflächen und Störungen durch realistische Bestimmungen oder nachvollziehbare Prüfverfahren mechanischer Eigenschaften anzugeben. Häufig ist, wie am ausgewählten Beispiel der ◘ Tab. 3.4 aufgezeigt, die felsstatische Dimensionierung von Sicherungsmaßnahmen infolge der geschätzten geringen Scherparameter von „Lockergesteinen" überdimensioniert. Für den Tonstein konnte nach ◘ Abb. 3.24 eine Scherfestigkeit von 6,4 N/mm^2 ermittelt werden, die die Angaben nach ◘ Tab. 3.4 für das Festgestein um das 21 bis 43-Fache übersteigt. Die Überdimensionierung liegt damit einerseits zwar auf der „sicheren Seite", erfordert aber andererseits einen sehr viel höheren Kostenaufwand. Die Felsbau- und Tunnelarbeiten sowie gegebenenfalls weitere untertägige Sicherungsmaßnahmen verteuern die Baukosten – ein Zustand, den es durch realistische, bruchmechanisch begründbare Prüfverfahren zu verbessern gilt.

Verfolgt man am ausgewählten Beispiel ein anderes Extrem der Gebirgsbeschaffenheit – die Bildung von Lockergesteinsfüllungen auf größeren Störungszonen durch Zerbrechen und Zerreiben der Festgesteine –, entsteht ein realistischeres Verformungsverhalten, nämlich ein bodenmechanisch begründetes. Die angetroffenen Störungsflächen konnten bei durchsetzender, mehr als 5 cm mächtiger Lockergesteinsfüllung als Rutschungsbahnen an der Ortsbrust in Erscheinung treten. Die Scherparameter des „Gebirges" wurden an der entnommenen Probe im Scherversuch nach DIN 18137 (heute: DIN EN ISO 17892-10) bestimmt und hatten folgende Werte:

- Reibungswinkel 27,5°,
- Kohäsion 0 kN/m^2 (weiche Konsistenz).

Ein Vergleich mit den Angaben in ◘ Tab. 3.4 zeigt, dass die dort geschätzten Werte unscharf angegeben oder größer als die wirklichen Parameter sind. Mit den Angaben nach ◘ Tab. 3.4 können also keine realistischen Sicherungsmaßnahmen bemessen werden.

Tab. 3.4 Beispiel von gutachterlich bearbeiteten felsmechanischen Gesteins- und Gebirgskennwerten in einem Festgebirge aus Ton- und Feinsandsteinen

Gebirgstyp	Gesteinskennzeichnung	Rohwichte [kN/m³]	„Scherparameter der Festgesteine"		„Scherparameter des Gebirges"	
			Reibungs-winkel ϕ [°]	Kohäsion c [kN/m²]	ϕ_K [°]	c_K [kN/m²]
I	Sandstein mit Tonsteinlagen	23	35	300	35	10–50
	Sandstein mit Tonsteinlagen, aufgelockert	23	30	150	30–35	5–10
II	Sandstein-Tonstein-Wechsellagerung	23	30	200	25–35	40–50
III	Sandstein/Tonstein in Störungs- und Auflockerungszonen	23	30	15	25–35	0–5

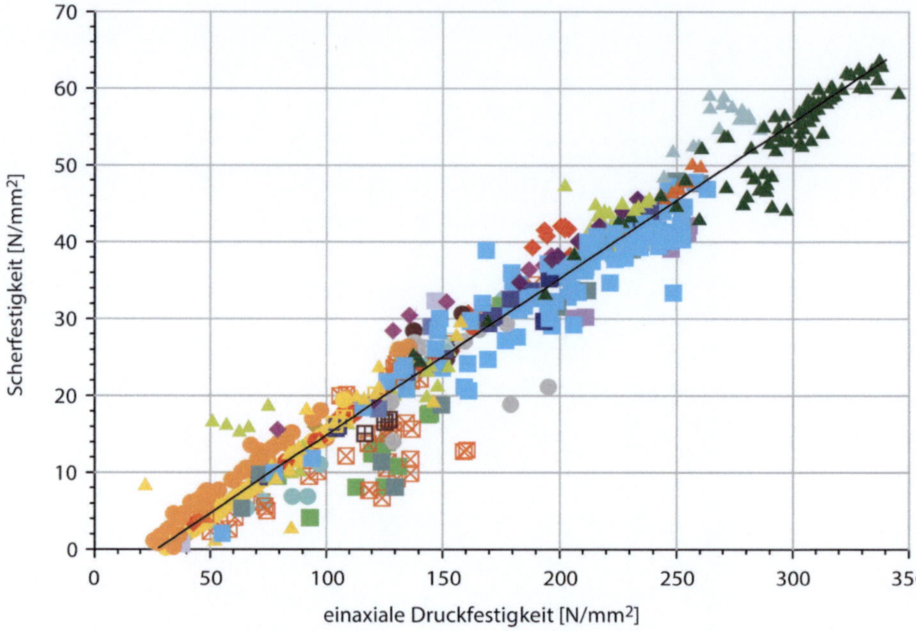

Abb. 3.26 Darstellung der Beziehung zwischen der Scherfestigkeit und der einaxialen Druckfestigkeit verschiedener Festgesteine. Farben analog der groben Einteilung in Abb. 3.27

Nachdem die durch die zerstörungsfreie Prüfung bestimmte Scherfestigkeit der Festgesteine und ihre Bedeutung für die Praxis gekennzeichnet wurden, ist es plausibel, dass zwischen der einaxialen Druckfestigkeit (P-Welle) und der Scherfestigkeit (S-Welle) eine lineare Abhängigkeit besteht (Abb. 3.26). Mit den dargestellten Zusammenhängen wird die praktische Bedeutung von zerstörungsfreien Ultraschallmessungen für die Bestimmung der gesteinsstatischen Eigenschaften deutlich. Die Ergebnisse sollten eine breite Anwendung anregen.

3.4 Gesteinsdynamische Eigenschaften

Methodik der Ultraschallmessung

An Prüfkörpern mit dem Schlankheitsgrad 1:2 können Messungen, beispielsweise mit dem bereits erwähnten Ultraschallmessgerät UKS-D (Abb. 3.19), durchgeführt werden. Der unübertroffene Vorteil einer solchen Untersuchung ist, dass gleichzeitig eine Vielzahl gesteinsdynamischer Eigenschaften bestimmt werden kann. Die Durchführung und Auswertung erfolgen über das Dehnwellenverfahren nach Rentsch und Krompholz (1961). Dabei können folgende Werte ermittelt bzw. über eine Software abgerufen werden:

- Messwerte:
  - P-Wellengeschwindigkeit [m/s]
  - S-Wellengeschwindigkeit [m/s]
  - R-Wellengeschwindigkeit [m/s]
- über Beziehungen abrufbar:
  - Poissonzahl
  - dynamischer Elastizitätsmodul [kN/mm^2]
  - G- oder Schubmodul [kN/mm^2]
- bei Eingabe der Rohdichte:
  - akustische Impedanz (P-Welle) [10^6 kg/(m^{2}s)]
  - akustische Impedanz (S-Welle) [10^6 kg/(m^{2}s)]
- über Regressionsbeziehungen berechenbar:
  - einaxiale Druckfestigkeit [N/mm^2]
  - Scherfestigkeit [N/mm^2].

Aus der Probenlänge l und der Schallimpulslaufzeit t berechnet sich die

$$\text{Ausbreitungsgeschwindigkeit elastischer Wellen } c = l/t \text{ [m/s]} \tag{3.1}$$

Mit dem Dehnwellenverfahren lassen sich aus den ermittelten Geschwindigkeiten c_P (P-, Longitudinal- oder Druckwellengeschwindigkeit) und c_S (S-, Transversal- oder Scherwellengeschwindigkeit) sowie der Gesteins- oder Baustoffdichte ρ_G der Prüfkörper folgende dynamische Elastizitätsparameter ableiten:

$$\text{Poissonzahl } \nu = \frac{(c_P/c_S)^2 - 2}{2[(c_P/c_S)^2 - 1]} \tag{3.2}$$

$$\text{dynamischer Elastizitätsmodul } E_d = c_P^2 \cdot \rho_G \frac{(1+\nu)(1-2\nu)}{(1-\nu)} \tag{3.3}$$

$$\text{dynamischer Schermodul } G_d = c_S^2 \cdot \rho_G \tag{3.4}$$

$$\text{akustische Impedanz (P} - \text{Welle) } Z_P = c_P \cdot \rho_G \tag{3.5}$$

$$\text{akustische Impedanz (S} - \text{Welle) } Z_S = c_S \cdot \rho_G$$

Beim Dehnwellenverfahren werden Prüfköpfe mit Tastspitzen eingesetzt, was folgende Vorteile hat:

- Es sind nur die Messwerte der Geschwindigkeit der P-Welle und die Frequenz bzw. Periodendauer der Grunddehnwelle erforderlich.
- Die Bestimmung der Ausgangsdaten erfolgt unter konstanten Ankoppel- und Messbedingungen.
- Die Eichung kann an Prüfnormalen mit bekannten Parametern erfolgen.

3

Exkurs

Verdichtungssprengungen bei der Sanierung von Braunkohlentagebauen

Wie wichtig es in der Praxis ist, das Verhalten von P- und S-Wellen eingehend zu betrachten, illustriert ein Beispiel aus dem Lockergestein. In stillgelegten Braunkohletagebauen werden unverdichtete Auffüllungen von Kippenmischböden auch mittels Sprengtechnik saniert. Dabei macht man sich die verdichtende Wirkung des Sprengstoffes zunutze. Deshalb ist die Frage von Interesse, inwieweit die sprengtechnischen Modellvorstellungen im Festgebirge auf die besonderen dynamischen Verhältnisse des wassergesättigten Lockergebirges übertragen werden können. In der ◘ Abb. 3.28 ist ein theoretisches Modell zur Sprengwirkung im Lockergebirge dargestellt. Die geotechnischen Verhältnisse der Tagebaurestlöcher werden mit den vereinfachten physikalischen Vorgängen im wassergesättigten Medium (fehlende S-Welle!) in Verbindung gebracht. Die schnelle Stoßwelle der Sprengung steht in Beziehung zur P-Wellengeschwindigkeit des Wassers, sodass sich der von Ernst Mach entdeckte sonische Effekt ausbilden kann. Die Stoßwelle rast mit etwa 3,5 Mach durch das wassergesättigte Lockergestein. Nach ◘ Abb. 3.28 werden folgende Reaktionsphasen erwartet:

1. Detonation
   Die Detonationsphase wird durch den Detonationsdruck des eingesetzten Sprengstoffs gekennzeichnet. Dieser ergibt, multipliziert mit dem Volumen der Sprengladung, geteilt durch das Produkt von verdichtetem Volumen des Lockergesteins und den Faktoren $\sin\alpha_P$ und $\sin\alpha_S$, die sonische Wirkung (◘ Abb. 3.38). Der fiktive Detonationsdruck löst die Verdichtung des Lockergesteines um die Ladung aus.
2. Erschütterung
   Je nachdem, wie wassergesättigt das Lockergestein ist, breiten sich Erschütterungen entweder als P-Welle im wassergesättigten oder als P- und S-Welle im trockenen Medium aus. Im ersten Fall ist eine weiträumige Ausbreitung zu erwarten.
3. Verdrängung
   Die etwa nach 300 ms einsetzende Gasdruckentwicklung verdrängt das Lockergestein um die Ladung und verdichtet es um den Hohlraum. Nach der Verdrängung sackt das Lockergebirge um das Bohrloch zeitverschoben nach, ohne dass sich die Lagerungsdichte des nachgesackten Lockermaterials verbessert hat. An der Oberfläche stellen sich Eindellungen und messbare Absenkungen ein.
4. Auslösen von Rutschungen
   Diese Phase muss nicht eintreten. Allerdings kann sie bewusst erzeugt bzw. unvermittelt durch eine Sprengung mit ausbleibender S-Welle eingeleitet werden. Die Detonationsphase einer Sprengung erzeugt im wassergesättigten Lockergebirge nur P-Wellen, die zusammen mit der Dichte des Lockergebirges, der jeweiligen lokalen Schwinggeschwindigkeit und dem vorhandenen Porenwasserdruck als Spannung mit wechselnder Größe einwirken. Überschreitet die Summe der Spannungen den kritischen Wert, entsteht eine Fließrutschung im Einwirkungsbereich der Erschütterungen, insbesondere im wassergesättigten Kippenmischboden oder in eng gestuften Sanden mit geringer Lagerungsdichte.

Das bedeutet im Klartext: Dort, wo sich keine

S-Welle ausbildet – im wassergesättigten Boden –, bringt eine Sprengung keinen Verdichtungsfortschritt! Dummerweise führt im Gegenteil die Energie der Sprengung manchmal zu ungewollten und gefährlichen Rutschungen. Dieses Fallbeispiel mit besonderer dynamischer und wellenmechanischer Verhaltensweise zeigt, dass Verdichtungs- und Sanierungssprengungen, beispielsweise in den ehemaligen Braunkohlentagebauen, kritisch überdacht werden sollten.

- Aus der Resonanzfrequenz der Dehnungsgrundwelle, der Geschwindigkeit der P-Welle und der Dichte lassen sich berechnen: Geschwindigkeiten der P-Welle, S-Welle, Dehnwelle, Rayleigh-Welle; Poissonzahl, Elastizitäts- und Scher-(G-)Modul.

Die Bestimmung der Geschwindigkeiten wird durch mindestens drei Wiederholungsmessungen in jeder Messserie abgesichert. Vom Hersteller des Gerätes gibt es weitere Anwenderhinweise, sodass eine fehlerfreie Messung garantiert wird (Krompholz 1994).

In den letzten Jahren wurden die P- und S-Wellengeschwindigkeiten sowie die übrigen dynamischen Kennwerte an nahezu allen Gesteinen der unterschiedlichsten Entstehung gemessen ▶ Anhang. Es besteht eine statistisch gesicherte Beziehung zwischen P- und S-Wellengeschwindigkeiten trotz der Verschiedenartigkeit der Gesteine und Baustoffe (◘ Abb. 3.27).

An der ◘ Abb. 3.27 fällt auf, dass die Regressionsgerade nicht durch den Nullpunkt verläuft. Die Gerade quert die P-Wellengeschwindigkeitsachse bei etwa 300 m/s. Während sich die P-Welle in allen Medien entwickelt, bildet sich die Scherwelle in der Luft, im Wasser und in wassergesättigten Gesteinen nicht aus. Das hat für verschiedene geotechnische Problemstellungen, wie beispielsweise in der Sprengtechnik und den ausgelösten Erschütterungsimmissionen, eine hohe praktische Bedeutung (▶ Exkurs Verdichtungssprengungen).

Bedeutung von P- und S-Wellengeschwindigkeiten

Die Geschwindigkeiten der P- und S-Wellen lassen vielfältige, auf einzelne Gesteinsgruppen bezogene Bewertungen zu.

In ◘ Abb. 3.29 sind Vulkanite und Plutonite mit verschiedenen Quarzgehalten von basisch über intermediär bis sauer enthalten. Die P-Wellengeschwindigkeiten der basischen Magmatite erreichen dabei Werte bis über 7000 m/s, was in etwa die Maximalgeschwindigkeit im Festgestein darstellt. Bewertet man dagegen die Geschwindigkeiten der sauren Magmatite, übersteigen die P-Wellengeschwindigkeiten die Größenordnung von 6000 m/s geringfügig (◘ Abb. 3.30).

Die metamorphen Festgesteine streuen zwischen 2000 und 6000 m/s (P-Wellengeschwindigkeit), wobei die stark schiefrigen Metamorphite wie Tonschiefer, Phyllite und Glimmerschiefer im unteren Bereich des Diagramms zu finden sind (◘ Abb. 3.31). Bei den chemischen Sedimentgesteinen mit den Salzgesteinen und Karbonaten liegen die P-Wellengeschwindigkeiten in einem breiten Spektrum zwischen 1600 und 6600 m/s. Die Scherwellengeschwindigkeiten erreichen Werte bis 6600 m/s und zeigen, dass Karbonate sehr hohe Werte erzielen (◘ Abb. 3.32). Die klastischen Sedimentgesteine von wechsellagernden Ton-, Tonschluff-, Schluff- und

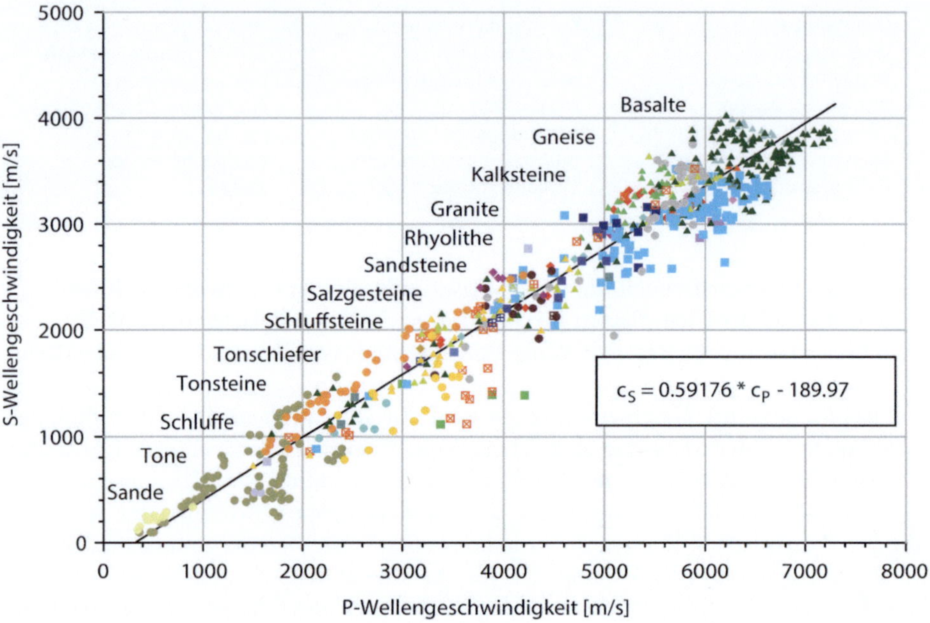

Abb. 3.27 Beziehung zwischen P- und S-Wellengeschwindigkeiten verschiedener Gesteine und Baustoffe. Beachte, dass die Regressionsgerade nicht durch den Nullpunkt des Diagramms verläuft (▸ Exkurs Verdichtungssprengungen)

Feinsandsteinen mit unterschiedlicher diagenetischer Verfestigung haben breit streuende Geschwindigkeiten, die kaum die 4000-m/s-Grenze der P-Wellengeschwindigkeit überschreiten (◘ Abb. 3.33). Von besonderem fachlichem Reiz war die Überprüfung der P- und S-Wellengeschwindigkeiten von Tonen und Schluffen – den bindigen Lockergesteinen mit verschiedenen Konsistenzen (◘ Abb. 3.34). Mit steigenden Wassergehalten – das ist gleichbedeutend mit schlechteren Konsistenzen – fällt die Scherwellengeschwindigkeit ab. Die Regressionsgerade geht erwartungsgemäß bei 300 bis 320 m/s durch den Nullpunkt der P-Wellengeschwindigkeitsachse (◘ Abb. 3.34).

Je nach Tonmineralanteil und Konsistenz lassen sich die bindigen Lockergesteine prinzipiell einordnen. Die sehr breite Streuung ist dem Wassergehalt durch unterschiedlichen Dreischichttonmineralanteil mit quellenden Eigenschaften und einem schwer erkennbaren amorphen Kornzustand zuzuschreiben.

Zwischen den Kennwerten dynamischer Elastizitätsmodul und Schermodul existiert eine eindeutige lineare Beziehung, die wiederum alle vorhandenen Gesteine und Baustoffe einbezieht (◘ Abb. 3.35).

Im Gegensatz dazu zeigt die Beziehung zwischen dem dynamischen E-Modul und der akustischen Impedanz (P-Welle) die in ◘ Abb. 3.36 dargestellte Abhängigkeit. Die untere Verbindungslinie entspricht dem statischen Elastizitätsmodul, der ausgehend vom dynamischen Wert auf dieser Linie abgeschätzt werden kann.

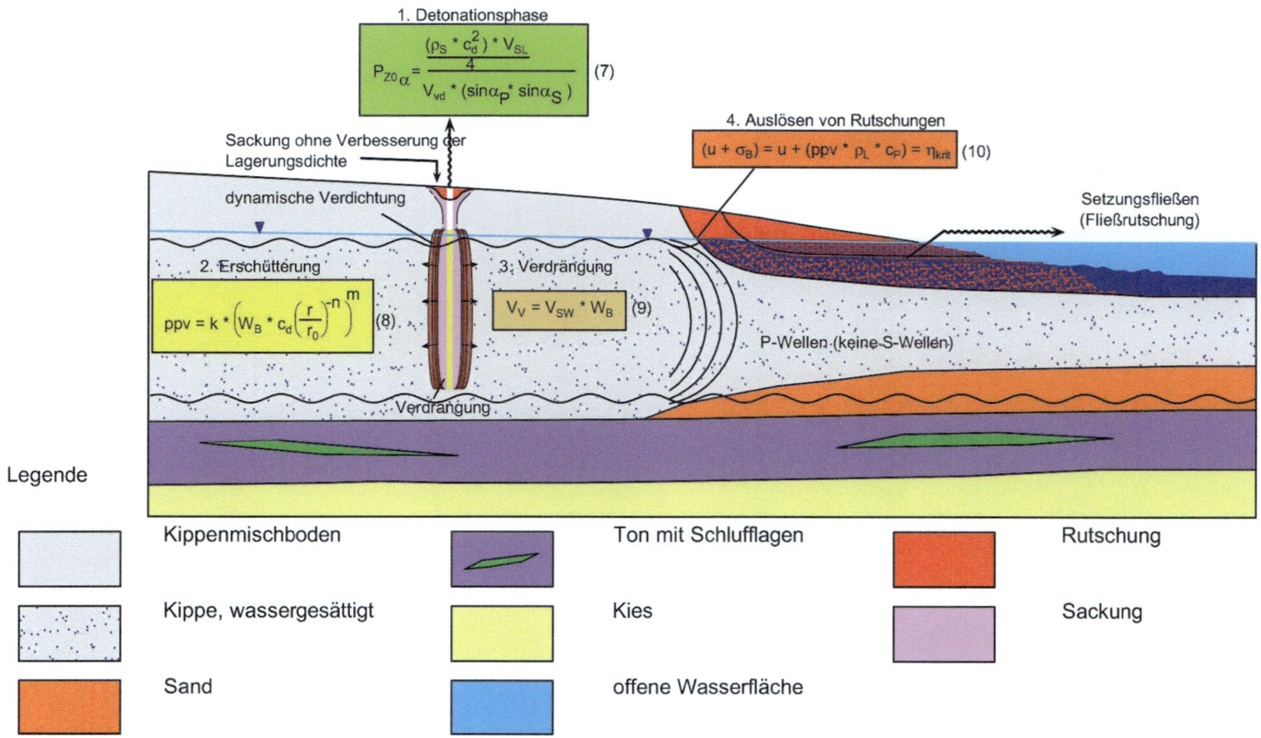

V_V = Volumen Verdrängung; V_{SW} = Volumen Schwaden; W_B = Lademenge im Bohrloch; V_{vd} = Volumen Verdichtung; V_{SL} = Volumen Sprengladung;

ρ_L = Dichte Lockergestein; u = Porenwasserdruck; σ_B = Spannung; c_P = P-Wellengeschwindigkeit Lockergestein; η_{krit} = kritischer Sicherheitskoeffizient;

c_d =Detonationsgeschwindigkeit Sprengstoff; c_S = S-Wellengeschwindigkeit trockenes Lockergestein; $\sin\alpha_P = c_P/c_d$; $\sin\alpha_S = c_S/c_d$

Abb. 3.28 Theoretisches Modell der Sprengwirkung im Lockergebirge. Zu den vier aufgeführten und mathematisch beschriebenen Phasen siehe Text

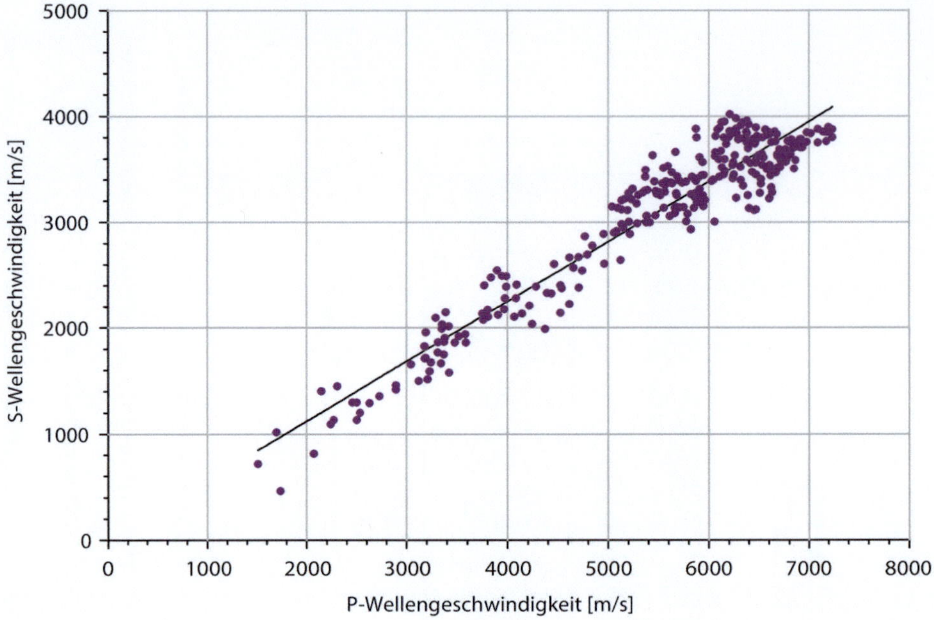

Abb. 3.29 Beziehung zwischen P- und S-Wellengeschwindigkeiten verschiedener Vulkanite und Plutonite

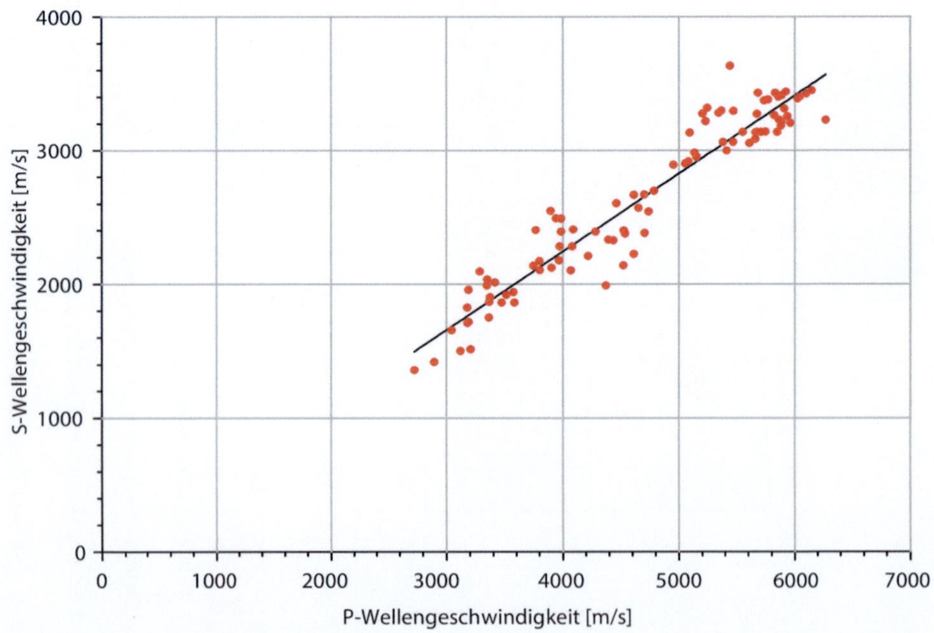

Abb. 3.30 Beziehung zwischen P- und S-Wellengeschwindigkeiten saurer Magmatite

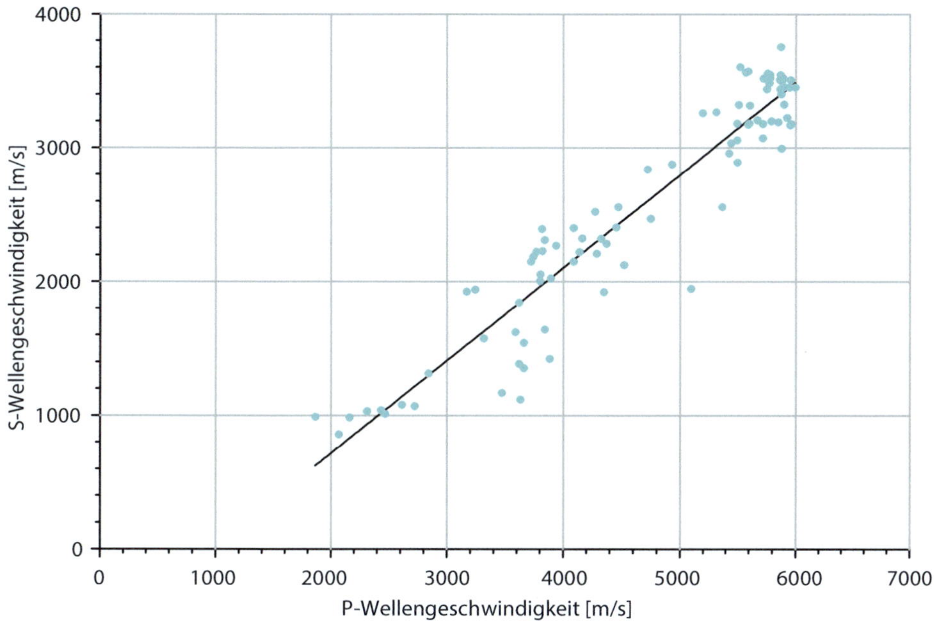

Abb. 3.31 Beziehung zwischen P- und S-Wellengeschwindigkeiten von Metamorphiten

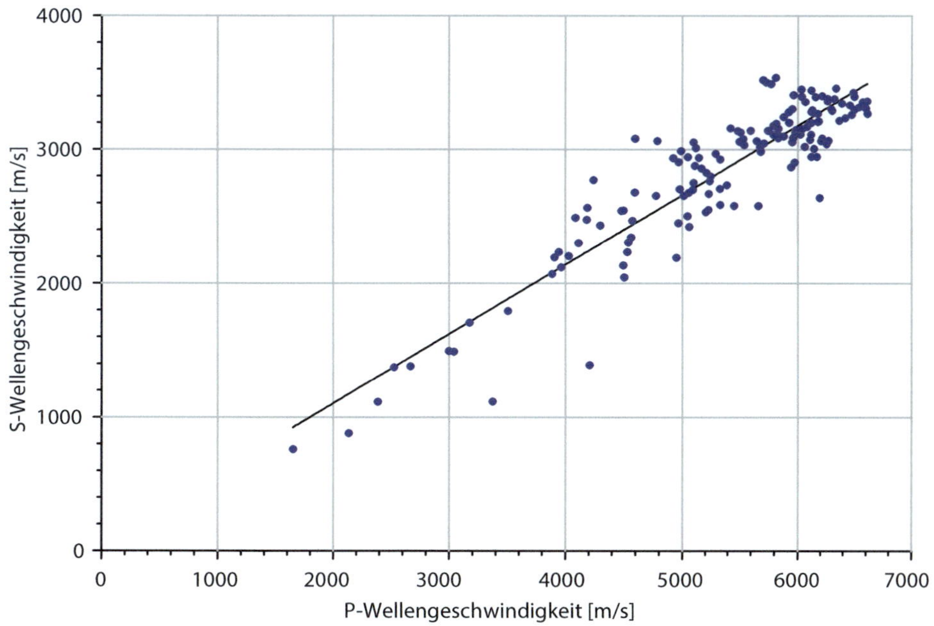

Abb. 3.32 Beziehung zwischen P- und S-Wellengeschwindigkeiten chemischer Sedimentgesteine

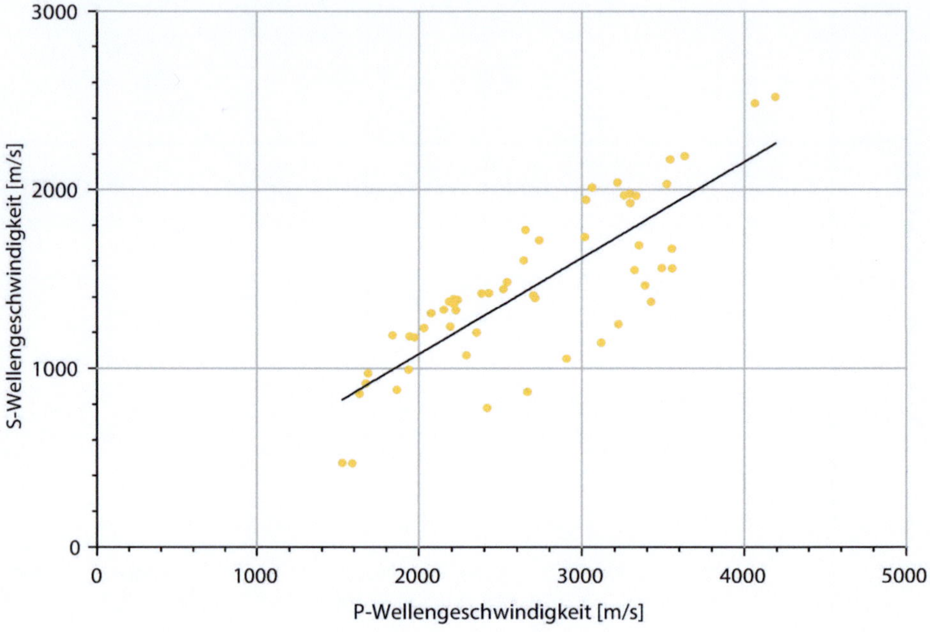

Abb. 3.33 Beziehung zwischen P- und S-Wellengeschwindigkeiten klastischer Sedimentgesteine

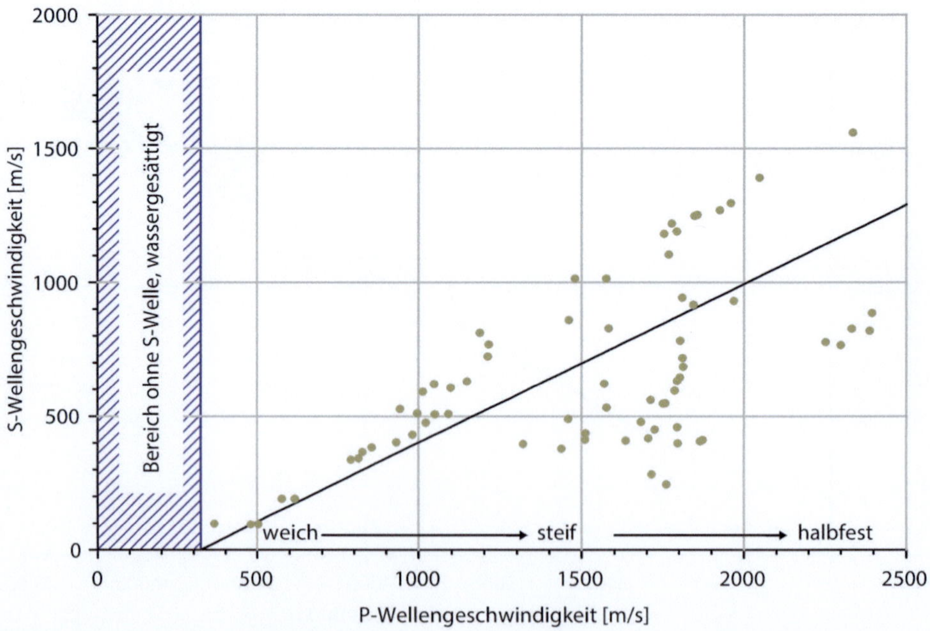

Abb. 3.34 Beziehung zwischen P- und S-Wellengeschwindigkeiten verschiedener Tone und Schluffe mit verschiedenen Konsistenzen. Scherwellen (S-Wellen) können sich nicht in Flüssigkeiten ausbreiten. Deshalb geht die Korrelationsgerade nicht durch den Ursprung des Diagramms

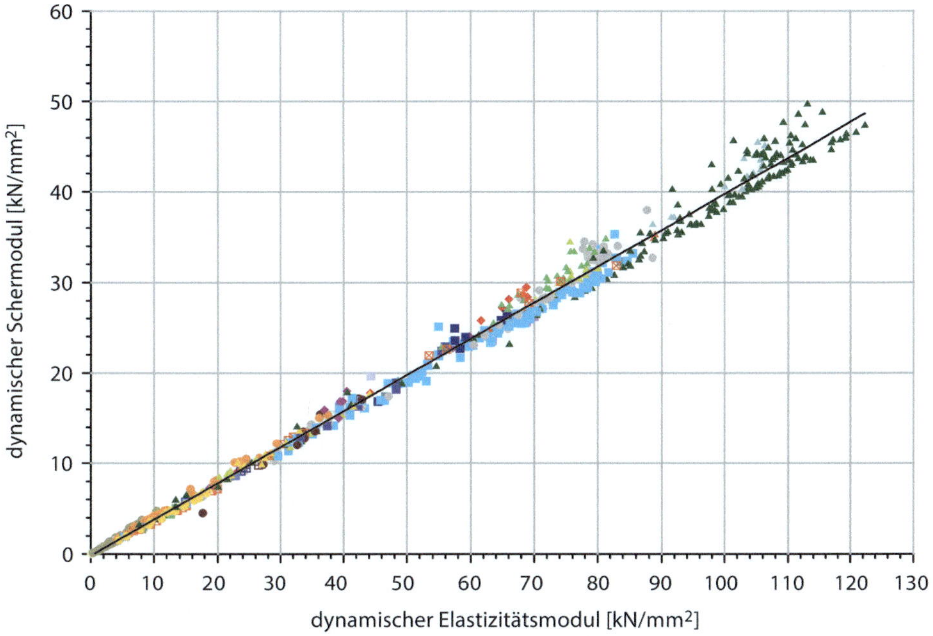

Abb. 3.35 Zusammenhang zwischen dynamischem Elastizitätsmodul und Schermodul verschiedener Gesteine und Baustoffe

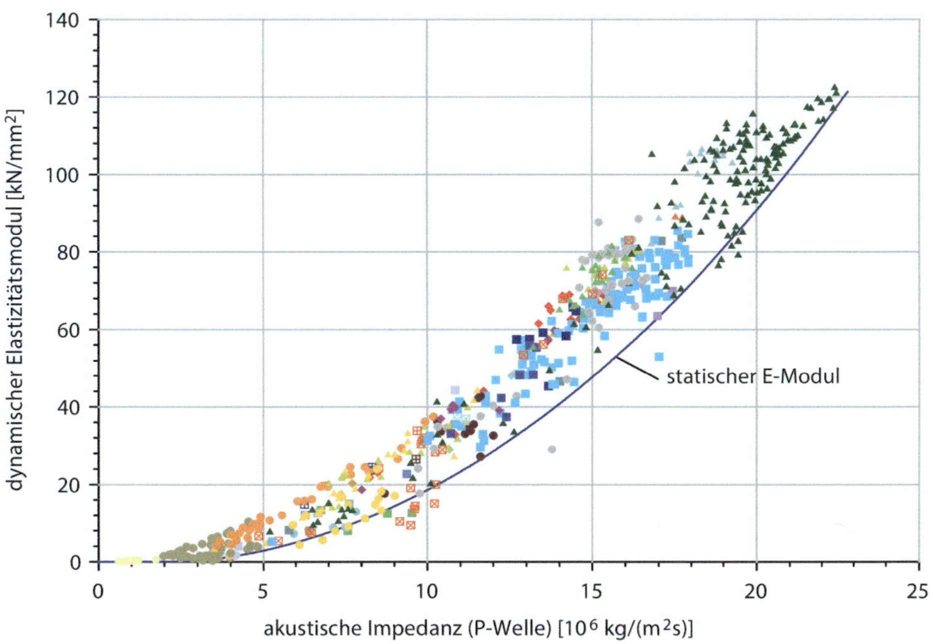

Abb. 3.36 Beziehung zwischen dynamischem E-Modul und akustischer Impedanz (P-Welle) verschiedener Gesteine und Baustoffe. Der statische Elastizitätsmodul kann auf der eingetragenen Kurve ausgehend vom dynamischen Wert abgeschätzt werden

Löst man das gefundene Werteband der beiden dynamischen Größen Elastizitätsmodul und akustische Impedanz durch Zuordnung der Gesteinsfestigkeit und Poissonzahl weiter auf, können im Diagramm der ◘ Abb. 3.37 die mechanischen Verhaltensweisen der Gesteine und Baustoffe zugeordnet und objektiv bewertet werden. Der Übergang zum plastischen Bereich ist über die akustische Impedanz $< 4 \cdot 10^6\ \mathrm{kg/(m^2s)}$ definierbar, und die verschiedenen Materialien lassen sich so in einem neuen Zusammenhang komplex einschätzen. Diese Erkenntnisse erleichtern die Beurteilung und die Modellbildung felsmechanischer Aufgabenstellungen.

Der ▸ Anhang enthält eine umfangreiche Liste mit den in den ▸ Abschn. 3.4 und 3.5 besprochenen gesteinsstatischen und -dynamischen Kennwerten für ausgewählte Gesteine. Diese Auswahl dient Vergleichszwecken und Abschätzungen von Gesteinseigenschaften.

Exkurs

Die sonische Wirkung – eine neue Sprengtheorie

Die Kenntnis der P- und S-Wellengeschwindigkeiten der Gesteine und Medien hat für die moderne Sprengtechnik eine enorme Bedeutung mit hohem Nutzen erlangt. Es ist das Verdienst von H. P. Rossmanith, die von E. Mach entdeckte sonische Wirkung eines durch die Luft mit hoher Geschwindigkeit fliegenden Gegenstandes, der den Überschallknall bei 320 m/s erzeugt, auf das flüssige und feste Medium übertragen zu können (Rossmanith et al. 1998). Die Detonationswelle interagiert hierbei mit der P- und S-Wellengeschwindigkeit des Sprengmediums. Ist die Geschwindigkeit der Detonationswelle größer als die Wellengeschwindigkeit im Gestein, löst sie eine kegelförmige Stoßwelle aus, den Machschen Kegel oder Machkonus (◘ Abb. 3.38). Dieser Effekt wird hier sonische Wirkung genannt. Man unterscheidet:

- Die supersonische Wirkung entsteht, wenn die Detonationsgeschwindigkeit des Sprengstoffes größer als die P- und S-Wellengeschwindigkeit des Sprengmediums Festgestein ist. Es bildet sich ein doppelter Machkonus aus, der eine optimale bis sehr gute Zertrümmerung erzeugt und mit vergleichsweise geringen Erschütterungen einhergeht.
- Bei transsonischer Wirkung ist die Detonationsgeschwindigkeit des Sprengstoffes lediglich größer als die Geschwindigkeit der S-Wellen. Es entsteht eine mittlere Zertrümmerung mit mäßigen Erschütterungsimmissionen.
- Letztlich ist der subsonische Fall zu erwähnen, bei dem kein Machkonus entsteht und eine geringe Zertrümmerung mit hohen Erschütterungen ausgelöst wird.

Entsprechend dieser Wirkungsweise ist ein Sprengstoff zu wählen, der eine höhere Detonationsgeschwindigkeit als die P- oder S-Wellengeschwindigkeit des zu sprengenden Gesteins besitzt. Die Kenntnis der P- und S-Wellengeschwindigkeiten erscheint hier in einem besonderen Licht, weil Bohr- und Sprengarbeiten konkret auf das jeweilige Gebirge angepasst werden können.

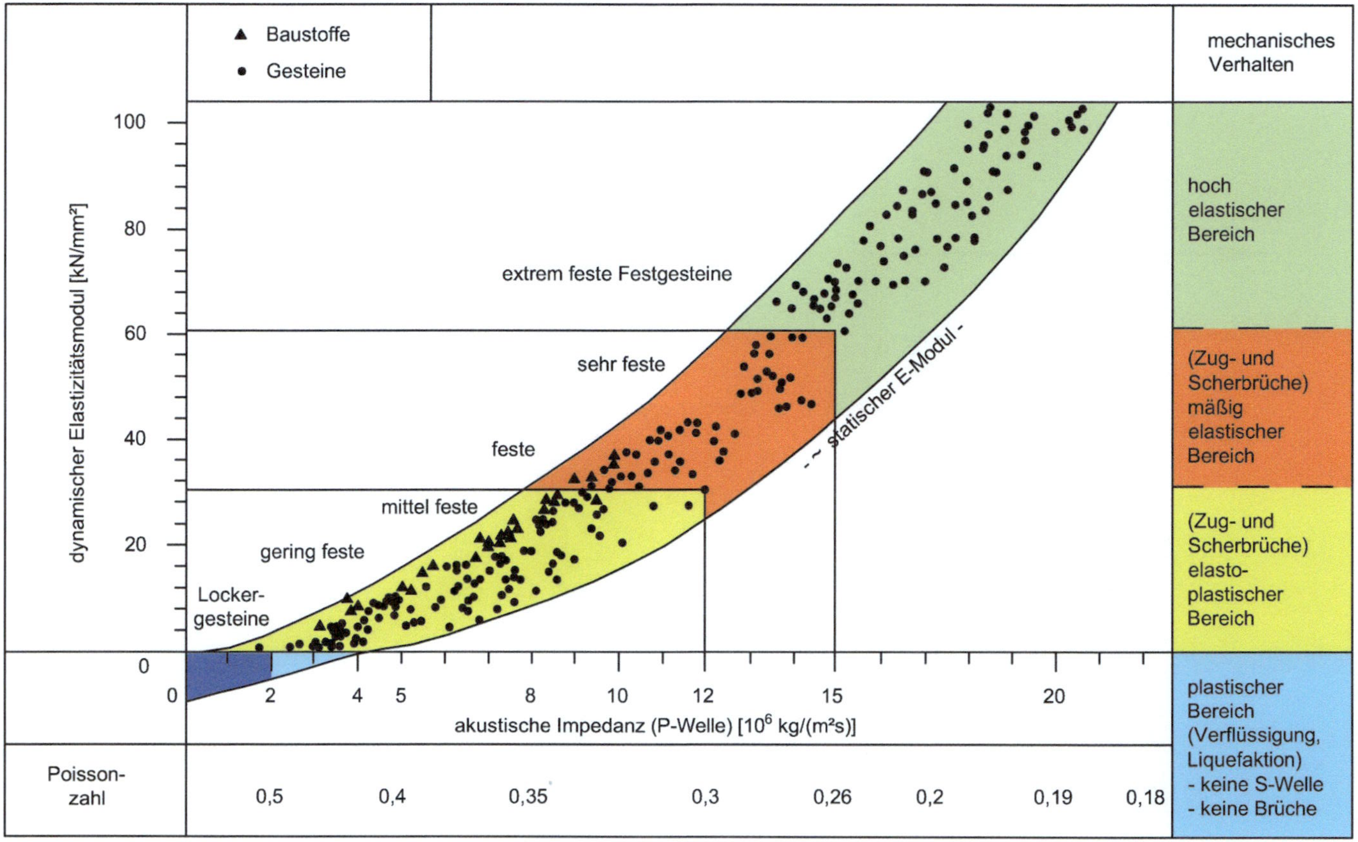

Abb. 3.37 Zusammenhang zwischen dynamischem E-Modul, akustischer Impedanz (P-Welle), Poissonzahl und mechanischem Verhalten von Gesteinen und Baustoffen bei dynamischer Beanspruchung bis zur Verflüssigung

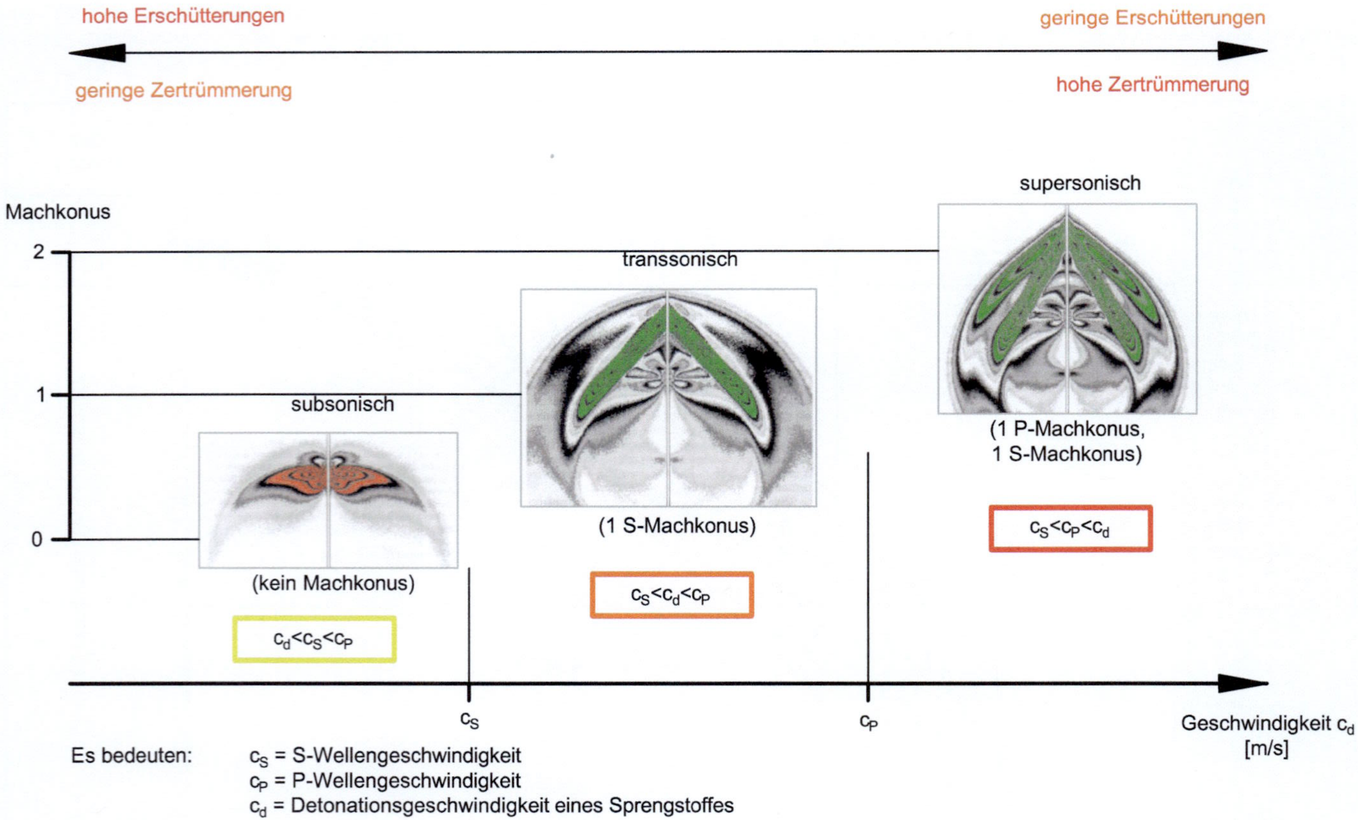

Abb. 3.38 Das Prinzip der sonischen Wirkung auf die Erschütterung und Zertrümmerung des Gebirges (nach Rosmannith et al. 1998). Man erkennt die Bildung eines Machkonus während der Interaktion von elastischen Wellen des Mediums mit der Stoßwelle der Detonation. Die Bilder stammen aus Versuchen in Plexiglas, bei denen Linien gleicher Spannung sichtbar gemacht wurden (Spannungsoptik)

3.5 Verwitterungs- und Frostbeständigkeit

▪ Verwitterung und Umwelt

Die Beurteilung der Verwitterungs- und Frostbeständigkeit der im Baugrund und Bauraum vorhandenen Festgebirge, bestehend aus einem oder mehreren Festgesteinen und unterschiedlichen Verwitterungszuständen, erfolgt nach den Angaben der ◘ Abb. 3.39.

Die grundlegende Einteilung erfolgt auf der Grundlage der Klassifikation der Festigkeit (F) nach ◘ Abb. 3.22. Mit Hilfe der einfach bestimmbaren Wasseraufnahme nach 24 h Wasserlagerung kann eine zeitbezogene Beständigkeit der Festgesteine insbesondere für die Belange des Bauwesens und Verkehrsbauwesens abgeleitet werden (◘ Abb. 3.39). Die sogenannten veränderlich festen Gesteine oder diagenetisch schwach verfestigten Sedimentgesteine und/oder solche mit einem ungünstigen Verwitterungszustand sind überwiegend in die Gruppe der verwitterungsunbeständigen sowie stark frostveränderlichen Festgesteine einzustufen. Infolge der veränderten Umweltbedingungen und des vermehrten Auftretens verschiedener Gase in der Luft wie SO_2 (Schwefeldioxid), CO_2 (Kohlendioxid), NO_x (Stickoxide) und anderen atmosphärischen Einwirkungen kommt es zu Verwitterungsvorgängen, die vor der Industrialisierung eine geringe oder gar keine Bedeutung hatten.

Exkurs

Verwitterung von Natursteinen in der Bausubstanz

Die Auswahl von Baustoffen und Natursteinen wird nicht immer nach denjenigen Eigenschaften vorgenommen, die eine Langlebigkeit des Bauwerks gewährleisten könnten, sondern eher aufgrund der architektonischen Wirkung für das Bauwerk, wie Farbgebung oder Struktur. Bei bildhauerisch zu bearbeitenden Natursteinen wählt man Materialien, die leicht zu behauen sind.

Die Fassaden des Neuen Rathauses der Stadt Leipzig wurden Anfang des 20. Jahrhunderts erstmalig in einem größeren Umfang aus „Unterfränkischem Muschelkalk" errichtet.

Der Muschelkalk wurde südlich von Würzburg, insbesondere in den Lagerstätten um Kirchheim und Randersacker, aus Steinbrüchen gewonnen.

Die Kalksteine stammen aus verschiedenen Schichten, haben eine unterschiedliche Ausbildung und weisen deshalb breit streuende gesteinstechnische Eigenschaften auf. Die heute vornehmlich grau erscheinenden, im nicht verwitterten Zustand meist khakifarbenen bis graugelblichen Gesteine weisen durch ihre wechselhaften Bildungsbedingungen Anhäufungen von Fossilien wie Schillbruchstücke, oolithische Ausbildungen und wechselnde Karbonatmatrixanteile unterschiedliche Festigkeiten auf. Die Figuren des Rathauses wurden aus gut bearbeitbaren, porösen fossilführenden Kalksteinen mit Rohdichten um 2,4 g/cm^3 gestaltet.

Das damals moderne Rustika-Mauerwerk besteht bis zum Erdgeschoss aus festerem Hauptmuschelkalk mit einaxialen Druckfestigkeiten bis 205 MPa. Die Kalksteine der Figuren sind nach ◘ Abb. 3.39 verwitterungsempfindlich bis -unbeständig. In den letzten Jahrzehnten haben die Verwitterungsprozesse durch die Abgase der Industrie, des Verkehrs und der Heizung mit fossilen Brennstoffen eine erhebliche Beschleunigung erfahren, die letztlich auch die

Bausubstanz betroffen hat. Die Immissionsschäden an den Bauwerken werden insbesondere durch die Zunahme der Gase SO_2, NO_2, NO, NH_3, H_2S, CO_2, CO und O_3 sowie den anfallenden Feinstaub verursacht. In Verbindung mit Niederschlägen, Feuchtigkeit, Bakterien und höheren Temperaturen entstehen an den Bauten nachstehende Schäden und Verwitterungserscheinungen:

- Krusten aus Fremdstoffen, neuen Mineralen (aus Kalkstein wird beispielsweise Gips),
- oberflächliches Abwittern mit Volumenschwund bzw. Abnahme des Profils,
- Bildung von Schalen,
- Gesteinsverfärbung und Patinabildung,
- oberflächennahe Zunahme der Porosität und Wasseraufnahme durch fortschreitende Verwitterung bzw. Poren- und Rissausbreitung,
- Bildung von Treibmineralen (Kalk-, Sulfat-, Magnesit- und Alkalitreiben) insbesondere auf den Fugen.

An ausgewählten Figuren des Neuen Rathauses der Stadt Leipzig wurden alle aufgeführten Vorgänge nachgewiesen.
In den ehemaligen Ballungsgebieten vor 1990 ist die Aufnahme von Schwefeldioxid in Niederschlagswasser besonders bemerkenswert, wodurch beispielsweise auf karbonatischen Baumaterialien Gipskrusten entstehen. Stickoxide und Ammoniak begünstigen einerseits die Synthese von Ozon und liefern andererseits den Nährboden für nitrifizierende Bakterien. Nicht zuletzt ist für die Intensität der Schäden die Lage der Fassaden eines Bauwerkes zu den geografischen Richtungen oder bestimmten Hauptwetterseiten maßgebend. Die Stadt Leipzig wurde je nach Windrichtung mindestens bis 1990 mit SO_2-angereicherter Luft aus NW bis W, NNW bis N und S bis SE belastet und gehörte zu den Städten mit den ungünstigsten SO_2-Gehalten in der Atmosphäre. Diese lagen 1989 aufgrund von Industrie und Hausbrand mit fossilen Brennstoffen bei 0,13 bis 0,95 mg/m^3. Durch den Einfluss des „sauren" Niederschlages haben sich an den Figuren des Neuen Rathauses starke Verwitterungserscheinungen ausgebildet (◘ Abb. 3.40 und 3.41). Der Vergleich von vorhandenen Gipsmodellen aus dem Jahr 1904 mit dem heutigen Zustand der verwitterten Figuren belegt eine intensive Krustenbildung mit Ruß, Feinstaub, organischem Material und Gips bis 1,5 cm Stärke. An der dem häufigen Regen zugewandten Seite oder an Wasserablaufbahnen bildete sich eine hellgraue bis weiße Patina mit nachweisbarer Vergipsung. Durch die Möglichkeit des Vergleiches mit noch vorhandenen, originalen Gipsmodellen der Figuren war es möglich, die tatsächlichen Profilabnahmen zu ermitteln. Es wurden Abtragungsbeträge von 4 bis 9 cm, durchschnittlich 4,6 cm, festgestellt. Die Verwitterung wurde durch senkrechte Aufstellung der Werkstücke parallel zur Schichtung erheblich begünstigt.
Als Besonderheit konnten vor allem in den Sockelbereichen der Figuren NO_3-Gehalte von 1,93 bis 11,6 % in sinterartigen Krusten bestimmt werden.
Aus dem Beispiel von Schäden durch Verwitterungsunbeständigkeit am Neuen Rathaus der Stadt Leipzig muss geschlussfolgert werden, dass durch die erhöhten Immissionswerte von SO_2, H_2S, NO, NO_2, NH_3 und CO_2 deutliche Beeinflussungen der Bausubstanz je nach Baumaterial zu erwarten sind. Einerseits können mittels systematischer Bestandsaufnahmen, insbesondere denkmalgeschützter Bauwerke, geeignete Erhaltungsmaßnahmen zur Bewahrung getroffen werden. Andererseits kann nur eine drastische Schadstoffreduzierung die historische Bausubstanz vor weiterer Zerstörung retten.

Verwitterungsbeständigkeit	nach der akustischen Impedanz (P)	Wasseraufnahme [M. - %]	nach der zeitbezogenen Beständigkeit der Eigenschaften unter Verwitterungseinfluss	Frostbeständigkeit	Code
Benennung	$[10^6 kg/(m^2s)]$				
extrem hoch	> 15	bis 2 M. - %	verwitterungsbeständig mindestens 50 Jahre	frostsicher (nicht frost-veränderlich)	BØ
sehr hoch	12 - 15				B2
hoch	9 - 12				B4
mäßig	6 - 9	2 - 5 M. - %	verwitterungsempfindlich 2 - 50 Jahre	schwach frost-veränderlich	B6
gering	4 - 6		verwitterungsunbeständig	stark frostveränderlich	B8
sehr gering	2 - 4	5 - 10 M. - %	weniger als 2 Jahre		B10
Lockergestein	< 2	> 10 M. - %	verlagerungs- und wasser-empfindlich/Lockergestein	je nach Korngrößen-zusammensetzung	B12

Abb. 3.39 Klassifikation der Verwitterungs- und Frostbeständigkeit von Festgesteinen (B)

Abb. 3.40 Vergleich einer weiblichen Figur als Gipsmodell von 1904 (*links*) mit der verwitterten Schillkalksteinfigur im Jahr 1988. Bereich der Südwestfassade des Neuen Rathauses der Stadt Leipzig

Gesteine mit „Sonnenbrand"

Neben den verbreiteten Verwitterungsvorgängen an Baustoffen und Natursteinen sind natürlich bedingte Besonderheiten bei bestimmten Vulkaniten beachtenswert, die als Erscheinungen des „Sonnenbrandes" bzw. eines beobachtbaren Gesteinszerfalles bekannt geworden sind.

Auf den ersten Blick scheinen insbesondere Basalte von diesem Phänomen betroffen zu sein. Der Sonnenbrand äußert sich darin, dass scheinbar ohne sichtbare äußere Anzeichen basaltoide Gesteine, fleckenartig verteilt, eine stoffliche Veränderung mit der Bildung bräunlich-grauer Flecken und netzartiger Risse erfahren. Diese Flecken gelten bisher als Ursache für den grusig, höckrigen, rissigen Zerfall bis in den Millimeterbereich der Gesteine. Die Flecken- und Rissbildung tritt mit wechselnder Häufigkeit, Verteilung und in verschiedenen Abstufungen der Intensität auf. Mit zunehmender Fleckenanzahl und -größe wird die Rissbildung stärker und der Zerfall durchdringender. Die Vorgänge laufen zeitlich offenbar nicht gleichmäßig ab. Bereits Hoppe hat 1935 als mögliche Ursache den Glasanteil des Basaltes verantwortlich gemacht. Nach eigenen Ergebnissen lässt sich die Abstufung von Sonnenbrand an Basalten nach den Kriterien der Tab. 3.5 vornehmen.

Abb. 3.41 Vergleich einer männlichen Figur als Gipsmodell von 1904 (*links*, vom Bildhauer erstellt) mit der verwitterten Schillkalksteinfigur im Jahr 1988. Bereich des Balkons an der Südfassade des Neuen Rathauses der Stadt Leipzig

Die Abstufungen der Tab. 3.5 lassen erkennen, dass mit steigenden Sonnenbranderscheinungen die Flecken, netzartige Risse und der höckrige Bruch zunehmen und bis zum Zerfall reichen. Nach eingehenden Recherchen und Untersuchungen von mehreren Basaltvorkommen in Deutschland, Polen und Tschechien konnten nachstehende Feststellungen zu den möglichen Ursachen des „Sonnenbrandes" abgeleitet werden:

1. Gesteine mit hohem Glasanteil neigen zu Rekristallisation bzw. zur Entglasung und erleiden eine Fleckenbildung aus Kristallaggregaten, die stofflich dem Glas entstammen. Glas und damit der amorphe Zustand sind instabil. Die Rekristallisation des Glasanteiles von Basalten führt beispielsweise zur Bildung von Analcim. Erreicht diese Umbildung eine bestimmte Größenordnung durch primär vorhandenen hohen Gesamtanteil, entstehen netzartige bis polygonale Risse mit dem bekannten Zerfall aufgrund der Volumenzunahme durch Entglasung. Die häufig in starken Sonnenbrandtypen zu beobachtende bläuliche Mineralisierung mit Opal und Fluorapatit belegt, dass diese in einem frühen Stadium der Basaltbildung entstanden sein müssen. Der Sonnenbrand ist eine geologische Sonderentwicklung der Entstehung von Basalten, die auf bestimmte stoffliche und strukturelle Randbedingungen zurückgeht.

Tab. 3.5 Die Abstufung der Sonnenbrennertypen (SB Ø bis SB 4)

Sonnenbrenner	Farbe	Korngefüge	Flecken	Klang	Bruch
SB-Typ Ø (kein Sonnenbrand)	grau schwarzgrau schwarz	dicht, porphyrisch deutliche Einsprenglinge oder filzig-dicht, glasig, teilweise Fließgefüge	keine, nach Ätzung keine	hell, glasig	splittrig, scherbig, muschelig
SB-Typ 1 (schwacher Sonnenbrand)	grau, schwarzgrau, vereinzelt hellgraue Flecken, bräunlich	dicht bis schwach porphyrisch, filzig, dicht, mit glasiger Textur, teilweise Fließgefüge	gelegentlich bis gleichmäßig, ohne Rissbildung, Flecken im Korngefüge verwachsen	hell bis schwach dumpf	splittrig, schwach unregelmäßig, selten höckrig
SB-Typ 2 (mäßiger Sonnenbrand) Abb. 3.42	grau, schwarzgrau, deutlich hellgraue Flecken teils hellblau, rostbraun	dicht, selten porphyrisch, netzartiger Material-wechsel, porös	regelmäßig, meist einzeln polygonale Verbindungen der Flecken durch Risse	schwach dumpf bis stumpf, gelegentlich hell	schwach bis auffallend höckrig, Zerfall in kieskörnige, polygonale Stücke
SB-Typ 3 (starker Sonnenbrand) Abb. 3.43	hellgraufleckig, in grauer bis dunkelgrauer Matrix, braunfleckig, bläulicher Opal	dicht, selten porphyrisch, porös, höckrig, Volumenver-größerungen	regelmäßig häufig, liegen dicht beieinander, polygonale Risse netzartig	dumpf bis zerfallend beim Anschlagen	starke Rissbildung, durchweg höckrig, hakig, zerfallend in sandkörnige, polygonale Kornaggregate
SB-Typ 4 (extremer Sonnenbrand)	grau, braungrau, rostfleckig	-	-	zu Lockergestein zerfallen	sandig-kiesig zerfallend

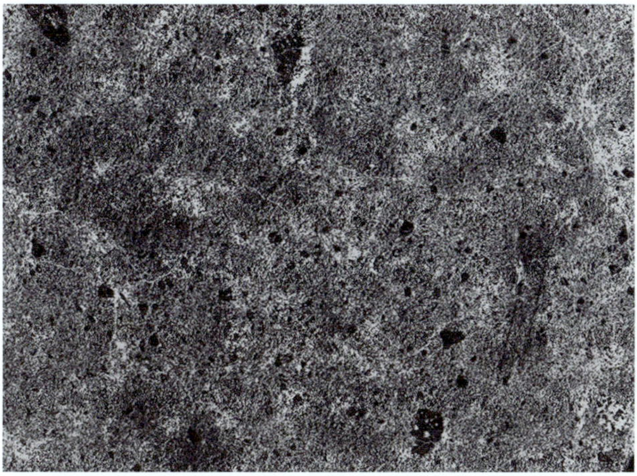

Abb. 3.42 Lackfilmabzug von einem Basalt aus der Rhön als Vertreter des SB-Typs 2 (Bildbreite ca. 10 cm). Die weißen unregelmäßigen Flecken markieren den in Analcim zerfallenen Glasanteil; die Rissbildung ist schwach

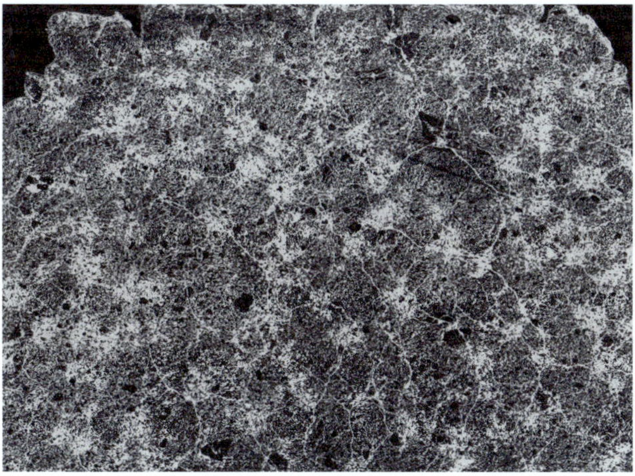

Abb. 3.43 Lackfilmabzug von einem Basalt aus der Rhön als Vertreter des SB-Typs 3 (Bildbreite ca. 10 cm). Weiße Flecken bestehen aus Analcim und markieren die Verteilung des Glasanteiles

2. Das wahrscheinliche Auftreten von Sonnenbrand kann mit quantitativen Angaben gekennzeichnet werden. Basalte mit
   - einem Glasanteil $\geq$5 Masse-%,
   - extrem basischer Zusammensetzung (SiO_2-Gehalt $\leq$ 46 Masse-%),
   - hoher Rohdichte $\geq$2,95 g/cm^3,

- fehlender Porosität ≤1,5 Vol.-% und dichtem, wenig porphyrischem Korngefüge ≥80 % können Sonnenbranderscheinungen je nach geologischer Position im Vulkankörper aufweisen. Sonnenbranderscheinungen kommen in solchen Bereichen vor, in denen zur Erstarrung ein Defizit an Wasser auftritt und eine rasche Abkühlung der Lava zu erwarten ist,
- vom Zentrum des Ergusses wird das Wasser nach außen abgegeben,
- im Kontaktbereich zum Nebengestein werden das Wasser und andere Fluide bzw. gasförmige Bestandteile weggeführt,
- im Schlotbereich kommt es zur gelegentlichen Entgasung und Wasserabführung,
- rascher Aufstieg aus der Magmenkammer und ungehinderter Ausfluss aus dem Schlot mit gasarmen Laven in breiten Decken.

3. Die dritte und letzte Feststellung zur Entstehung von Sonnenbranderscheinungen bezieht sich auf den Einfluss der geologisch-vulkanotektonischen Position. Die wasserarmen und schnell erkaltenden Zonen von Schloten und Basaltdecken können in gasreichen Bereichen innerhalb und an den Rändern unregelmäßig bis lagige Sonnenbrandbildungen aufweisen (Basaltschlote, -spalten und -decken).

Zusammenfassend gesagt, stellt die Bildung von Sonnenbrennern wahrscheinlich eine Rekristallisation und Hydratisierung des Glasanteiles dar. Der Zerfall der amorphen Anteile kommt dann zum Erliegen, wenn der Wasserbedarf des Glases abgedeckt oder der Glasanteil weitestgehend rekristallisiert ist. Mit dieser Re- und Umkristallisierung oder Entglasung ist die Bildung des höckrigen, hakigen und kantig brechenden Gefüges verbunden.

Ein Zerfall tritt dann ein, wenn der Prozess bei entsprechendem Glas- und Wasserangebot zu Volumenvergrößerungen führt ◘ Tab. 3.5. Die Bildung von Sonnenbrennern kann danach unter bestimmten Umständen in einem Stadium stehen bleiben, ohne dass die feinkörnige, direkte Glas-Kristall-Masse zerstört wird. Aus derartigen intakten Bereichen können bis zum Stadium SB-Typ 2 Splitte mit hochwertigen Eigenschaften hergestellt werden. Die Korngrößen von Schotter sind nur aus Basalten des SB-Typs Ø bis 1 qualitätsgerecht zu erzeugen.

Zur Kennzeichnung der Sonnenbrandtypen können, wie für den Verwitterungszustand, gesteinsphysikalische und dynamische Eigenschaften genutzt werden. Die ◘ Abb. 3.44 bestätigt, dass mit zunehmender Wasseraufnahme und abnehmender Rohdichte eine Zuordnung der Basalte in den SB-Typ möglich ist. Zum allgemeinen Verständnis wurden auf der Grundlage zahlreicher Untersuchungen zum Sonnenbrand von Basalten die SB-Typen mit mineralogischen und gesteinsphysikalischen Werten quantitativ abgegrenzt (◘ Tab. 3.6).

In diesem Zusammenhang war zu überprüfen, inwieweit andere Gesteine, insbesondere Vulkanite, mit hohem Glas- oder amorphen Anteilen von ähnlichen Erscheinungen betroffen sind. Das Phänomen des Zerfalls von amorpher Substanz ist tatsächlich weit verbreitet, wobei es nicht nur auf basische und intermediäre Gesteine beschränkt ist, sondern auch saure Vulkanite betrifft:

- So konnten bei einem Vitrotrachyt vom Teide auf Teneriffa Entglasungserscheinungen mit höckrig-polygonalem Bruch entdeckt werden.
- Der jungpaläozoische Pechstein von Garsebach bei Meißen zerfällt in eine weiße kaolinitische, kristalline Substanz, die oft in runden Aggregaten auftritt. Die

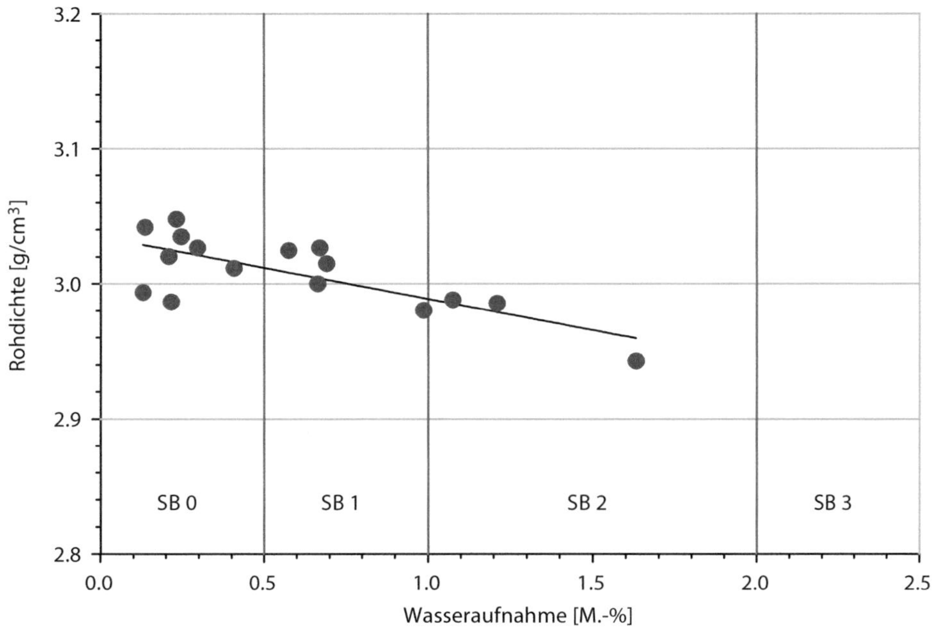

Abb. 3.44 Auf Grundlage der Beziehung zwischen Rohdichte und Wasseraufnahme von Basalt erfolgt die Einordnung in die Sonnenbrennertypen (SB-Typen)

Tab. 3.6 Grenzwerte verschiedener Gesteinseigenschaften für die Abschätzung der SB-Typen von Ø bis 3 für Basalte und vergleichbare Vulkanite

Gesteinseigenschaft	SB-Typ Ø	SB-Typ 1	SB-Typ 2	SB-Typ 3
Glas-Analcim-Anteil [Vol.-%]	≤5	5–15	15–25	>25
Wasseraufnahme [M.-%]	≤0,5	0,5–1	1–2	>2
Rohdichte [g/cm^3]	>3,02	2,99–3,02	2,93–2,99	<2,93
Akustische Impedanz (P-Welle) [10^6 kg/(m^{2}s)]	>18,5	14,5–18,5	10,5–14,5	<10,5
Dynamischer E-Modul [kN/mm^2]	>86	50–86	20–50	<20

Bruchflächen zeigen sonnenbrandtypische Unregelmäßigkeiten. Ferner gehen die glasigen Bereiche sukzessive in dichten und porphyrischen Rhyolith über.

- Auf der Insel Lipari sind Obsidiane als Stücke und Reste in einer weißen, feinkristallinen Matrix anzutreffen, die vormals offenbar vulkanisches Glas gewesen ist. Die natürlichen Gläser sind metastabil.
- Im Black Obsidian Quarry nördlich von Silver Cliff im Custer County, Colorado, schwimmen in einer schwarzen bis grünschwarzen Obsidiandecke unregelmäßige grauweiße Kugeln. Diese Megasphärulite haben ein bis vier Meter Durchmesser.

Das Silver-Cliff-Vulkangebiet entstand im Tertiär. Die kugelförmigen Gebilde sind entglaste, aus feinen Feldspatnadeln mit Quarz bestehende „Großflecken" des Obsidianzerfalls. Die Megasphärulite entstanden durch Entglasung mit Hydration und sind phänomenologisch mit den Vorgängen des Sonnenbrandes vergleichbar.

Der Zerfall von instabilen amorphen, glasigen Bestandteilen ist eine mineralogische Besonderheit mit großer Verbreitung innerhalb der Vulkanite und muss bei der Bewertung der Verwitterungs- und Frostbeständigkeit der Gesteine in situ sowie als Baustoff Beachtung finden.

Exkurs

Betonschäden durch amorphe Anteile im Zementstein

Sonnenbrennergesteine, bei denen instabile amorphe Substanzen zu stabilen Kristallaggregaten wechseln, sind in der Natur eine verbreitete Erscheinung. Es stellt sich die Frage, inwieweit sich der anthropogen hergestellte Beton aus seinen Bestandteilen Zement, Wasser und Zuschlagstoffen verhält. Die zunächst gemischte, formbare Masse von bestimmter Konsistenz verfestigt sich im Lauf der Zeit durch hydraulische Erhärtung des Bindemittels zu Zementleim. Aus etwa 75 % CaO und den Hydraulefaktoren SiO_2, Al_2O_3 und Fe_2O_3 werden bei 1450 °C die Klinkerminerale durch chemische Prozesse gebildet. Es entstehen:

- $3CaO \cdot SiO_2$ (C_3S) Trikalziumsilikat,
- $2CaO \cdot SiO_2$ (C_2S) Dikalziumsilikat,
- $3CaO \cdot Al_2O_3$ (C_3A) Trikalziumaluminat und
- $4CaO \cdot Al_2O_3 \cdot Fe_2O_3$ (C_4AF) Tetrakalziumaluminatferrit

in Form von Klinkern, die meist mit Zumahlstoffen fein zu Zement aufgemahlen werden. Die Zuschlagstoffe bestehen aus gebrochenen Natursteinen, nichtbindigen Lockergesteinen oder speziellen Zutaten und betragen etwa 75 % der Betonmischung. Der Zementleim (Zement und Wasser) erhärtet durch Hydration der Klinkerminerale mit dem Wasser zum Zementstein. Es bilden sich Hydrate, die nicht immer durchweg in Kristallform vorliegen. Die Zementerhärtung ist ein sehr komplexer chemisch-physikalischer Vorgang, wobei der

$$\text{Wasser} - \text{Zement} - \text{Wert (W/Z)} = \frac{\text{Masse des Wasser}}{\text{Masse des Zementes}}$$

eine erhebliche Bedeutung hat. Bei diesen Prozessen kann im Beton ein gewisser Anteil an amorphen Klinkerhydraten oder CaO-SiO_2-Al_2O_3-haltigen Gelen verbleiben, der danach strebt, in kristalline Formen überzugehen oder sich reaktionsfreudig in bestimmte Verbindungen mit zerstörerischen Effekten umzuwandeln. Der häufigste Angriff auf die Festigkeit von Beton erfolgt durch Sulfatlösungen, die das Sulfattreiben einleiten. Aus $3CaO \cdot Al_2O_3 + 3CaSO_4 + 32H_2O$ entsteht $Ca_6Al_2(SO_4)_3(OH)_{12} \cdot 26H_2O$, das treibende Mineral Ettringit, welches eine 4,6-fache Volumenvergrößerung verursacht und den Beton zerstören kann. Während das Sulfat- und Karbonattreiben letztlich durch die in der Atmosphäre vorhandenen, anthropogen eingebrachten Gase CO_2, CO, SO_2 und SO_3 entsteht, wird das Alkalitreiben durch die Alkalihydroxidlösung-Kieselsäure(SiO_2)-Reaktion mit alkalischem Milieu im Beton ausgelöst. Man macht Zuschlagstoffe mit Anteilen von amorphem Quarz (SiO_2) für diese Vorgänge verantwortlich, wie beispielsweise Granite, Rhyolithe, Grauwacken, Dazite, Andesite und

Feuersteine in Kiesen. Unter anderem verursacht die Alkalireaktion durch Volumenvergrößerung feine netzartige Risse mit Ausscheidungen von gelförmigen Tropfen weißer Karbonatisierungsprodukte. Besser als durch die bisherige Einbeziehung der Beton- und Zuschlagstoffbeschaffenheit kann man wahrscheinlich einen Rückgang des „Betonkrebses" (Alkalitreiben) durch das Arbeiten mit verschiedenen Rezepturen und mit ausgewogenen W/Z-Zahlen bei der Herstellung vermeiden. Die amorphen Anteile des Betons sollten durch geeignete Maßnahmen verhindert oder eingeschränkt werden. Als Beispiel dient hier ein Stromleitungsmast in Leipzig, der am Betonfundament typische Bildungen durch Sulfattreiben zeigt. Die erzeugte Volumenvergrößerung im Beton bewirkte, dass die metallischen Verstrebungen des Stahlmastes durch die Spannungen zerbarsten. In ◘ Abb. 3.45 ist ein Ausschnitt der Rissbildungen mit gelartigen Ausblühungen entlang der Risse zu sehen. An entnommenen Betonbohrkernen wurden unterschiedliche Ettringitgehalte festgestellt, die mit den Größen der einaxialen Druckfestigkeit und der akustischen Impedanz (P-Welle) direkt zusammenhängen. Je größer der Ettringitanteil, desto geringer wird die Festigkeit des Betons (◘ Abb. 3.46). Die durch das Sulfattreiben infolge saurer Niederschläge auf das Fundament ausgelösten Rissbildungen und Entfestigungen lassen sich somit eindeutig nachweisen. Die Vorgänge reichen allerdings nicht tiefer als 0,3 bis 0,4 m in das Betonfundament hinein.

▪ Löslichkeit von Festgesteinen

Je größer die Wasserwegsamkeit von Festgebirgen infolge steigender und durchtrennender Trennflächenhäufigkeit ist, umso höher ist die Wahrscheinlichkeit einer raschen Verwitterung in situ. Die Trennflächenhäufigkeit, Kluftöffnung und der Durchtrennungsgrad sind somit beachtenswerte Einflüsse für die Vorgänge

◘ **Abb. 3.45** Detail der Rissbildungen infolge Sulfattreiben an einem Mastfundament in Leipzig

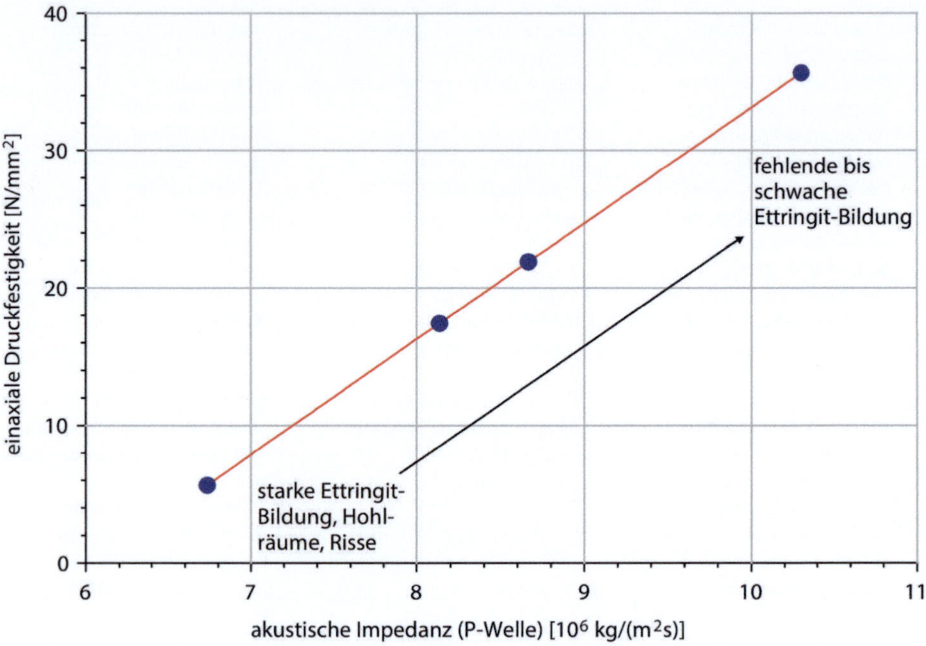

Abb. 3.46 Entfestigung von Beton durch Sulfattreiben mit Ettringitbildung in Abhängigkeit von einaxialer Druckfestigkeit und akustischer Impedanz der P-Welle

der Verwitterung und Frosteinwirkung im Festgebirge. Neben der Verwitterungsbeständigkeit ist die Löslichkeit der Festgesteine in Wasser für die bau- und bergbaupraktische Beurteilung in Gebieten mit wasserlöslichen Festgesteinen von Bedeutung.

Die Einordnung der Löslichkeit von Festgesteinen zeigt Abb. 3.47.

Infolge der Lösungsvorgänge entstehen Karsterscheinungen mit verschiedenen Auswirkungen von Hohlräumen und Senkungen bis hin zu Erdfällen. Je nachdem welche Gesteine betroffen sind, spricht man von Karbonat-, Sulfat- oder Salzkarst.

Die Lösungsvorgänge werden nicht immer nur von reinem Niederschlags-, Sicker- oder fließendem Wasser eingeleitet. Nimmt das Niederschlagswasser SO_2 auf, entstehen saure, aggressive Wässer. Diese können die Flora in den Waldgebieten ungünstig beeinflussen. An Bauwerken entsteht mit der Reaktion von karbonatischen Gesteinen und den kalkhaltigen Baustoffen eine Vergipsung und Sulfatisierung mit Volumenvergrößerungen betroffener Materialien (Abb. 3.40 und 3.41). Der Zerfall von Markasit in Wasser verursacht eine starke Versäuerung durch schwefelige Säure und färbt das Wasser durch Eisenhydroxide braunrot bis rostbraun. Nehmen die Wässer stark Huminsäuren auf, werden sogar silikatische Minerale und Quarz gelöst – ein Vorgang, der in den Tropen und Subtropen die allitische und siallitische Verwitterung einleitet.

Bereits in den achtziger Jahren konnte nachgewiesen werden, dass Niederschlagswässer, in die Stickoxide gelangt sind, an Bauwerken einen Mikrobewuchs

Benennung der Löslichkeit	Löslichkeit in Wasser bei 20 °C [g/l]	Beispiele der Festgesteine	Code
nicht löslich *)	< 0.01	silikatische Festgesteine	LØ
schwer löslich	0.01 - 1	karbonatische Festgesteine	L4
schwach löslich	1 - 10	sulfatische Festgesteine	L8
leicht löslich	> 10	Salzgesteine	L12

*) in tropischen Gebieten werden diese Gesteine durch huminsäurehaltige Wässer schwach löslich

Abb. 3.47 Einordnung der Festgesteine nach dem Grad der Löslichkeit in Wasser. Diese Klassifikation wird mit „L" bezeichnet

auslösen. Die pflanzliche Substanz auf den Materialien bewirkt weitere Vorgänge und kann zu nachhaltigen Schädigungen von Natursteinen und Baustoffen führen. Unter den heutigen Klimabedingungen und atmosphärischen Veränderungen in den jeweiligen Klimazonen sind zusätzlich zu den geologischen Einflüssen neuartige Prozesse an Verwitterungsvorgängen beteiligt.

Exkurs

Verkarstungserscheinungen mit Karstlehm behindern den Sprengvortrieb

Verkarstungserscheinungen beim unterirdischen Vortrieb in Tunneln und Grubengebäuden können auf eine andere Art und Weise den Sprengbetrieb beeinträchtigen. Auf Karstzonen, -spalten und -hohlräumen der Schwäbischen Alb, die den um NE-SW streichenden Haupttrennflächen folgen, fanden sich unregelmäßig hellgraue bis beige und rotbraune Tone mit mehr als 2,5 m Mächtigkeit. Eine geologisch-geotechnische Bewertung dieser Tone belegt, dass diese sehr feinkörnigen Lockergesteine nur unter tropischen Bedingungen entstanden sein können. Die kalkhaltigen Tonfüllungen der Karsthohlräume gehören zu den Residualgesteinen und sind als Laterittone einzuordnen. Nach der chemischen Zusammensetzung und des Sesquioxidgehalts (Al_2O_3 und Fe_2O_3) sind die Tone des Karstes ferrallitisch und weisen einen hohen Smectitgehalt sowie amorphe Anteile auf. Die Karsttone haben Fließgrenzen von 115 bis 124 %, Plastizitätszahlen von 83 bis 90 % und ein Wasserbindevermögen nach Enslin von 138 bis 162 % und

3

sind bodenmechanisch exotische Korngrößengemische und als Smectitton einzustufen (◘ Abb. 3.2). Diese seltene Beschaffenheit des Tones verursacht bei dynamischer Einwirkung einer Stoßwelle infolge des Sprengvortriebes, dass lokal

- keine Scherwellen und
- keine Rayleighwellen

entstehen können. Die bindigen, wasserreichen Einlagerungen lösen eine erhebliche wellenmechanische Störung aus und verhindern die optimale, detonative Umsetzung aller eingesetzten Sprengstoffe. Das sporadische, unvorhersehbare Auftreten der Karsterscheinungen erschwert den Vortrieb zusätzlich. Die ◘ Abb. 3.48 zeigt die Auswirkungen nicht erwarteter Karsthohlräume mit Smectittonfüllung auf den Sprengvortrieb (Versager). Die Smectittone der Verkarstungszonen behindern die Sprengarbeiten und verursachen Versager während der detonativen Sprengstoffumsetzung infolge der drastischen wellenmechanischen Unterschiede von Kalkstein und Smectitton. Die P-Wellengeschwindigkeit des Kalksteines erreicht Werte von 4970 bis 6500 m/s. Der Ton weist dagegen je nach Konsistenz Geschwindigkeiten von 340 bis 1800 m/s auf und belegt die erhebliche Diskrepanz des dynamischen Verhaltens.

Im Falle der erforderlichen ingenieurgeologisch-felsmechanischen Untersuchung im Karst- und in Auslaugungsgebieten bedarf es einer speziellen Erkundung (◘ Abb. 3.49).

◘ Abb. 3.48 Durch die Sprengung, bei der man die beigegelbe Smectittonfüllung freilegte, wurde die Sprengschnur abgeschert und detonierte nicht

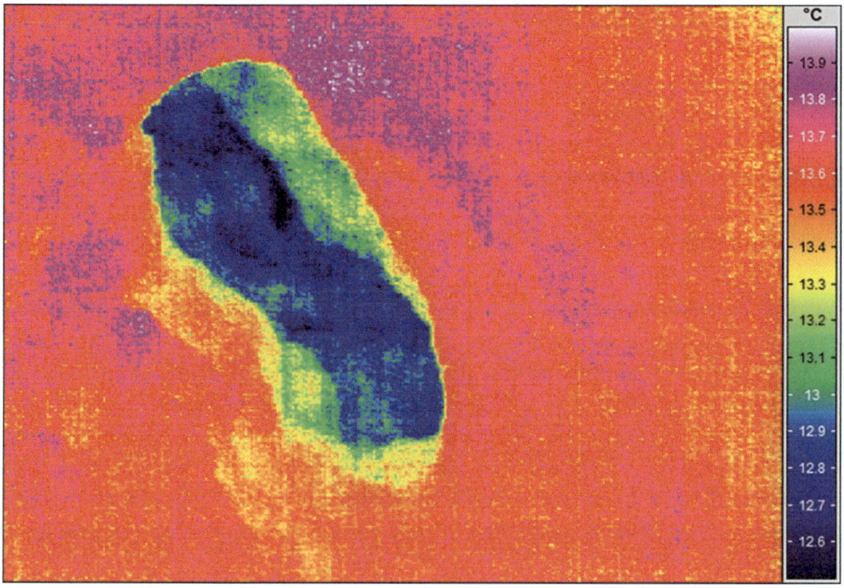

Abb. 3.49 Mit Hilfe einer Infrarotaufnahme kann ein Karsthohlraum mit Tonfüllung gut gegen das Gestein abgegrenzt werden

3.6 Abrasivität

Für die Beurteilung des Verschleißes von mechanischen Werkzeugen, Bohrkronen, diamantbesetzten Natursteinbearbeitungsmaschinen und beim maschinellen Tunnelvortrieb ist es erforderlich, die Schneid-, Bohr- und Schleifprozesse zu beurteilen. Man unterscheidet zwischen aktivem und passivem Bohr-, Schneid- oder Schleifwiderstand. Der aktive Widerstand wird durch die Abrasivität eines Festgesteins beeinflusst, der insbesondere von

- der mineralogischen Zusammensetzung,
- dem Korngefüge und
- den Tropieverhältnissen,

das heißt der Wechselhaftigkeit der Mineralanteile, Korngrößen und Kornformen bestimmt wird. Der Verschleiß des jeweiligen Werkzeuges wird von der Abrasivität direkt verursacht.

Der passive Widerstand eines Festgesteins kennzeichnet die Höhe des Energieaufwandes, der zum Lösen der Gesteins- bzw. Mineralteilchen durch das Werkzeug aufgebracht wird und mit dem Festigkeitsverhalten der Gesteine und Festgebirge zusammenhängt.

Der Bohr-, Schneid- oder Schleiffortschritt wird durch diesen passiven Widerstand beeinträchtigt.

Je höher die Festigkeit des Gesteins und des Gebirges, umso geringer ist der Bohrfortschritt.

Die Abrasivität (A) eines Festgesteines ist der Widerstand gegen ein schleifendes, sägendes und/oder bohrendes Werkzeug, der als spezifische Arbeit pro Volumen in kNm/cm^3 angegeben wird. Als Maß für die Abrasivität hat sich die von Rosiwal 1916 an den wichtigsten Mineralen ermittelte Schleifhärte seit Jahrzehnten als Kenngröße bewährt. In der ◘ Tab. 3.7 werden beispielhaft und zur Orientierung einige Größen der Schleifhärte von Mineralen aufgeführt.

▪ Lackfilmabzüge

Nach den Untersuchungen von Tertsch 1949 hängen die Ätzbarkeit und die Schleifhärte von Mineralen eng zusammen. Ätzt man eine polierte Gesteinsoberfläche mit einer für das Material entsprechenden Säure in einer definierten Zeiteinheit an, so lassen sich weniger schleifharte von deutlich schleifharten Mineralen durch unterschiedliche Ätzeffekte sichtbar machen. Für silikatische Festgesteine wird generell die Verwendung konzentrierter Flusssäure und für karbonatische Gesteine Ameisensäure empfohlen. Gering schleifharte und amorphe Minerale werden insbesondere bei silikatischen Gesteinen stark geätzt, harte dagegen, wie Quarz, ändern die Politur nicht oder nur schwach. Auf diese Weise werden die einzelnen Mineralaggregate

◘ Tab. 3.7 Schleifhärten ausgewählter Minerale nach Rosiwal 1916

Mineral	Durchschnittswerte der Schleifhärte in kNm/cm^3
Diamant	1055,0
Granat	91,0
Quarz	45,60
Olivin	35,35
Augit	29,11
Epidot	28,13
Labradorit	16,38
Oligoklas	14,65
Orthoklas	14,81
Adular	13,85
Cordierit	19,90
Hypersten	15,10
Hornblende	10,95
Kalzit	2,02
Muskovit	0,64–2,67
Biotit	0,79–2,45
Chlorit	0,42

unterschiedlichster Orientierung und das Korngefüge regelrecht herauspräpariert. Das Mineralgefüge kann in feinsten Korngrößen abgebildet und wenn erforderlich quantitativ statistisch mit hoher Genauigkeit ausgewertet werden. Dazu hat sich die sogenannte Lackfilmmethode von Voight (1936) und Behr (1966) bewährt.

Der auf die geätzte Gesteinsoberfläche in mehreren dünnen Lagen bläschenfrei aufgebrachte Lackfilm aus lösungsmittelreichen Spannlack wird nach dem Trocknen abgezogen und kann wie ein Fotonegativ behandelt oder gescannt werden. Die beispielhaft ausgewählten Lackfilmabzüge von Gesteinen unterschiedlicher Entstehung zeigen die Vorteile dieser Methode (◘ Abb. 3.50, 3.51, 3.52, 3.53, 3.54, 3.55, 3.56 und 3.57). Die schleifharten Minerale, die Korngefügeausbildungen und Korngrößen werden auf diese Weise sichtbar und ergänzen die Bestimmung der Abrasivität auf Basis der erforderlichen Phasenanalyse der Gesteinszusammensetzung. Die ◘ Abb. 3.50 zeigt beispielsweise den Lackabzug eines geätzten Granites, dessen Quarzteilgefüge sich als schwarze Kornhaufen mit wechselnden, netzartigen Kristallen abhebt. In quarzfreien, silikatischen Gesteinen bilden sich Pyroxene als schleifharte, schwarze Kristallaggregate ab (◘ Abb. 3.52).

In karbonatischen oder feinstkörnigen Festgesteinen lassen sich bei entsprechender Vergrößerung der erzeugten Lackfilmabzüge die Korngrößen und deren Verwachsungen beurteilen (◘ Abb. 3.56 und 3.57).

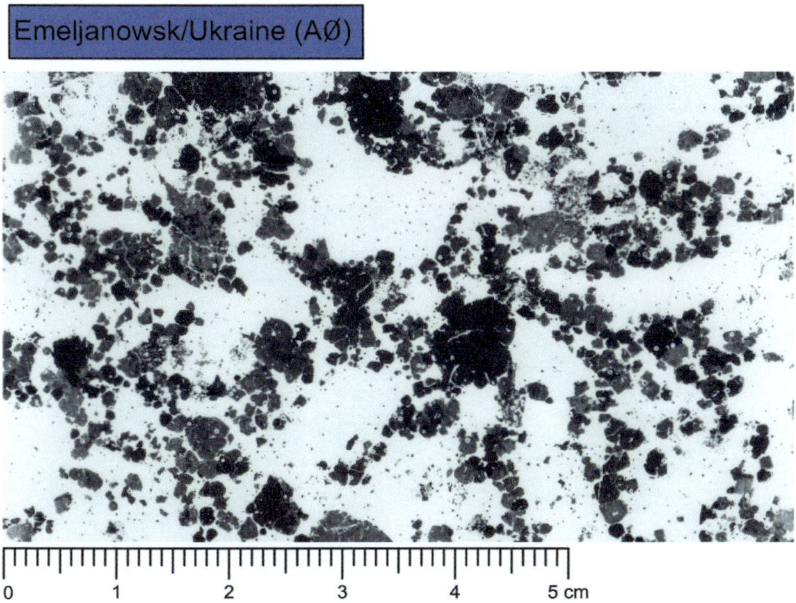

◘ **Abb. 3.50** Lackfilmabzug eines Granites. Dunkelgrau bis schwarz ist das netzartige Quarzteilgefüge zu erkennen, der weniger schleifharte Mineralanteil der Feldspäte und des Biotites ist weiß. Emeljanowsk/Ukraine

3

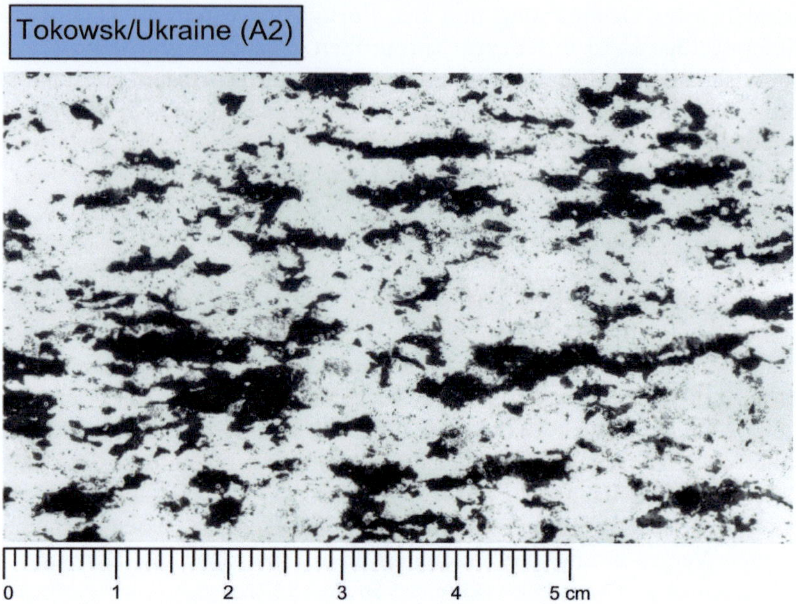

Abb. 3.51 Quarzteilgefüge eines Gneises im Lackfilmabzug. Schwarz mit grobflasriger Kristallisationsfoliation, ist der schleifharte Quarzanteil quantitativ gut erfassbar. Tokowsk/Ukraine

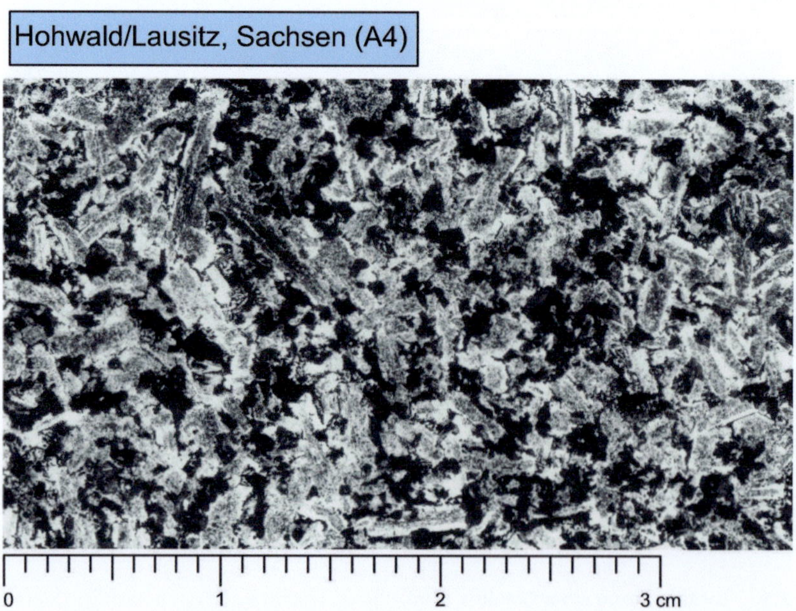

Abb. 3.52 Lackfilmabzug eines Mikrogabbros. Das schwarze Pyroxenteilgefüge mit den grauen Plagioklasleisten zeigt ein typisch verwachsenes, ophitisches Korngefüge. Der Pyroxen ist der schleifhärteste Anteil des Gesteins. Die Feldspäte sind hellgrau bis weiß

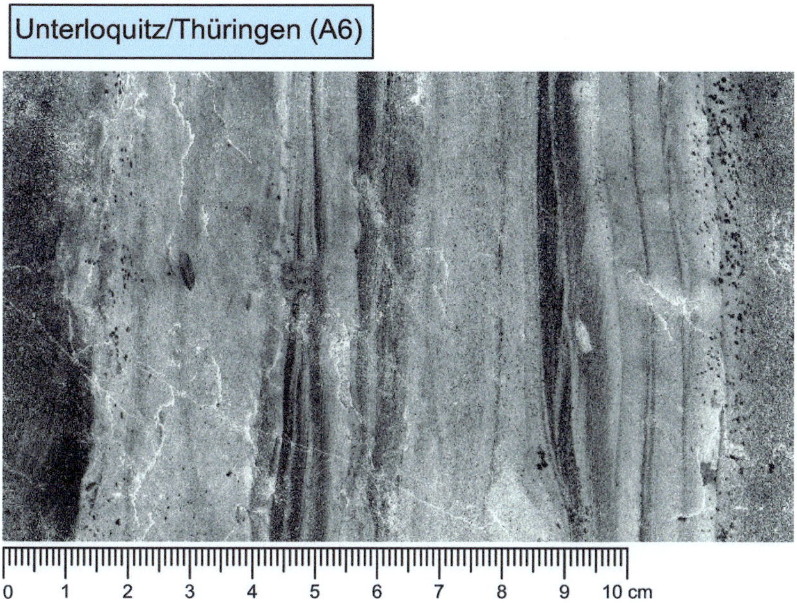

Abb. 3.53 Lackfilmabzug eines Ton-Schluffsteins, schwach geschiefert. Die Ton-, Schluff- und Feinsandlagen bilden das Korngefüge der Schichtung ab. Der feinkörnige, schleifharte Quarzanteil verteilt sich unregelmäßig in der Schichtung

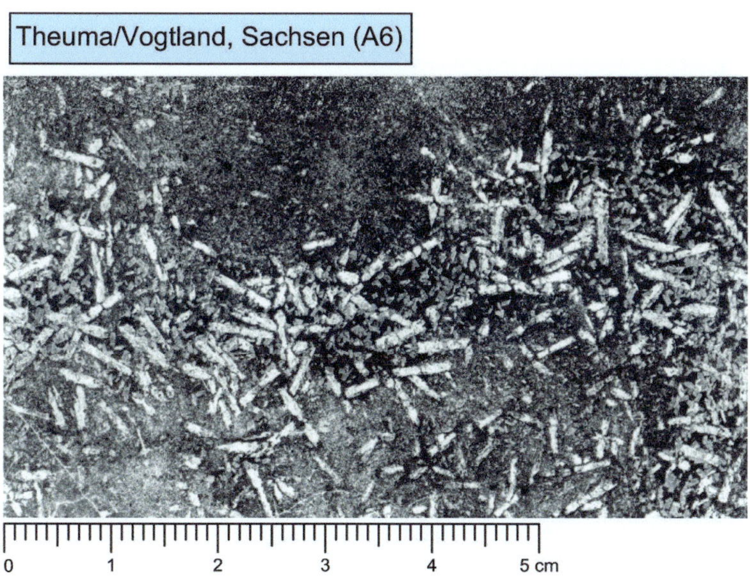

Abb. 3.54 Fruchtschiefer im Lackfilmabzug. In feinstkörniger Grundmasse findet sich granoblastischer Quarz mit knotenartigen länglichen Cordieritanreicherungen. Zu erkennen ist das dichte Korngefüge mit stängeligen Einsprenglingen auf der Schieferungsfläche

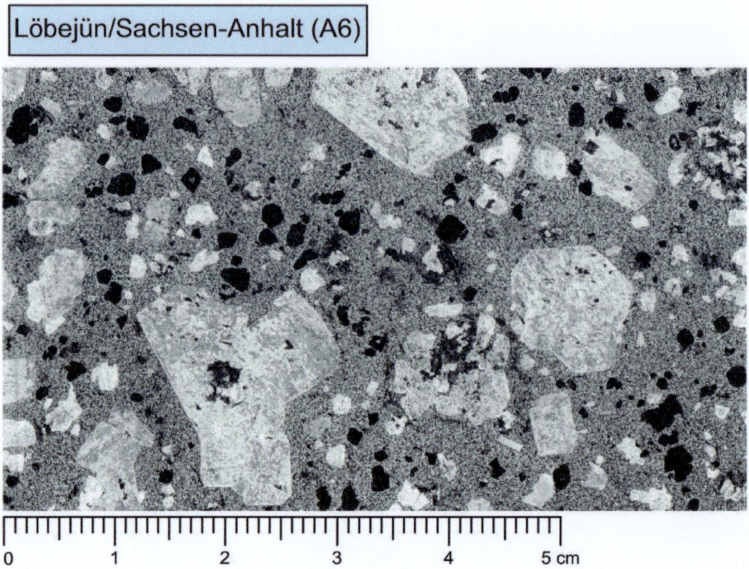

Abb. 3.55 Lackfilmabzug eines Rhyoliths. Das Quarzteilgefüge besteht aus feinstkörnigen Aggregaten der Grundmasse und grobkörnigen Kristallen der Einsprenglinge. Nebulös zeigen sich weiße Flecken von Orthoklaskristallen – ein porphyrisches oder ungleichkörniges Gefüge. Der schleifharte Quarzanteil ist mittelkörnig (porphyrisch) bis feinstkörnig in der Grundmasse verteilt. Durch Vergrößerung wird der feine Anteil sichtbar und ist messtechnisch zu erfassen

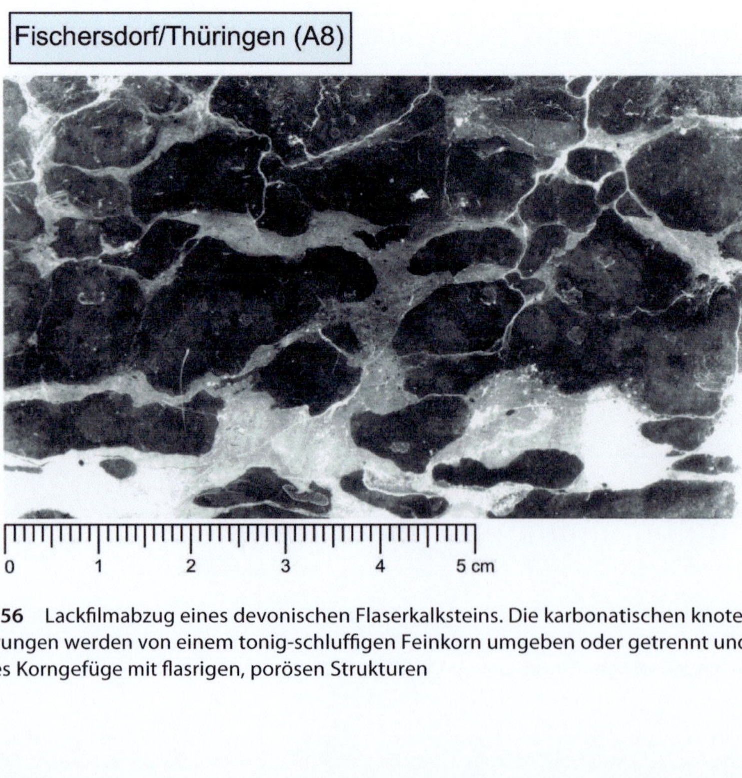

Abb. 3.56 Lackfilmabzug eines devonischen Flaserkalksteins. Die karbonatischen knotenartigen Anreicherungen werden von einem tonig-schluffigen Feinkorn umgeben oder getrennt und zeigen ein dichtes Korngefüge mit flasrigen, porösen Strukturen

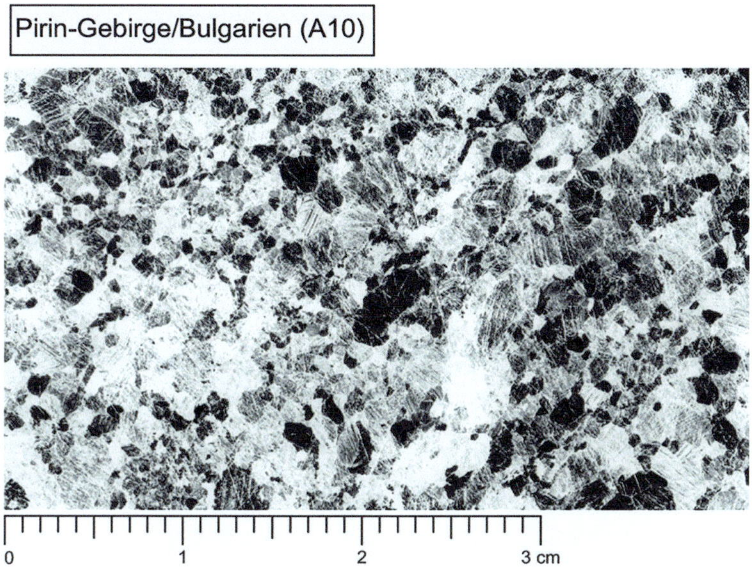

Abb. 3.57 Marmorätzbild von Kalkspatkristallen unterschiedlicher bis geschieferter Orientierung mit dichtem kristallinem Korngefüge. Die mit Ameisensäure angeätzten Korngrößen sind für die Bewertung bedeutsam. Die Schleifhärte des monomineralischen Gesteins ist mehr oder weniger einheitlich

Die Abrasivität (A) wird in Auswertung der Korngefügebilder und auf Basis der mineralogischen Zusammensetzung der wichtigsten gesteinsbildenden Bestandteile eines Festgesteines wie folgt

berechnet:

$$A = S_G + \frac{T_{H1} + T_{H2}}{2}\ [\mathrm{kNm/cm^3}] \tag{3.11}$$

SG - Schleifhärte Gestein aus dem jeweiligen Vol.-%-Anteil der Minerale × Schleifhärte nach Rosiwal (Tab. 3.7)

TH1 - maximaler Anteil des schleifhärtesten Minerals × Schleifhärte minus minimaler Anteil des schleifhärtesten Minerals × Schleifhärte (entspricht Tropieverhältnis des schleifhärtesten Minerals)

TH2 - durchschnittlicher Anteil des schleifhärtesten Materials × Schleifhärte minus durchschnittlicher Anteil des folgenden schleifharten Minerals × Schleifhärte (entspricht Tropieverhältnis der Minerale zueinander)

Die Abb. 3.58 schlägt eine Klassifikation der Festgesteine hinsichtlich Abrasivität vor. Sie basiert auf Untersuchungen von mehr als 200 verschiedenen Gesteinsarten. In die Abrasivität gehen folgende Größen ein:

- Schleifhärte nach Rosiwal des Hauptmineralbestandes,
- Korngrößen der Minerale und deren Wechselhaftigkeit,
- Tropieverhältnisse des Korngefüges.

Abrasivität	Festgesteine (Beispiele)	Abrasivität [kNm/cm³]	Code
extrem abrasiv	sehr quarzreiche, grobkörnige (mit Netzgefüge) Granite, grobkörnige, granatführende Gneise, Quarzite, grobkörnige Granitgneise, Gneise	≥ 36	AØ
stark abrasiv	gleichkörnige, mittelkörnige Granite, feinkörnige Granitgneise, Konglomerate	32 bis 36	A2
mäßig abrasiv	Granodiorite, feinkörnige bis schlierige Granite; wenig grob- bzw. ungleichkörnige Basite	24 bis 32	A4
gering abrasiv	Granitporphyre, Rhyolithe, Quarzporphyre; feinkörnige Basite, Gabbros, Norite, Diorite; Schiefer, Fruchtschiefer, Sandsteine (quarzitisch)	14 bis 24	A6
sehr gering abrasiv	Sandsteine, Tuffe, Pikrite, Basalte, Labradorite, Larwikite; Dolomitmarmore, unreine silikatische Kalksteine und Marmore	4 bis 14	A8
extrem gering abrasiv	Kalzitmarmore, Hartkalksteine (3 bis 4 kNm/cm³); Muschelkalke, Travertine, oolithische Kalke etc. (< 3 kNm/cm³)	< 4	A10

Abb. 3.58 Vorgeschlagene Klassifikation zur Abrasivität (A) der Festgesteine

Die Einbeziehung der wichtigsten mineralogischen Bestandteile der Gesteine hat den Vorteil, dass man frühzeitig gesundheitsschädigende Minerale wie Quarz oder Chrysotilasbest erkennt. Quarzstaub < 0,063 mm verursacht die Silikose oder unheilbare „Staublunge“, sodass in diesem Fall eine sichere Entstaubung erforderlich wird. Bei großen Bauvorhaben sind solche Angaben unerlässlich.

Abriebfestigkeit und Abrasivität

Die Abriebfestigkeit wird zur Bewertung von Natursteinen genutzt und stellt eine Schleif- und Korrosionshärte dar. Die mit der Schmirgelscheibe – eine mit Prüfschmirgel bestreute Scheibe aus Grauguss – nach Böhme und Bauschinger ermittelte Abnutzbarkeit der Gesteine durch Schleifen (Abriebfestigkeit) nach 440 Umdrehungen ist ein wichtiger Kennwert für die Bearbeitbarkeit von Natursteinen. Anhand der ◘ Abb. 3.59 wird gezeigt, dass die beiden Größen Abrasivität und Abriebfestigkeit wegen vergleichbarer mechanischer Vorgänge bei der Ermittlung miteinander korrelieren. Auf diese Weise ist eine objektive Beurteilung der Bohrbarkeit, Schleif- und Schneidbarkeit von Festgesteinen hinsichtlich des erwarteten Verschleißes gegeben.

Exkurs

Cerchar-Abrasivitätsindex

Gegenwärtig wird der Cerchar-Abrasivitätsversuch nach der Empfehlung Nr. 23 des Arbeitskreises 3.3 „Versuchstechnik Fels“ der Deutschen Gesellschaft für Geotechnik e. V. verbreitet durchgeführt (Thuro und Käsling 2009), die auf die französische Norm NF P94-430-1 und die fundamentale Beschreibung des Verfahrens nach Cerchar zurückgeht. Beim Cerchar-Versuch wird der sogenannte Cerchar-Abrasivitätsindex bestimmt und für die Beurteilung der Abrasivität von Festgesteinen benutzt.
Für den Versuch werden Prüfkörper mit bruchrauen Oberflächen benötigt. Gelegentlich werden auch gesägte Gesteinsflächen verwendet.
Mit dem Cerchar-Prüfgerät wird der Cerchar-Abrasivitätsversuch durch einen mit einer statischen Masse von 7 kg belasteten Prüfstift in jeweils fünf Einzelversuchen über eine Distanz von jeweils 10 mm über die raue Oberfläche des Prüfkörpers geritzt. Der Prüfstift hat eine definierte Geometrie und Härte. Bei Vorhandensein einer Schichtung oder Foliation werden die Einzelritzungen jeweils senkrecht zu diesen gezogen. Die Abnutzung des Prüfkonus wird mit Hilfe eines Auflichtbinokulars mit Messskala auf eine Genauigkeit von 0,02 mm gemessen. Pro Prüfstift werden insgesamt vier orientierte Ablesungen senkrecht aufeinander durchgeführt, um daraus die mittlere Prüfstiftabnutzung berechnen zu können. Entsprechend den Vorgaben in der Prüfempfehlung muss die durchschnittliche Abnutzung aller Prüfstifte mittels eines Korrekturfaktors f_s nach Beziehung (3.12) umgerechnet werden, wenn eine sägeraue Oberfläche zur Messung genutzt wurde. Die Korrektur der mittleren Prüfstiftabnutzung bei Versuchen auf sägerauer Oberfläche berechnet sich:

$$D_M = f_s \cdot D_{M*} \quad (3.12)$$

D_M … mittlere Prüfstiftabnutzung auf bruchrauer Oberfläche [mm]
f_s … Korrekturfaktor $f_s = 1{,}1$ zur Umrechnung der Ergebnisse auf sägerauer Gesteinsoberfläche
D_{M*} … mittlere Prüfstiftabnutzung auf sägerauer Oberfläche [mm].

3

Der Cerchar-Abrasivitätsindex (CAI) – und als solcher sollte er immer bezeichnet werden – wird nach der Beziehung (3.13) berechnet:

$$CAI = k \cdot D_M \qquad (3.13)$$

CAI … Cerchar-Abrasivitätsindex
k … Normierungswert ($k = 10\ mm^{-1}$), damit der Wert CAI dimensionslos wird
D_M … mittlere Prüfstiftabnutzung aller Einzelversuche auf bruchrauer Oberfläche [mm]

Die Klassifizierung und Benennung des Cerchar-Abrasivitätsindex kann nach ◘ Tab. 3.8 gemäß DGGT-Empfehlung oder Cerchar vorgenommen werden. Der Cerchar-Abrasivitätsindex ist eine Art Ritzhärte des Gesteins auf einer Länge von 10 mm, die durch den Verschleiß von Prüfstiften indirekt bestimmt wird. Das Sägen, Bohren und Schleifen von Gesteinen kann mit einer derartigen mechanischen Beanspruchung durch Ritzen nicht nachgeahmt oder annähernd beurteilt werden. Zudem fehlt die Berücksichtigung des Mineralbestandes und Korngefüges der Gesteine bei der Bewertung mittels CAI-Index. Der dimensionslose Wert CAI sollte nur für allgemeine Abschätzungen des Verschleisses von Festgesteinen herangezogen werden. Für eine objektive Beurteilung der Abrasivität erfüllt der Wert infolge des Messvorganges nicht die nach den Grundsätzen dieses Buches gestellten Anforderungen. Es muss empfohlen werden, keine CAI-Werte für Großbauvorhaben bestimmen zu lassen. Die Ritzhärten oder Eindruckhärten nach Vickers, Knoop, Brinell und Rockwell werden vornehmlich zur Charakterisierung von Mineralen verwendet (Peschel 1977).

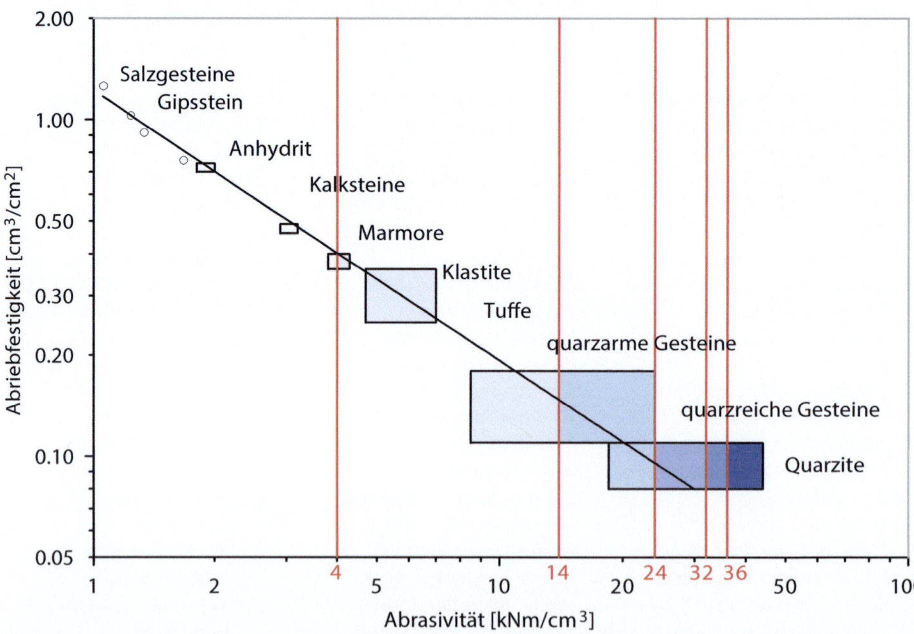

◘ **Abb. 3.59** Beziehung zwischen Abriebfestigkeit [cm^3/cm^2] und der Abrasivität [kNm/cm^3] der wichtigsten Festgesteine. Mit den *roten Linien* sind die Grenzen der in ◘ Abb. 3.58 vorgeschlagenen Klassifikation A dargestellt

Tab. 3.8 Klassifizierung des Cerchar-Abrasivitätsindex

Nach DGGT-Empfehlung CAI	Benennung der CAI-Größe	CAI nach Cerchar	Benennung der CAI-Größe
0,1– < 0,5	extrem niedrig	0,3–0,5	kaum abrasiv
0,5– < 1,0	sehr niedrig	0,5–1,0	schwach abrasiv
1,0– < 2,0	niedrig	1,0–2,0	abrasiv
2,0– < 3,0	mittel	2,0–4,0	sehr abrasiv
3,0– < 4,0	hoch		
4,0– < 5,0	sehr hoch	4,0–6,0	extrem abrasiv
≥5,0	extrem hoch		

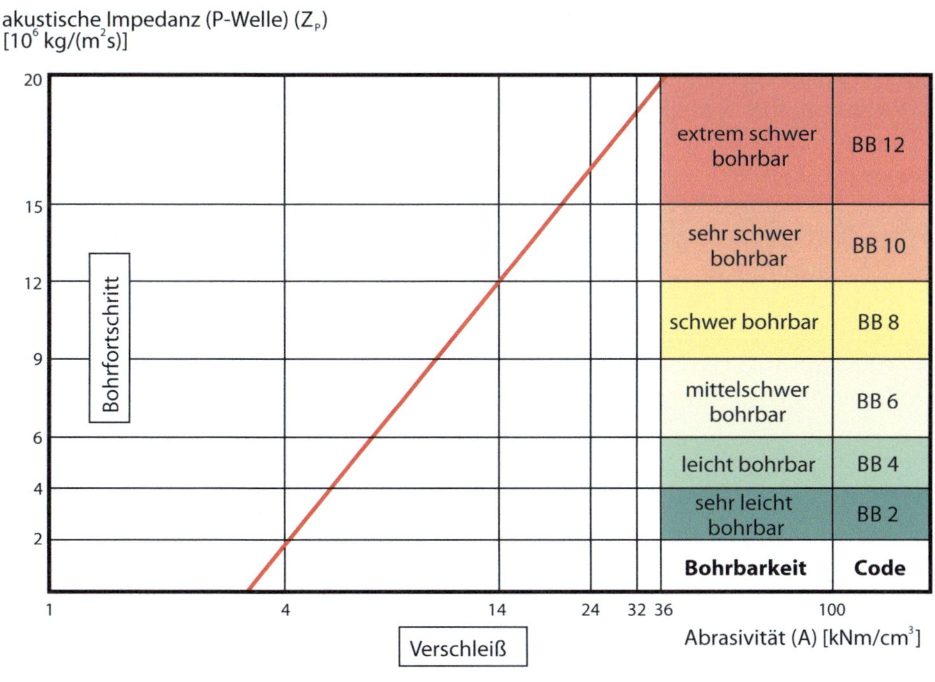

Abb. 3.60 Diagramm zur Ermittlung der Bohrbarkeit (BB) von Festgesteinen aus den Klassifikationen der Festigkeit (F), indirekt über die akustische Impedanz (P-Welle) und der Abrasivität (A)

▪ Bohrbarkeitsklassen

Aufgrund der Erkenntnisse über den aktiven und den passiven Bohrwiderstand ist es sinnvoll, die Klassifikationen der Festigkeit (F) (Abb. 3.22) und der Abrasivität (A) (Abb. 3.58) so zu verknüpfen, dass die Ermittlung der Bohrbarkeit von Festgesteinen möglich wird. In Abb. 3.60 werden die genannten Klassifikationen in einem Diagramm vereint und die Bohrbarkeit erhält einen eigenen Code (BB). Bei Kenntnis von F und A lassen sich die Einstufungen in die jeweilige

Bohrbarkeitsklasse bequem realisieren. Diese Zusammenhänge können die geotechnischen Bewertungen von Großbauvorhaben mit hohem Einsatz von Bohrgeräten bzw. den maschinellen Vortrieb unter Tage erheblich erleichtern.

3

3.7 Verwendungsfähigkeit von Bau- und Schüttstoffen aus Festgestein

▪ Allgemeine Verwendungsfähigkeit

Für Bauvorhaben des Verkehrswege-, Wasser- und Tunnelbaus ist es oft von Interesse, inwieweit das Schuttermaterial (Seitenentnahmen von Ein- und Anschnitten entlang der Verkehrstrassen) als Schütt- oder Baustoff geeignet ist. Man erspart sich auf diese Weise unnötige Haldenaufschüttungen oder Massentransporte auf Deponien. Während die Zuschlagstoff- und Natursteinbetriebe die Qualität ihrer Produkte normgerecht nachweisen müssen, besteht bei Baumaßnahmen die Problematik der Bewertung einer möglichen Verwendungsfähigkeit gewonnener oder ausgebrachter Festgesteinshaufwerke. Mit Hilfe der dargelegten Klassifikation zur Verwitterungsbeständigkeit (B) (◘ Abb. 3.39) und zur Festigkeit (F) (◘ Abb. 3.22) kann eine Zuordnung bei bekannter Rohdichte, Wasseraufnahme oder akustischer Impedanz (P-Welle) beziehungsweise einaxialer Druckfestigkeit nach ◘ Tab. 3.9 vorgenommen werden. Es muss allerdings beachtet werden, dass Festgesteine keine

- quellfähigen Dreisschichttonminerale,
- amorphen Anteile $\geq$5 Vol.-% von kolloidalen, feinstkörnigen Stoffen,
- nichtkristallinen Anteile von Quarz,
- Minerale mit latent hydraulischen Eigenschaften,
- Anhydrit- und Gipsbestandteile sowie
- leicht löslichen Salzminerale enthalten.

Derartige Festgesteine sind ohne Beachtung der Festigkeitseigenschaften für das Bauwesen unbrauchbar.

Mittels ◘ Tab. 3.9 ist die Verwendungsfähigkeit von anfallenden Aushubmassen und der jeweiligen Natursteine abschätzbar.

▪ Injizierbarkeit

Es ist ferner bei größeren Bauvorhaben erforderlich, die ausgelösten Haufwerke durch die Sprengtechnik oder den Baggerbetrieb hinsichtlich weiterer Verhaltensweisen wie beispielsweise Durchlässigkeit, Verdichtbarkeit und insbesondere Injizierbarkeit zu beurteilen.

Folgende Eigenschaften von Schüttmaterialien sollten zur Beurteilung der Injektionsfähigkeit bekannt sein:

- gesteinstechnische Eigenschaften der Gesteine, aus dem der Schüttstoff zusammengesetzt ist,
- Lagerungsdichte, Auflockerung, Korngrößenverteilungen, Kornformen, Ungleichförmigkeitsgrad, Konsistenzverhältnisse des bindigen Kornanteiles,
- Vorhandensein von Hohlräumen,
- Durchlässigkeitsbeiwert (k_f-Wert), Porenanteil, Filterkriterien des Schüttstoffes.

◘ **Tab. 3.9** Geotechnische Klassifikation der Verwendungsfähigkeit von Festgesteinen (VF) als Bau- und Schüttstoffe

Verwendungsfähigkeit (VF)	Nach der Festigkeit akustische Impedanz (P-Welle) [10^6 kg/(m^2s)]	Nach der Wasseraufnahme [M.-%]	Code
Ohne Einschränkung verwendbar	>15	<0,5	VF Ø
Mit sehr geringer Einschränkung verwendbar	12–15	0,5–1	VF 2
Mit geringer Einschränkung verwendbar	9–12	1–2	VF 4
Mit mittlerer Einschränkung verwendbar	6–9	2–5	VF 6
Mit starker Einschränkung bedingt verwendbar für untergeordnete Zwecke	2–6	5–10	VF 8
Nicht verwendbar beziehungsweise unter Beachtung der Lockergesteinseigenschaften Bedingt verwendbar	<2	>10	VF 10

Zur Beurteilung der Wasserdurchlässigkeit (k_f-Wert) und Injizierbarkeit von Lockergesteinen sowie Schüttstoffen wird weltweit die Korngrößenverteilung als Summenkurve in Masse-% der einzelnen Siebgrößen über die logarithmische Einteilung der Korngröße in [mm] aufgetragen. Die Korngrößenverteilungskurve ist eine grundlegende Untersuchung, die für alle Korngrößengemische zur Anwendung kommt und von Ton-, Schluff-, Sand-, Kies-, Stein- bis zum Blockkorn reichen sollte. Leider findet der Stein- und Blockkornbereich bisher zu wenig Beachtung, obwohl in Moränenablagerungen, in den Gebirgen und Hochgebirgen häufig große Korngrößen verbreitet sind. Die bautechnische Praxis belegt die Notwendigkeit, das Kornspektrum insbesondere für Steinschüttdämme, Dammbauten und ähnliche Bauvorhaben zu erweitern (◘ Abb. 3.61).

Eingebaute Dammschüttstoffe aus den anstehenden Festgesteinen entlang von Verkehrswegen in Mittelgebirgen haben meist ein breites Kornspektrum. Die ◘ Abb. 3.61 zeigt Kornverteilungskurven aus den klastischen Sedimenten des Buntsandsteins. Mit steigender Korngröße nehmen der Porenraum und der Hohlraumanteil zu, sodass die Durchlässigkeit immer größer wird. Zwangsläufig steigt die Aufnahmefähigkeit von injizierter Zementsuspension vom Kieskorn bis zum Blockkorn erheblich an. Neben der Korngrößenzusammensetzung sind die Kornverteilung sowie der Poren- und Hohlraumanteil von ausschlaggebender Bedeutung für die Aufnahmefähigkeit eines Lockergesteines oder Schüttstoffes von Zementmörtel bzw. Stützflüssigkeit. Diese Hohl- und Porenräume sind wiederum von der Lagerungsdichte bzw. Auflockerung und der Ungleichförmigkeit der Kornverteilung abhängig. Im Diagramm der ◘ Abb. 3.62 ist die lockerste und dichteste Lagerung in Abhängigkeit von den Korngrößen einzelner Schüttstoffe verallgemeinert dargestellt. Ein Festgesteinshaufwerk kann

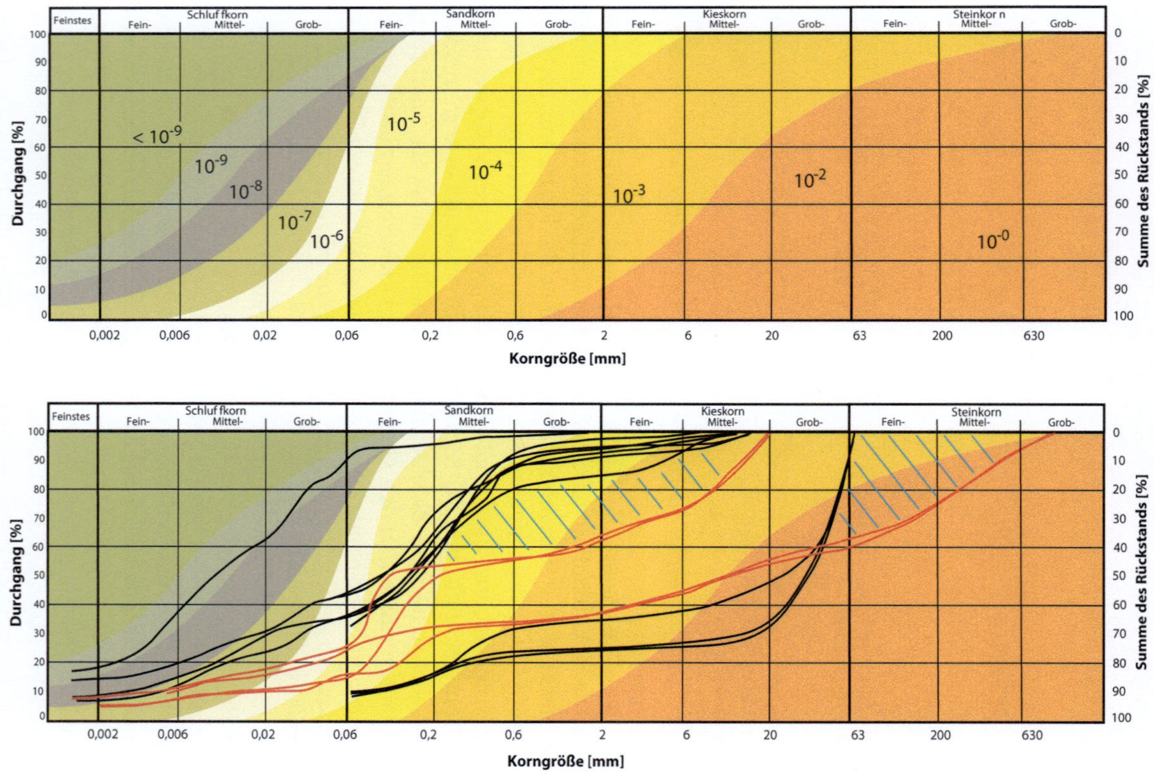

Abb. 3.61 Der k_f-Wert kennzeichnet die Wasserdurchlässigkeit eines Gesteins, wird in [m/s] angegeben und ist abhängig von der Korngrößenverteilung (*oben*, nach Prinz und Strauß 2011). Im Kornverteilungsdiagramm *unten* sind die Sieblinien (Summenkurven) von Haufwerkmaterial und Dammschüttungen eingetragen. Bei den roten Kurven handelt es sich um locker geschüttetes Haufwerk von Sandstein des Buntsandsteins. Die Korngrößenverteilungen von Dammschüttmaterial aus Sandstein mit und ohne Felsbruchstücke sind in schwarz zu sehen. Man erkennt unter anderem, dass die Dammschüttungen im Korngrößenspektrum und damit in den k_f-Werten vor allem in zwei Bereichen des Diagramms vom Haufwerk abweichen (blau schraffierter Bereich)

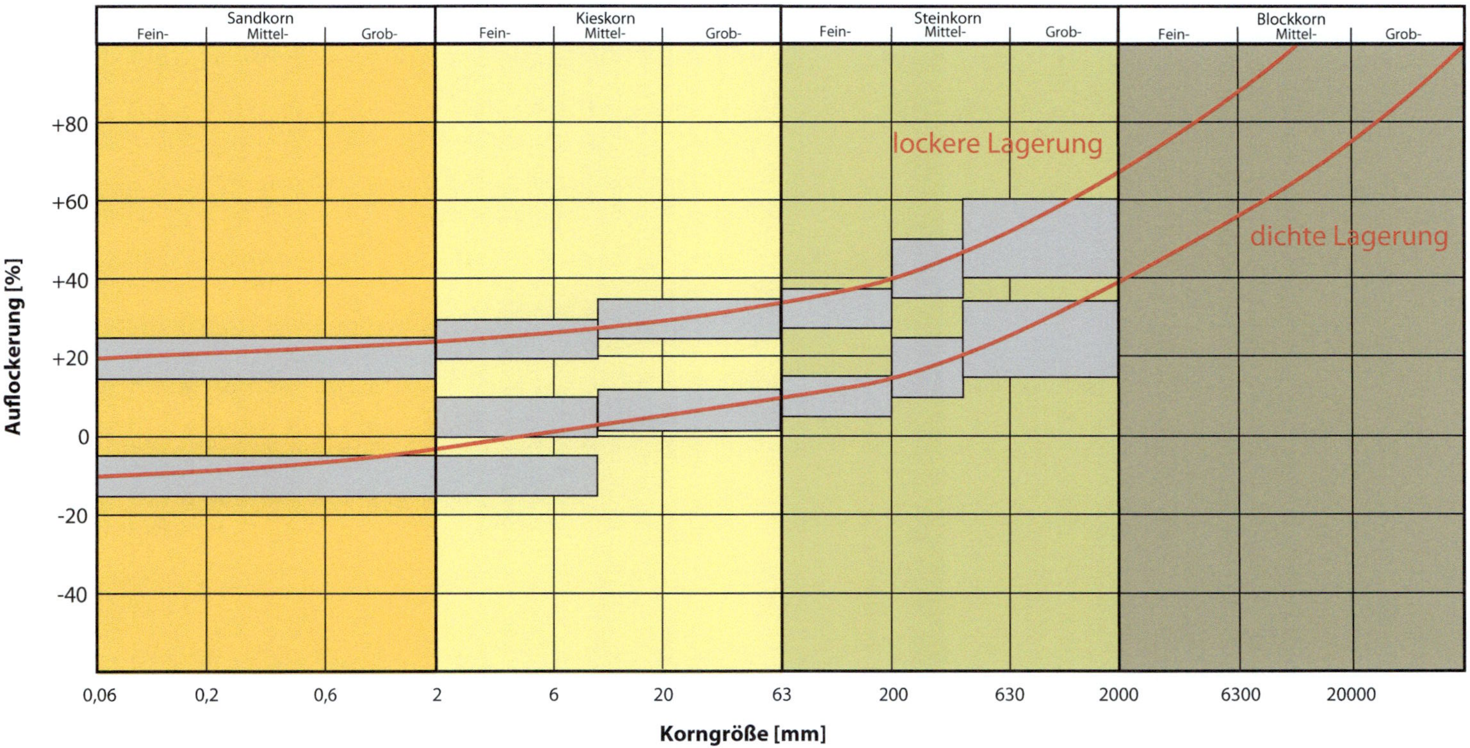

■ Abb. 3.62 Auflockerung und Lagerungsdichten von Schüttstoffen aus Sand- bis Blockkorngrößen. Die Rechtecke kennzeichnen verschiedene übliche Korngemische nicht mehr in die Dichte des Festgebirges zurückgeführt werden. Je größer das Korn, umso schlechter lässt sich ein Korngrößengemisch verdichten.

Steinschüttungen sind schwer bis kaum verdichtbar, sodass derartige Korngrößengemische einen erheblichen Hohlraumanteil aufweisen. Dieser Anteil kann um 10 bis 70 % im Steinkornbereich zunehmen.

Müssen aus verschiedenen Gründen Festgebirge ertüchtigt oder wie im Wasserbau bestimmte Talsperrenräume abgedichtet werden, richtet sich der erforderliche Zementverbrauch für die Injektion nach dem wirksamen Kluftvolumen. In ► Abschn. 4.7 wird aufgezeigt, dass das wirksame Kluftvolumen mit zunehmender Trennflächenhäufigkeit bis 10 % ansteigen kann. Ist das Festgebirge durch verschiedene Vorgänge wie in Rutschungen, an der Oberfläche, an stark geneigten Hängen und durch dynamische Belastungen aufgelockert, kann das wirksame Kluftvolumen auf 20 bis 25 % ansteigen. In derartigen Fällen wird die Injektion mit Zement und anderen Mitteln sehr aufwändig.

Exkurs

Injektion eines Rohrschirmes im Tunnelbau

Im Tunnelbau sind in druckhaften bis sehr druckhaften Gebirgsverhältnissen nicht selten Rohrschirme mit Zementinjektionen zur Stabilisierung der Firste erforderlich. Durch die Zementinjektion werden die Lanzen in das Festgebirge fest verbracht. Dazu wird das umgebende Festgebirge entlang der in diesem Fall meist geöffneten Trennflächen durch die Zementeindringung zusätzlich stabilisiert und die Sicherheit an der Ortsbrust gewährleistet. Im hier angeführten Beispiel hatten die Lanzen eine Länge von 15 m und einen Durchmesser an der Bohrkrone von 145 mm. Der Außendurchmesser der Lanzen betrug 139,7 mm und die Innendurchmesser 123,7 mm. Der Ringraum zwischen Lanze und Gebirge erforderte mindestens 17,8 L Zementinjektion. Im Lanzeninnenraum verbleiben 18,3 L Zementsuspension. Der übrige Anteil ist in das unmittelbar vorhandene Gebirge eingedrungen. Der Rohrschirm wurde entsprechend der bogigen Firste alternierend links und rechts im Abstand der Lanzen von 0,45 m eingebaut. Die Verpressung wurde mit einem Injektionsdruck von 2 bis 10 bar pro Lanze ausgeführt. Es sollte einerseits der Injektionserfolg und andererseits der recht hohe Zementverbrauch von bis zu 400 L durch entsprechende Auswertung dargestellt werden. Im Ergebnis der quantitativen, flächenhaften Auswertung des Zementverbrauches entstand ◘ Abb. 3.63, die die Verteilung des Zementes im Rohrschirm aufzeigt. Es lassen sich die Bereiche mit den höchsten Verbräuchen bis 400 L erkennen. Die meisten Zementverbräuche liegen bei 80 bis 140 L. Aus der Darstellung geht auf eindrucksvolle Art und Weise die Zementinjektion vornehmlich entlang der K_1-ac-Trennflächen ± parallel zur Tunnelachse hervor, was durch langgestreckte Isolinienfelder ersichtlich wird.

Daneben erkennt man auf den zweiten Blick eine spitzwinklig zur Tunnelachse verlaufende (von links oben nach rechts unten) weitere Trennflächenschar,

auf der der Zement eingedrungen ist. Diese gehört zur K_3-Schichttrennflächenschar, die aus der Ortsbrust bis 45° einfällt.
Die flächenhafte Auswertung der Schirmfläche mit Linien gleichen Zementverbrauches lässt interessante Einblicke in das Injektionsgeschehen zu. Beim späteren Öffnen der Ortsbrust konnten die Zementfüllungen auf den Trennflächen beobachtet werden. Das Festgebirge unter dem Rohrschirm wurde auf den geöffneten Trennflächen sichtlich ertüchtigt. Das wirksame Kluftvolumen betrug nach Rückrechnung lokal bis 18 %. Die Auswertung von flächenhaften Injektionen lässt eine indirekte Beurteilung der Festgebirgsverhältnisse zu.

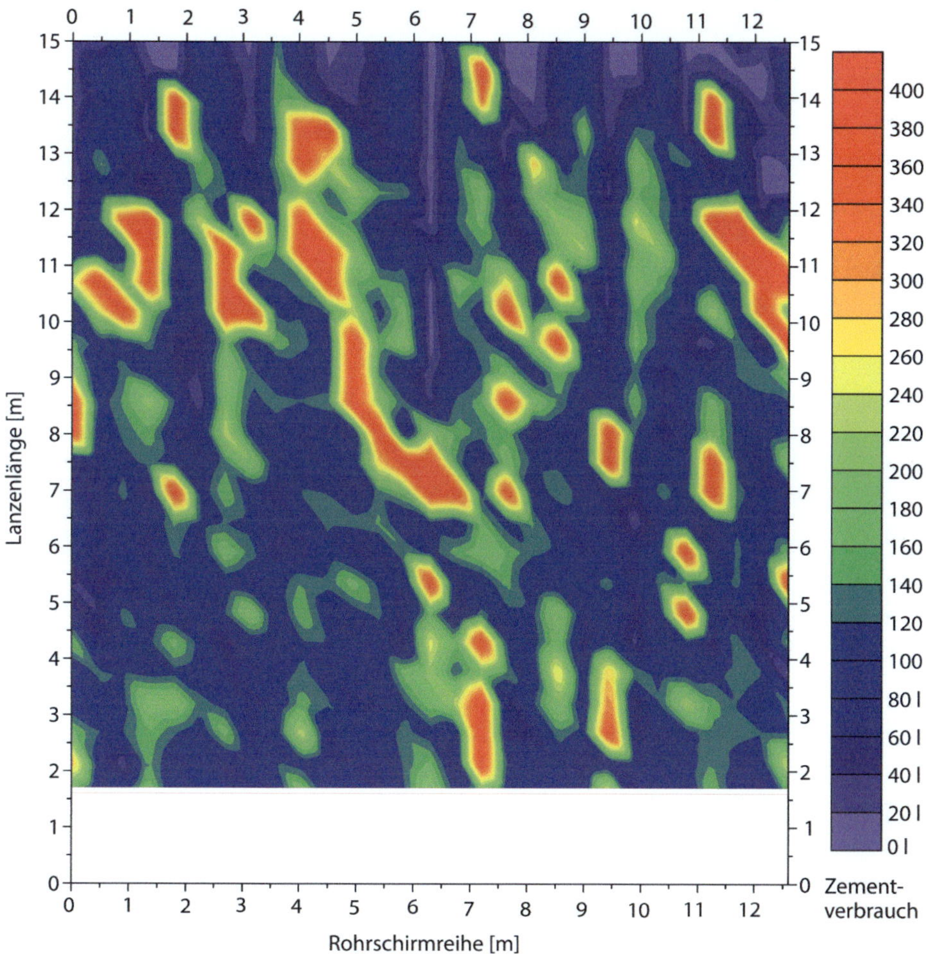

Abb. 3.63 Der Zementverbrauch für einen Rohrschirm bezogen auf die Lanzenlänge in räumlicher Darstellung

Die meisten geotechnischen Fragestellungen können bei richtiger Auswahl der Parameter für die naturgegebenen Eigenschaften beantwortet werden. Seitenlange Protokolle von Kennwertbestimmungen in Erkundungsberichten ohne sachlichen Bezug oder mit fehlenden statistischen Bewertungen führen nicht zu den in der Praxis geforderten Aussagen. Die Ermittlung von Eigenschaften muss sinnvoll der Bauaufgabe dienen. Hierzu sollte es neue Anregungen zu anwendungsbezogenen Ergebnisberichten oder Gutachten von den zuständigen Fachbehörden geben. Unnötige, nicht verwertbare Gesteinskennwerte sollten nicht aufwändig untersucht werden.

Geotechnische Klassifikationen der Festgebirge

B. Müller, U. Pippig, U. Sebastian, *Geotechnische Klassifikationen von Festgesteinen und Festgebirgen*, https://doi.org/10.1007/978-3-662-59777-4_4

4.1 Trennflächenabstände

■ Arten von Trennflächen

Die natürlichen Vorkommen der Festgesteine sind die Festgebirge, die sowohl durch die geologischen Bildungsbedingungen der Gesteinsgruppen als auch durch die mechanische Geschichte seit ihrer Entstehung ihren eigenen Bau mit entsprechendem Trennflächengefüge erhalten haben.

Das Festgebirge ist infolge seiner Durchklüftung einem gut gefügten Trockenmauerwerk ähnlich. Das heißt, das Massiv wird in Trennflächenkörper unterschiedlicher Größe und Form mit mehr oder weniger vorhandenen Kluft- oder Materialbrücken zerlegt (◘ Abb. 4.1). Trennflächen zerteilen das Festgebirge oft nicht vollständig. Die einzelnen Brüche setzen an anderen ab oder werden nur teilweise angebrochen.

Durch die von geodynamischen Prozessen ausgelösten Veränderungen und Bewegungen kann es in geologischen Zeiträumen innerhalb der Erdkruste zu den verschiedenen Zerstörungs-, Umwandlungs-, Verformungs- und Brucherscheinungen kommen, die sich im Mikro- und Makrogefüge der geologischen Körper durchgängig abbilden. Diese Vorgänge verlaufen nicht chaotisch, sondern folgen bestimmten Gesetzmäßigkeiten. Das Trennflächengefüge ist bis in den Gitterbau der Minerale abgebildet und spiegelt die Spannungszustände der geologischen Geschichte wider. Es kann qualitativ und quantitativ erfasst und für den Bergbau, das Bauwesen und insbesondere für die Felsmechanik nutzbar gemacht werden.

Die Gesetzmäßigkeiten des Trennflächengefüges betreffen insbesondere

- die geregelte Raumstellung und
- die Trennflächenabstände mit bruchmechanischen Beziehungen zueinander.

In der Regel sind drei bestimmende Haupttrennflächenscharen vorhanden, deren Raumstellung zu ermitteln ist. In der Regel kommen zu einer primären, durch die Bildungsbedingungen angelegten Trennflächenschar –

- Schichtung bei Sedimentiten,
- Foliation bei Metamorphiten und
- Fließ- oder Strömungsrichtungen bei Magmatiten –

dazu ± senkrecht bis spitzwinklig verlaufende Trennflächenscharen durch tektonische Beanspruchungen oder durch Erstarrung.

Die einzelnen Scharen werden in der Ingenieurgeologie auf ein Koordinatensystem, bestehend aus a- und b-Achse in der Horizontalen sowie c-Achse in der Vertikalen bezogen und als

- K_1-ac-Trennflächen (meist Zug- oder Trennbrüche),
- K_2-bc-Trennflächen (oft Verschiebungsbrüche) und
- K_3-ab-Trennflächen, die der Schichtung, Foliation oder Fließrichtung bezeichnet.

Ursprünglich wurde das a-b-c-System von Bruno Sander 1930 für die Schiefergebirgstektonik eingeführt. Laut Definition liegt die b-Achse parallel zur Faltenachse, a entspricht der tektonischen Einengungsrichtung und die c-Achse verläuft senkrecht zu a und b. Das bedeutet, dass zum Beispiel eine ac-Fläche parallel zur a- und c-Achse liegt und die b-Achse senkrecht schneidet. Mittlerweile wird

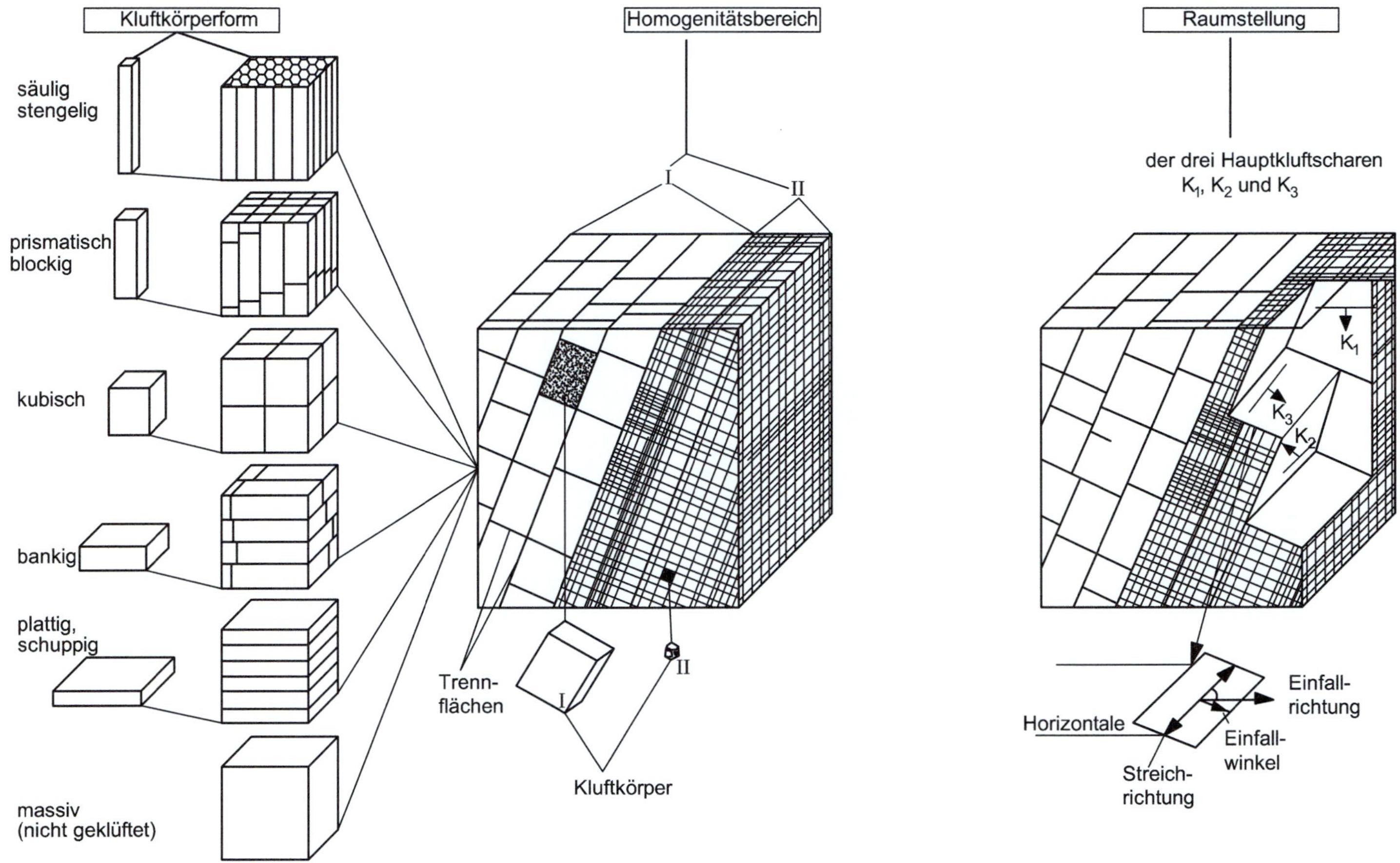

Abb. 4.1 Prinzipielle Ausbildungsformen des Trennflächengefüges im Festgebirge

dieses Koordinatensystem längst auch auf nichtgefaltete Gebirge angewandt. Diese Benennung sollte man zum allgemeinen Verständnis beibehalten. Die ◘ Abb. 4.2 zeigt ein markantes Beispiel für ein a-b-c-Trennflächengefüge an einer sprengtechnisch hergestellten Böschung im Gneis.

Aus den natürlichen Gegebenheiten ergibt sich, dass die Trennflächenabstände für jede Haupttrennflächenschar gesondert erfasst werden müssen. Dabei sollten die Größenordnungen der Trennflächen unbedingt beachtet werden (◘ Tab. 4.1).

▪ Messung von Trennflächenabständen

Aus den verschiedenen Größenordnungen ergeben sich Schlussfolgerungen für die genaue Erfassung der Trennflächenabstände. Diese müssen zwischen den Groß-, Klein- und Mikrotrennflächen systematisch im Aufschluss des Festgebirges nach den Prinzipien der ◘ Abb. 4.3 gemessen werden. Die Messungen können unter Beibehaltung der dargestellten Messprinzipien händisch, fotogrammetrisch, mit dem

◘ **Abb. 4.2** Beispiel eines Trennflächengefüges im Gneis an einer Felsböschung bei Oederau/Sachsen. Senkrecht zur Böschung verlaufen die K_1-ac-Trennflächen (Schattenflächen), ± parallel zur Böschung streichen die K_2-bc-Trennflächen, und die K_3-ab-Trennflächen fallen mittelsteil als Foliationsflächen zur Böschung hin ein

◘ **Tab. 4.1** Größenordnungen von Trennflächen

Benennung	Größenordnung	Synonym
Latente Trennflächen	<0,01 m	Risse
Mikrotrennflächen	0,01–0,1 m	Mikroklüfte
Kleintrennflächen	0,1–1,0 m	Kleinklüfte
Großtrennflächen	1–10 m	Großklüfte
Riesentrennflächen	10–100 m	Riesenklüfte
Störungen	>100 m	Tektonische Klüfte

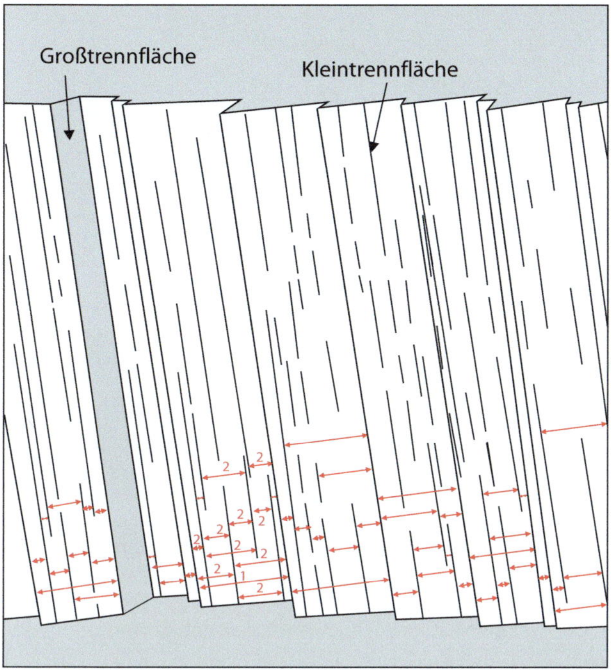

Abb. 4.3 Messprinzip der Trennflächenabstände einer Trennflächenschar. Es genügt nicht, die Abstände der Trennflächen *(rote Doppelpfeile)* hintereinander zu messen. Es müssen dabei auch die verschiedenen Größenordnungen betrachtet werden, die gewissermaßen geschachtelt auftreten. In den Abständen der Großklüfte (1) finden sich beispielsweise Kleinklüfte, die weniger aushaltend sein können und damit verschiedene Trennflächenabstände erzeugen (2). Erst die Erfassung sämtlicher Abstände ermöglicht eine repräsentative Statistik (Abb. 4.4)

Laserscanner oder anderen geeigneten modernen Messverfahren vorgenommen werden. Kann man bei der Erkundung oder wegen eines Mangels an Aufschlüssen nur auf Kernbohrungen zurückgreifen, ist die statistische Erfassung der Kernstücklängen zentimetergenau im genutzten Gebirgsabschnitt zu ermitteln. Die Werte sind in gleicher Weise wie die Trennflächenabstände zu behandeln. Durch den Bohrvorgang werden die Kernstücke jedoch häufiger zerbrochen, sodass eine Korrektur der Messergebnisse je nach Festgesteinsausbildung empfohlen wird.

Das Ergebnis einer räumlichen Erfassung der Trennflächenabstände in einem Metagrauwackengebirge vermittelt Abb. 4.4. Die Summenkurven der K_1- und K_2-Flächen ähneln sich auffällig. Trennflächen mit gleichen Entstehungsursachen haben bei ähnlicher Raumlage statistisch eine ähnliche Bruchhäufigkeit und Größenordnung. Die relative Häufigkeitsverteilung der Trennflächenabstände einer Schar folgt annähernd einer logarithmischen Kurve (Abb. 4.4).

Durchgeführte Korrelationen der einzelnen Verteilungskurven aus verschiedenen Festgebirgen bestätigen die statistischen Zusammenhänge:

- Die meist senkrecht bis spitzwinklig zueinanderstehenden K_1- und K_2-Trennflächenscharen haben einen durchschnittlichen Korrelationskoeffizienten K_1/K_2 von 0,9462.

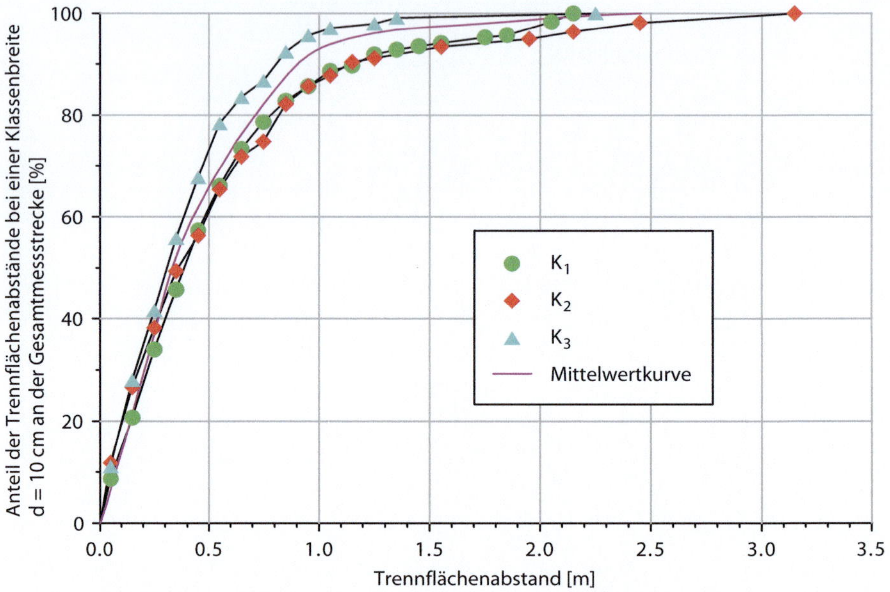

◘ Abb. 4.4 Häufigkeitssummenkurven der Trennflächenabstände von Haupttrennflächenscharen in einem Metagrauwackenfestgebirge. Der Vergleich der Summenkurven zeigt die Ähnlichkeit der Häufigkeit der Trennflächenabstände

- Trennflächenabstände innerhalb einzelner Schichten oder Bänke mit gleicher Mächtigkeit weisen in den senkrecht dazu verlaufenden K_1- und K_2-Scharen nahezu identische Abstände auf (Korrelationskoeffizienten von 0,9846) (◘ Abb. 4.5).
- Die Abhängigkeit der K_1- und K_2-Scharen von den K_3-Trennflächen ist mit einem mittleren Korrelationskoeffizienten von $K_1/K_3 = 0{,}8617$ bzw. $K_2/K_3 = 0{,}8232$ zwangsläufig deutlich geringer ausgefallen. Wenn die Gesteinsverhältnisse einem starken Wechsel unterliegen, gehen die Werte unter 0,75.

Diese mit einer hohen statistischen Sicherheit berechneten Korrelationskoeffizienten bestätigen, dass die Häufigkeiten der Trennflächen in den einzelnen Richtungen bruchmechanisch eine enge Beziehung zueinander haben. In manchen Fällen können die Haupttrennflächenabstände entweder der K_1- oder der K_2-Schar bei der Erfassung weggelassen werden, was die Bewertung der Gebirgsverhältnisse erleichtert. Allerdings muss die verbleibende Trennflächenschar mit ausreichenden Messwerten statistisch gesichert sein. Die Trennflächen gleicher Entstehung haben eine annähernd identische Häufigkeit und Verteilung ihrer Abstände und zeigen eine räumliche Quasi-Äquidistanz. Mit steigender Größenordnung nimmt der Durchtrennungsgrad zu. Die größten Probleme, den Durchtrennungsgrad abzuschätzen, ergeben sich im Mikro- und Kleintrennflächenbereich.

Für die felsmechanische Bewertung der Trennflächenabstände werden die mittleren Summenhäufigkeiten bevorzugt (◘ Abb. 4.6).

In den deutschen Vorschriften wird eine Vielzahl von Indizes beschrieben, die zur Charakterisierung des Festgebirges herangezogen werden sollen. Einer davon ist der RQD-Index, für die Beschreibung von Bohrkernen (► Exkurs RQD-Wert).

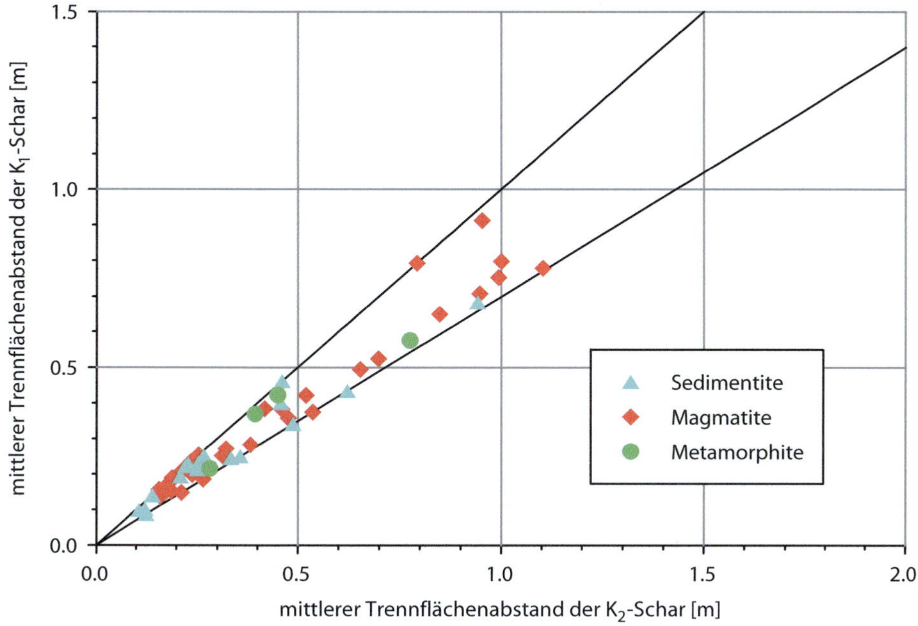

Abb. 4.5 Beziehung der mittleren Trennflächenabstände von K_1- und K_2-Trennflächen verschiedener Festgebirge

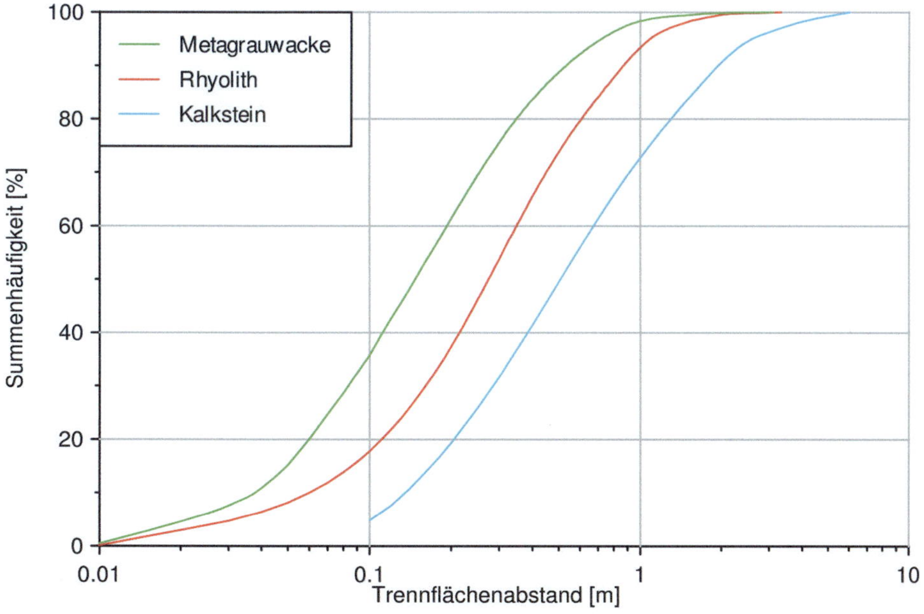

Abb. 4.6 Mittlere Summenhäufigkeiten von Trennflächenabständen in drei Festgebirgen aus Metagrauwacke, Rhyolith und Kalkstein

Exkurs

Der RQD-Wert (Rock Quality Designation Index)

Der RQD-Wert nach Deere 1963 soll zur Klassifikation der Trennflächenabstände mittels Bohrkernlängen genutzt werden und ist Bestandteil deutscher Normen (DIN 14689). Er berechnet sich nach der Beziehung:

$$RQD = \sum l/l_{ges} \cdot 100\ \% \tag{4.1}$$

$\sum l$-Summe der Längen der Bohrkernstücke, die länger als 10 cm sind

l_{ges}-Gesamtlänge des Bohrkerns

Dieser Wert bezeichnet den prozentualen Anteil der Kernstücklängen größer als 10 cm, bezogen auf die Länge der Kernstrecke. Es wird unterstellt, dass niedrige RQD-Werte meist durch engständige Trennflächen bedingt sind und hohe RQD-Werte auf Trennflächen mit großen Abständen hinweisen. Hier wird der RQD-Wert aus folgenden Gründen nicht für die Beurteilung der Trennflächenabstände von Festgebirgen empfohlen:

- Kernverluste und Kernstücklängen von <0,1 m werden nicht berücksichtigt,
- die eigentlichen Kernstücklängen der Bohrungen gehen als quantitative, statistische Angabe verloren,
- eine statistische Verteilung von Kernstücklängen für ausgewählte Bohrabschnitte bleibt verborgen.

An einem Beispiel soll die geringe Aussagefähigkeit des RQD-Wertes für größere Bauvorhaben verdeutlicht werden. Für ein Tunnelobjekt wurden mehrere Kernbohrungen niedergebracht. Die RQD-Werte wurden im Bereich der Bohrungen ermittelt und lagen bei 60 bis 100 %. Die genauen Trennflächenabstände wurden für den Tunnelbereich nicht ermittelt. Bei der Nachauswertung mit der hier empfohlenen vollständigen Erfassung und statistischen Bewertung der Kernstücklängen von 1 bis 95 cm (bezogen auf eine Länge von 20 m um das spätere Tunnelband) ergaben sich genauere Abschätzungen des Trennflächenabstandes der K_3-Schar eines Gneises. Die Tab. 4.2 zeigt die aus nahezu 800 Einzelmessungen berechneten mittleren Kernstücklängen der Bohrungen.

Die Festgebirgswerte um die Bohrungen 1 bis 5 haben eine vergleichbare Trennflächenhäufigkeit. Der Abschnitt um die Bohrung 6 weist dagegen einen etwa doppelt größeren Wert der Kernstücklänge auf. Hier muss von weniger geklüfteten Verhältnissen ausgegangen werden.

Das Beispiel belegt, dass die Verwendung der genauen Kernstücklängen für die Abschätzung der Trennflächenabstände besser als der RQD-Wert geeignet ist.

Die Erfassung des Trennflächengefüges erfordert grundsätzlich eine räumliche und nach Homogenitätsbereichen geordnete Vorgehensweise. Neben der Messung der Raumstellung, der Trennflächenabstände einzelner Scharen, der Größenordnung und der Bewertung von Flächenausbildungen muss die genetische Deutung der Trennflächen einbezogen werden. Erst die Kenntnis über die endogene oder exogene Entstehungsweise von Trennflächensystemen ermöglicht eine Korrelation mit anderen Eigenschaften und die mathematisch-statistische Behandlung des natürlichen Bruchsystems.

Tab. 4.2 Beispiel für mittlere Kernstücklängen vergleichbarer Bohrmeter aus einem Tunnelbauprojekt

Bohrung	Mittlere Kernstücklänge	Messwertanzahl
1	13,49	149
2	15,54	138
3	13,08	147
4	13,42	150
5	12,02	131
∅ 1–5	13,52	715
6	23,52	83

Kluftkörper

Die Messwerte der Trennflächenabstände können mit verschiedenen Methoden statistisch ausgewertet werden. Ein wichtiger Kennwert des Festgebirges ist der mittlere, gedachte, parallelflächige Trennflächen- bzw. Kluftkörper, der sich aus den Mittelwerten der einzelnen Trennflächenabstände und der Raumstellung der Trennflächenscharen zueinander ergibt. Die Mittelwertberechnung kann wegen der einfachen Rechnung nach der Formel des allgemeinen arithmetischen Mittels $\bar{x}$ erfolgen.

$$\bar{x} = \frac{1}{n} \sum_{n=1}^{k} h_m n_m \tag{4.2}$$

d … Klassenbreite (sollte d = 10 cm betragen)
h_m … absolute Häufigkeit der m-ten Klasse
n_m … Klassenmitte
k … Anzahl der Klassen
n … Anzahl der Messungen

Trennflächenabstände und Kluftkörpergrößenverteilung haben vorwiegend eine schiefe Häufigkeitsverteilung, beispielsweise eine log-Verteilung, sodass die Größe des geometrischen Mittels $\overset{0}{x}$ dem Modalwert besser entsprechen würde:

$$\overset{0}{x} = \sqrt[n]{x_1, x_2, \ldots x_n} \text{ bzw. } \log \overset{0}{x} = \frac{1}{n} \sum_{i=1}^{n} \log x \tag{4.3}$$

x_i … Einzelwerte
n … Anzahl der Messungen

Zwischen dem arithmetischen und geometrischen Mittel besteht die fundamentale Beziehung:

$$\overset{0}{x} \leq \bar{x} \tag{4.4}$$

Es ergeben sich wegen der möglichen unterschiedlichen Aufnahmemethodik der Trennflächenabstände und Mittelwertbestimmung folgende Berechnungsmöglichkeiten der Größe des durchschnittlichen Kluftkörpers K_k:

- K_{k1} ist die Größe des durchschnittlichen Kluftkörpers auf der Grundlage der einzelnen Rauminhalte der Kluftkörper,
- K_{k2} ist die Größe des durchschnittlichen Kluftkörpers auf der Grundlage der Produkte der Trennflächenabstände zweier Haupttrennflächenscharen und unter Berücksichtigung weiterer Richtungen,
- K_{k3} ist die Größe des durchschnittlichen Kluftkörpers auf der Grundlage der einzelnen gemessenen Trennflächenabstände pro Schar.

Hierbei können K_{k1} bis K_{k3} entweder als arithmetisches Mittel $\overline{K_{k1}}$, $\overline{K_{k2}}$, $\overline{K_{k3}}$ oder geometrisches Mittel $\overset{0}{K}_{k1}$, $\overset{0}{K}_{k2}$, $\overset{0}{K}_{k3}$ berechnet werden. Unter der in diesem Zusammenhang nachgewiesenen Vorraussetzung einer positiven linearen Korrelation der einzelnen Trennflächenscharen und ihrer Trennflächenabstände sowie der Gültigkeit der Tschebyscheffschen Ungleichung haben die Mittelwerte folgende Beziehung zueinander:

$$\overset{0}{K}_{k3} \leq \overset{0}{K}_{k2} \leq \overset{0}{K}_{k1} \leq \overline{K_{k3}} \leq \overline{K_{k2}} \leq \overline{K_{k1}} \tag{4.5}$$

Der Wert $\overset{0}{K}_{k1}$ liegt dem Modalwert des durchschnittlichen Kluftkörpers am nächsten.

Die Größe $\overline{K_{k3}}$ erweist sich als Näherungswert, welcher zwischen dem Erwartungswert $\overline{K_{k1}}$ und $\overset{0}{K}_{k1}$ liegt. Von allen Mittelwertberechnungen kann $\overline{K_{k3}}$ am einfachsten und in jedem gut aufgeschlossenen Festgebirge mit hoher statistischer Sicherheit bestimmt werden. Diese Vorgehensweise wurde stets umgesetzt. Damit waren Vergleichsbetrachtungen zwischen den Festgebirgen möglich (◘ Abb. 4.5).

Auf Basis der dargestellten Zusammenhänge erfolgte die Klassifikation der Trennflächenabstände in der ◘ Tab. 4.3. Je intensiver ein Festgebirge durch Trennflächen zerbrochen ist, umso teilbeweglicher, verformbarer, geringer belastbarer, leichter gewinnbarer und wasserdurchlässiger wird es. Die Trennflächen stellen somit in der Größenordnung des Festgebirges und in mechanischer Hinsicht das Hauptmerkmal dar.

Zur Einordnung des Gebirges in die Klassifikation der ◘ Tab. 4.3 muss der mittlere Trennflächenabstand mindestens einer, besser aller Trennflächenscharen und/oder die durchschnittliche Kluftkörperkantenlänge auf Basis einer gesicherten Messwertanzahl ermittelt werden. In Kernbohrungen kann die mittlere Kernstücklänge eines für die Bauaufgabe wichtigen, gewählten Kernmarsches zur Abschätzung der Trennflächenhäufigkeit herangezogen werden. Je nach Bohrverfahren sollte der Durchschnittswert der ermittelten Kernstücklänge mindestens mit dem Faktor 2 korrigiert werden. Auf diese Weise werden Brüche durch das Bohrverfahren empirisch ausgeglichen.

◘ Tab. 4.3 Klassifikation der Trennflächenabstände bzw. der Trennflächenhäufigkeit. Die Trennflächenhäufigkeit (T), ausgedrückt durch den mittleren Trennflächenabstand der einzelnen Scharen bzw. die durchschnittliche Kluftkörperkantenlänge, kennzeichnet die Festgebirgsfestigkeit und die Teilbeweglichkeit

Trennflächenhäufigkeit (T)/Gebirge	Mittlerer Trennflächenabstand bzw. durchschnittliche Kluftkörperkantenlänge		Code
	[m]	[mm]	
Sehr massives Gebirge (nicht geklüftet)	>20	>20.000	T ∅
Mittel massives Gebirge	6,3–20	6300–20.000	T 2
Gering massives Gebirge	2–6,3	2000–6300	T 4
Sehr geringe Trennflächenhäufigkeit	0,63–2	630–2000	T 6
Geringe Trennflächenhäufigkeit	0,2–0,63	200–630	T 8
Mittlere Trennflächenhäufigkeit	0,063–0,2	63–200	T 10
Beginn Übergang Lockergebirge			
Große Trennflächenhäufigkeit	0,02–0,063	20–63	T 12
Sehr große Trennflächenhäufigkeit	0,0063–0,02	6,3–20	T 14
Grenzbereich zum Lockergebirge			
Zerriebenes Lockergebirge	0,002–0,0063	2,0–6,3	T 16
Stark zerriebenes Lockergebirge	<0,002	<2,0	T 18

Die Klassifikation der Trennflächenhäufigkeit bildet eine wichtige Grundlage für weitere bedeutende geotechnisch-felsbauliche Klassifikationen wie die Sprengbarkeit, Ausbruchfestigkeit und Wasserdurchlässigkeit. Die ◘ Tab. 4.4 zeigt den Vergleich zu anderen Einteilungsprinzipien.

Die Trennflächenabstände der Scharen werden auch genutzt, um den mittleren Trennflächenkörper (= Kluftkörper) zu berechnen. In ◘ Abb. 4.7 werden dazu Ergebnisse aus verschiedenen Festgebirgen aufgezeigt, die in Kalkstein-, Marmor- und Gipssteinvorkommen ermittelt worden sind. Auf der Grundlage derartiger Messungen kann die Ausbruchfestigkeit unter Tage und die Sprengbarkeit (beispielsweise die Abschätzung des spezifischen Sprengstoffverbrauches) über Tage beurteilt werden.

Die Untersuchungen zu verschiedenen Festgesteinen und Festgebirgen haben ergeben, dass die Größe des mittleren Kluftkörpers beispielsweise bei Sedimenten und Magmatiten mit der akustischen Impedanz (P-Welle) zusammenhängt (◘ Abb. 4.8). Mit zunehmender akustischer Impedanz (P-Welle) steigt die Trennflächenhäufigkeit an, weil die zunehmende Elastizität und Sprödigkeit bei entsprechender Beanspruchung zu häufigeren Brucherscheinungen führt. Je plastischer

Tab. 4.4 Vergleich der Klassifikation Trennflächenhäufigkeit (T) mit anderen Einteilungs- und Benennungsvorschlägen

Trennflächenabstände m	Schichttrennflächen/ Schichtung JSRM 1978	Trennflächen/Klüftung AEG 1981	Klassifikation gemäß Tab. 4.3	Korngrößen der Lockergesteine im Vergleich
>20	ohne Angabe	ohne Angabe	sehr massives Gebirge (nicht geklüftet)	grobes Blockkorn
6,30–20	ohne Angabe	ohne Angabe	mittel massives Gebirge	mittleres Blockkorn
2–6,3	massig	kompakt	gering massives Gebirge	feines Blockkorn
0,63–2	dickbankig	weitständig	sehr geringe Trennflächenhäufigkeit	grobes Steinkorn
0,2–0,63	mittelbankig	mittelständig	geringe Trennflächenhäufigkeit	mittleres Steinkorn
0,063–0,2	dünnbankig	engständig	mittlere Trennflächenhäufigkeit	feines Steinkorn
Beginn Übergang Lockergebirge				
0,02–0,063	dickplattig	mittelständig	große Trennflächenhäufigkeit	grobes Kieskorn
0,0063–0,02	dünnplattig	engständig	sehr große Trennflächenhäufigkeit	mittleres Kieskorn
Grenzbereich zum Lockergebirge				
0,002–0,0063	blättrig/kakiritisiert	Störungszone	zerriebenes Lockergebirge	feines Kieskorn
<0,002	ohne Angabe	ohne Angabe	stark zerriebenes Lockergebirge	Sandkorn

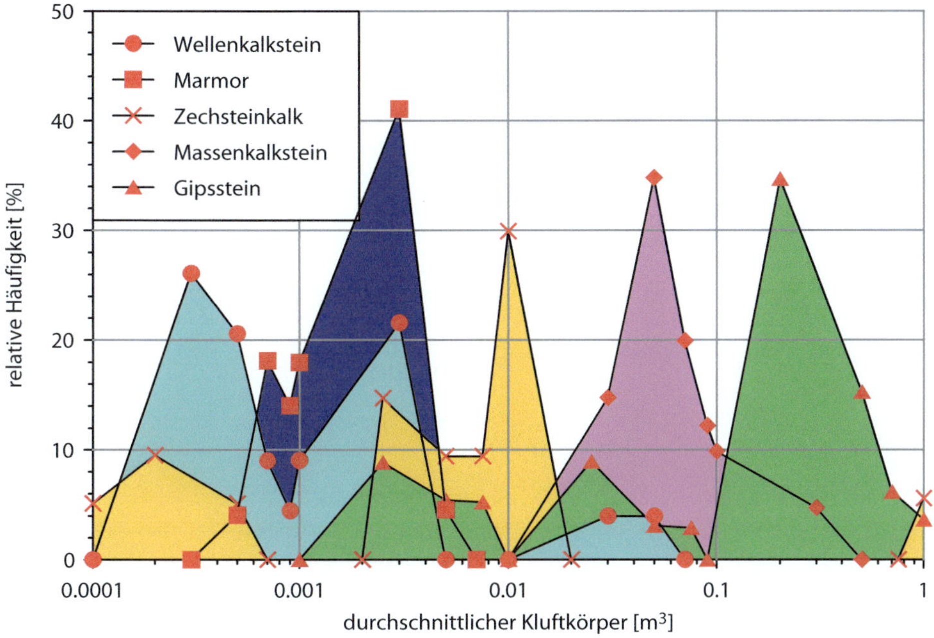

Abb. 4.7 Die relativen Häufigkeiten durchschnittlicher Kluftkörpergrößen in verschiedenen Festgebirgen aus Karbonatgestein und Gipsstein. Die Kalkmergelsteine bzw. „Wellenkalksteine" haben auf der oberen Sohle die geringsten Kluftkörpergrößen. Auf der unteren Abbausohle steigen diese deutlich an. Besonders hervorzuheben sind die eingeschalteten, reineren Bankkalksteine mit größeren Kluftkörpergrößen, die sich aus dem anderen Festgebirge abheben. Der devonische Massenkalkstein weist von den Karbonatgesteinen die größten mittleren Kluftkörper auf. Im erzgebirgischen Marmor werden die Kluftkörpergrößen von der Kristallisationsfoliation bestimmt. Die enge Foliation bewirkte eine geringere Trennflächenhäufigkeit im gefalteten Marmor. Das Festgebirge aus Gipsstein vom Südharz ist durch unterschiedliche Vergipsung der Anhydritpakete gekennzeichnet und weist äußerst wechselhafte Gebirgsverhältnisse auf, die bis in den Lockergebirgsbereich infolge Volumenzunahme reichen können

ein Gestein reagiert – zum Beispiel ein mächtiger poröser Sandstein – desto geringer ist die Trennflächenbildung. Die vorgestellten Gesteins- und Gebirgseigenschaften bilden einen gesteinstechnisch und bruchmechanisch zusammenhängenden Komplex, der noch erheblichen Forschungsbedarf aufweist.

In der Natursteinindustrie ist das Ausbringen von Rohblöcken aus der Lagerstätte für die Weiterverarbeitung verschiedener Erzeugnisse von erheblicher wirtschaftlicher Bedeutung. Je häufiger die Trennflächen, desto geringer ist der zu erwartende Anteil an verarbeitungswürdigen Rohblöcken. Die nutzbringende Bewertung von Kluftkörpergrößen mit Kantenlängen von $\geq 0{,}5$ m belegt die Abhängigkeit des erwarteten, prozentualen Rohblockausbringens aus einem Natursteinvorkommen vom Prozentanteil der Kluftkörper mit einer Kantenlänge $\geq 0{,}5$ m.

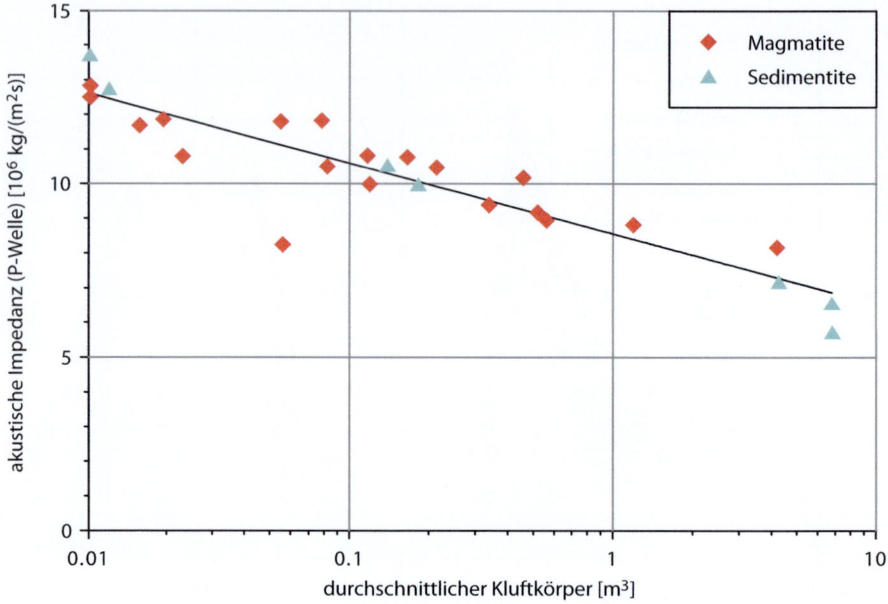

Abb. 4.8 Beziehung zwischen der akustischen Impedanz (P-Welle) und der Größe des durchschnittlichen Kluftkörpers verschiedener Magmatite und Sedimentite

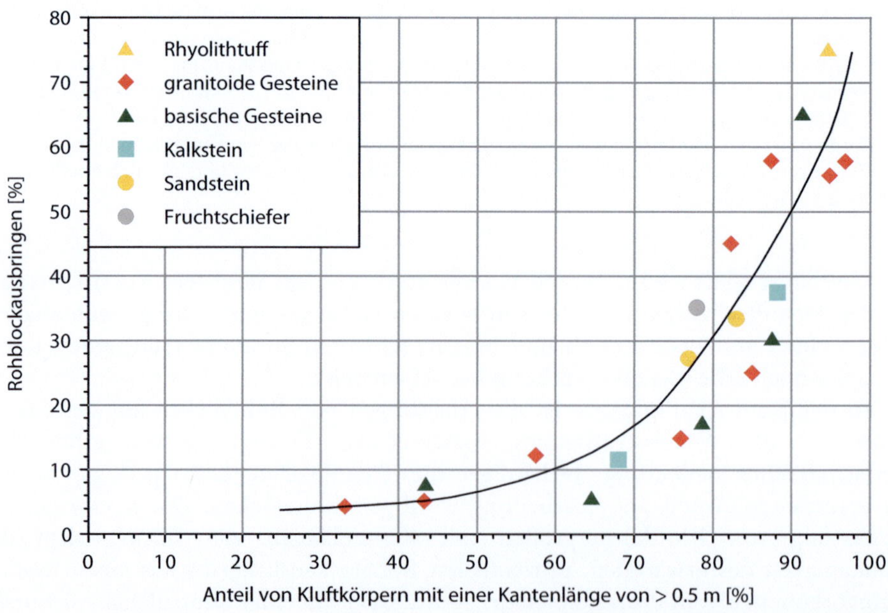

Abb. 4.9 Die Abhängigkeit des Rohblockausbringens vom Anteil der großen Kluftkörper mit einer Kantenlänge > 0,5 m. Wie zu vermuten, steigt das Ausbringen mit dem höheren Anteil großer Kluftkörper

Die Rohblockgewinnung ist natürlich insbesondere vom schonenden Löseverfahren mittels Sprengtechnik, Seilsäge oder anderer mechanischer Methoden abhängig, sodass die natürlichen Gegebenheiten nicht immer die gebührende Beachtung finden.

■ Exfoliation

Zur weiteren genetischen Klärung der bereits erwähnten Teilbarkeitsrisse und Exfoliationsklüftung wurden quantitative Untersuchungen ihrer Abstände in Abhängigkeit

- von der Häufigkeit der anderen Trennflächenscharen,
- vom linearen Wärmeausdehnungskoeffizienten und
- von der Aufschlusstiefe durchgeführt.

Die Entstehung der Exfoliationserscheinungen könnte durch folgende Vorgänge erfolgt sein: Temperaturänderungen, vornehmlich solche der Abkühlung, bewirkten bruchmechanische Vorgänge in oberflächennahen Festgebirgen. Die Tiefenreichweite und Mächtigkeit der Exfoliationsklüfte ist gesteinsabhängig und wird von der Trennflächenhäufigkeit beeinflusst (◘ Abb. 4.10).

Die quarzreichen Gesteine, in denen die Erscheinungen der Exfoliation besonders ausgeprägt sind, zeichnen sich durch besondere thermische Eigenschaften aus (◘ Tab. 4.5). Nach ◘ Abb. 4.10 und ◘ Tab. 4.6 lässt sich feststellen, dass

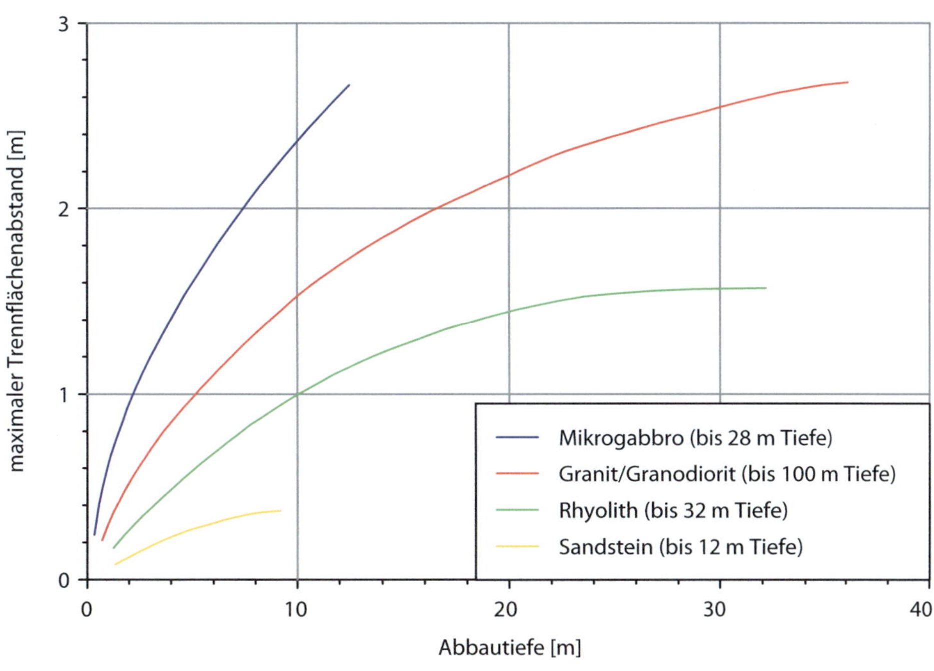

◘ **Abb. 4.10** Ansteigende maximale Trennflächenabstände der Exfoliationsklüftung mit zunehmender Abbau- oder Erschließungstiefe in verschiedenen gering bis mittel massiven Festgebirgen von Sachsen (schematisiert)

4

Tab. 4.5 Wärmeleitfähigkeiten und lineare Wärmeausdehnungskoeffizienten einiger Gesteine und Minerale

Gestein/Mineral	Wärmeleitfähigkeit $[10^{-2} W/mK]$	Linearer Wärmedehnungskoeffizient $10^{-6} [°C^{-1}]$
Quarz	36,0	10–18
Feldspat	6,89–7,65	–
Sandstein	4,59–15,	10,4–12,15
Granit	7,65–13,18	8,1–11,85
Rhyolith	7,65–12,24	6–9
Quarzit	10,72	9–13
Mikrogabbro	–	6,4–6,8
Kalkstein	11,49	5,1–5,5

Tab. 4.6 Maximale Plattenmächtigkeit, Trennflächenabstände der K_1- und K_2-Scharen und die lokale Tiefenreichweite der Exfoliation

Festgestein	Zugfestigkeit $[N/mm^2]$	Streuung der K_1- und K_2-Trennflächenabstände [m]	Maximaler Trennflächenabstand der Exfoliationsklüfte [m]	Tiefenreichweite [m]
Sandstein	3,1	0,8–6,2	0,3	12
Mikrogabbro	27,5	0,95–2,1	3,8	28
Rhyolith	13,0	0,82–2,2	1,6	32
Biotitgranit	14,0	2,4–4,3	2,2	45
Granodiorit	15,0	12,1–18,5	4,1	35–100

je größer die Trennflächenabstände der K_1- und K_2-Trennflächen sind und je höher die Zugfestigkeit der Gesteine ist, desto mächtiger können die Platten werden und umso tiefer reichen die Erscheinungen der Exfoliation. Die Tiefenreichweite der Exfoliationsvorgänge ist von der thermischen Geschichte eines Gebietes im oberflächennahen Bereich abhängig. In Gebieten wie der Sächsischen Oberlausitz, wo flächendeckend granitoide Gesteine anstehen, spiegelt die Form der präglazialen Landoberfläche die Ausbildung der Plattenklüftung wider.

Exkurs

Temperatureinwirkung und Trennflächenbildung

Die meisten Trennflächen bilden sich durch endogene und exogene mechanische Belastungen infolge tektonischer und atektonischer Ereignisse. Andere entstehen durch chemisch-exogene Vorgänge der Diagenese, durch Abkühlung des Magmas oder tiefgreifende metamorphe Prozesse. Von diesen Vorgängen wurden auch Teile der Sächsischen Schweiz mit ihren Sandsteinen betroffen (◘ Abb. 4.11).

Die beschriebenen bruchtheoretischen Zusammenhänge und aufgeführten Ergebnisse der Trennflächenabstandsbeziehungen berechtigen zu der Annahme, dass die Bruchhäufigkeit und das Sprödbruchverhalten in Beziehung zu den thermischen Eigenschaften der Festgesteine stehen könnten.

Die Exfoliationserscheinungen könnten damit als thermisch-exogene Trennflächen bewertet werden.

In diesem Zusammenhang war es von Interesse, inwieweit Bruchbildungen durch thermische Einwirkungen auf die Gesteinsoberflächen eingeleitet werden können.

In einem Sandsteintagebau wurden nicht ganz durchsetzende, hangparallele Großtrennflächen festgestellt, die weder in der Einfallrichtung noch im Einfallwinkel dem Haupttrennflächengefüge zugeordnet werden konnten (◘ Abb. 4.12).

Es wurden Aufnahmen mit der Infrarotkamera gemacht, die zur Aufklärung der möglichen Entstehungsursache beitragen sollten.

An einem heißen Sommertag im August 2016 wurde im Bereich der außergewöhnlichen Trennflächen das in ◘ Abb. 4.13 gezeigte Thermogramm aufgenommen. Es konnten Temperaturunterschiede von mehr als 15 K nachgewiesen werden. Überprüft man diese Messwerte mit den aus dem linearen Wärmeausdehnungskoeffizienten berechenbaren Spannungen, ergibt sich nach ◘ Abb. 4.14, dass bei einer Temperaturdifferenz von mehr als 12 K die ersten Bruchbildungen im Sandstein einsetzen.

Auf diese Weise konnte am Beispiel der in ◘ Abb. 4.12 gezeigten Situation zweifelsfrei nachgewiesen werden, dass auf schlecht wärmeleitfähigen Gesteinen durch direkte Sonneneinstrahlung rezente Bruchbildungen an der Gesteinsoberfläche stattfinden.

Die Bergsteiger in der Sächsischen Schweiz beklagen oft, dass beim Haltsuchen an bestimmten Stellen der Felsen unerwartete, plattige Abbrüche auftreten und zu gefährlichen Klettersituationen führen können. Das Thermogramm der ◘ Abb. 4.15 bestätigt das Auftreten von Temperaturdifferenzen von etwa 12 bis 14 K bei direkter Sonneneinstrahlung.

Auf diese Weise entstehen an den sonnenexponierten Seiten der Felsen Zentimeter bis Dezimeter starke Ablösungen des Sandsteins. Thermisch erzeugte, rezente Bruchbildungen sind insbesondere in schlecht wärmeleitenden Festgesteinen mit wenig Trennflächen zu erwarten.

Die Sportfreunde der Kletterzunft sollten sonnenexponierte Felsflächen also mit besonderer Vorsicht besteigen.

Abb. 4.11 Exfoliationsklüftung im Sandstein der Sächsischen Schweiz (Höhe etwa 4 m)

Abb. 4.12 Hangparallele Trennflächen im Sandstein der Sächsischen Schweiz. Ihre ungewöhnliche Ausrichtung entpuppte sich als thermisch induziert

◻ Abb. 4.13 Das Thermogramm der Böschung von ◻ Abb. 4.12 zeigt, dass im Bereich der außergewöhnlichen Trennflächen die Oberflächentemperaturen stark erhöht sind (August 2016 bei 30 °C Lufttemperatur)

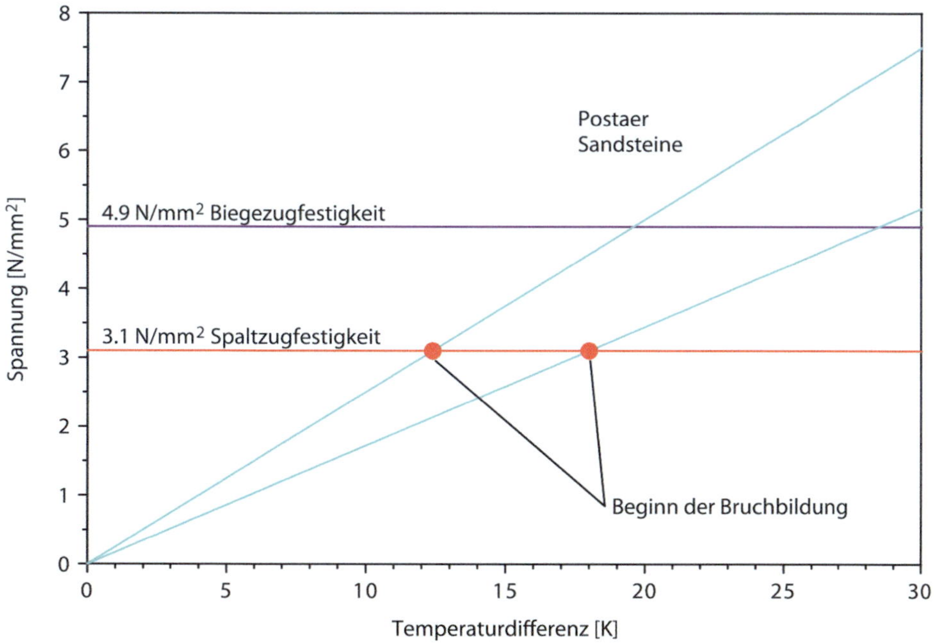

◻ Abb. 4.14 Beziehung zwischen steigender Temperaturdifferenz im Postaer Sandstein (Sächsische Schweiz) und entstehenden Spannungen

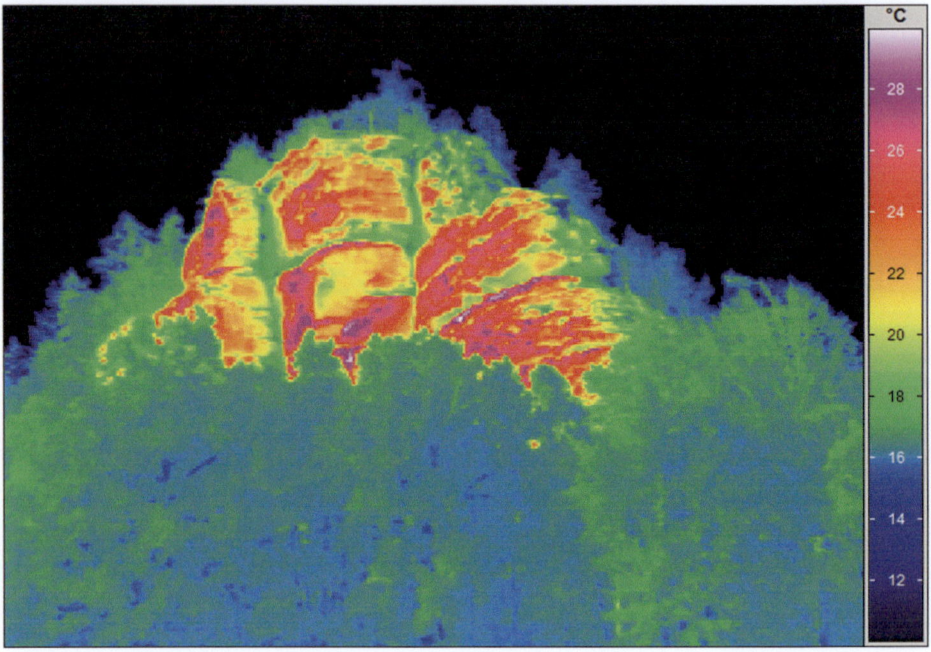

Abb. 4.15 Thermogramm der Rauensteine aus östlicher Richtung im August 2016 mit Temperaturdifferenzen von 12 bis 14 K

4.2 Raumstellung von Trennflächen

▪ Messung und Darstellung der Raumlage geologischer Flächen

Das Festgebirge als geregeltes Diskontinuum offenbart sich in der Raumstellung des Trennflächengefüges. Neben den Trennflächenabständen ist die Lage der einzelnen Trennflächen im Raum von entscheidender Bedeutung zur Kennzeichnung des Festigkeits- und Verformungsverhaltens eines Festgebirges. Die Trennflächen werden händisch mit einem zweikreisigen Geologenkompass oder mit modernen Methoden wie fotogrammetrischen Verfahren und selbstständig arbeitenden Laserscannern in situ erfasst. Eine Trennfläche wird hinsichtlich ihrer Raumstellung zum einen durch die Streichrichtung (Streichen) definiert, die die Schnittlinie mit einer gedachten horizontalen Ebene bezogen auf magnetisch Nord darstellt. Dabei ist zu beachten, dass sich magnetisch Nord ständig verändert. Zum anderen wird die Neigung der Fläche durch das Einfallen (Fallen) markiert. Dazu gehört die Einfallrichtung (Fallrichtung) und der Einfallwinkel (Fallwinkel). Die Einfallrichtung ist die Richtung der Neigung und verläuft immer senkrecht zum Streichen. Der Einfallwinkel ist der Winkel zur Horizontalen.

In der modernen Felsmechanik werden generell die Einfallrichtung und der Einfallwinkel gemessen. Die Auswertung der beiden Werte erfolgt wegen der Möglichkeit einer räumlichen Darstellung in der flächentreuen stereografischen Projektion der unteren Halbkugel des Schmidtschen bzw. Normalnetzes (◘ Abb. 4.16).

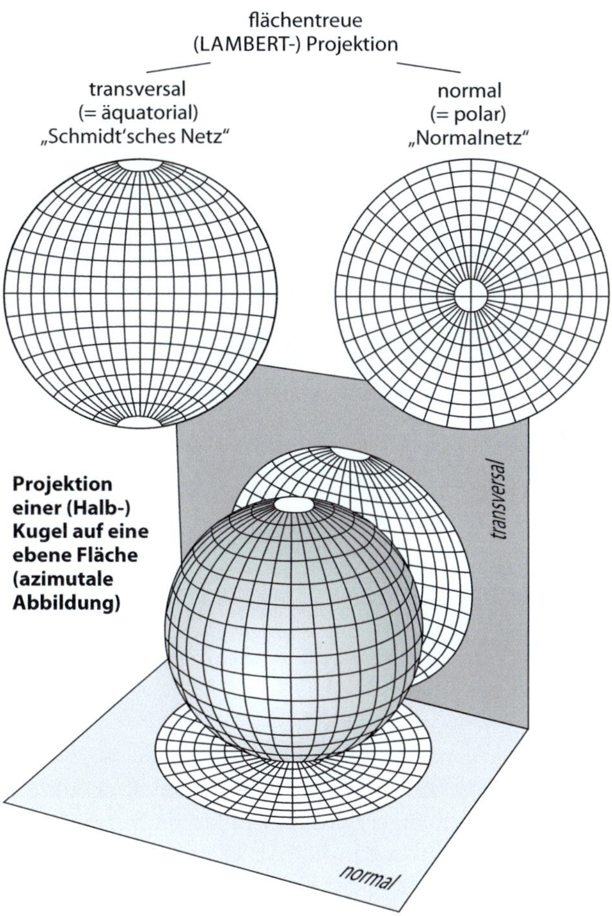

◘ **Abb. 4.16** Die polare (= normale) und die äquatoriale (= transversale) Projektion einer Kugel auf die Ebene. Für den Fall der flächentreuen Abbildung nennt man sie Normalnetz und Schmidtsches Netz

4

Exkurs

Schmidtsches Netz und Normalnetz

Beispielsweise bei der kartografischen Darstellung der Erde steht man vor dem Problem, eine Kugeloberfläche auf eine ebene Fläche zu bringen – aus drei Dimensionen zwei zu machen. Dieser Vorgang nennt sich Projektion, und eine der ältesten mathematischen Prozeduren dafür geht auf Johann Heinrich Lambert 1772 zurück. Es ist bei diesem Vorgang nicht möglich, alle Informationen original zum Vorbild zu übertragen. Entweder gibt das Ergebnis die Flächen oder die Winkel getreu wieder. Die Kugel erhält dabei ein Gradnetz, wie wir es vom Globus kennen. Die Projektion kann nun mit Blick auf den Pol (per Definition nennt sich diese Projektion „normal") oder den Äquator (transversal) erfolgen. Mineralogen nutzen beispielsweise die winkeltreue Projektion, um Kristallflächen und -achsen von Mineralen darzustellen. Für gewöhnlich nutzte man die transversale (= äquatoriale) Abbildung. Der Mineraloge Walter Schmidt kam 1925 auf die Idee, dieses Prinzip auf geologische Flächen anzuwenden. Um auch statistische Untersuchungen anstellen zu können, schlug er vor, dafür jedoch eine flächentreue Projektion zu benutzen. Später begann man diese äquatoriale und flächentreue Projektion Schmidtsches Netz zu nennen. Will man viele Flächen in ein solches Netz als Polpunkte eintragen, ist es wiederum vorteilhafter eine polare (normale) statt einer äquatorialen Projektion zu benutzen. Für diese Form des Netzes (normal und flächentreu) gab es zunächst keine Bezeichnung. Zwei Varianten setzten sich durch und existieren in der Literatur heute parallel. Zum einen legte man Wert auf den Urheber Schmidt und nannte die Projektion „Schmidtsches Netz in Normalprojektion" (obwohl Schmidt die polare Version nie im Sinn hatte). Die andere Variante ist die, die Polarprojektion in den Vordergrund zu stellen und die Projektion als „Normalnetz" zu bezeichnen (obwohl das nichts über Flächen- oder Winkeltreue aussagt). Leider ist die eigentlich richtige Bezeichnung „flächentreue, normale Lambert-Projektion" zu lang und hat sich in Geologie und Geotechnik nicht durchgesetzt.

Eine Kugel, wie den Globus, teilt man in Längen- und Breitenkreise ein. Von dieser Kugel wird die untere Halbkugel entweder polar als Normalnetz oder äquatorial als Schmidtsches Netz auf die Ebene projiziert (◘ Abb. 4.16). Mit dem zweikreisigen Geologenkompass wird die Messung der Trennflächen und der Lineare des Flächen- und Korngefüges vorgenommen (◘ Abb. 4.17). Er hat einen azimutalen Kreis für die Bestimmung der Himmelsrichtungen (Streichrichtung und Fallrichtung) und einen vertikalen Kreis für das Ablesen des Fallwinkels. Die Gradeinteilung des Azimutalkreis es beginnt im Norden mit 0° und ist im entgegengesetzten Uhrzeigersinn aufgetragen, wodurch Osten (E) und Westen (W) vertauscht werden.

Die Messung erfolgt, indem die Fallmessplatte auf die Trennfläche gelegt und der Kompass mithilfe der Dosenlibelle in die Horizontale eingestellt wird. Die Kompassnadel wird entarretiert, sodass sie sich frei bewegen und den Messwert im Stillstand anzeigen kann. Steht die Markierung der Fallmessplatte im rot markierten Bereich, wird der Wert an der roten (Süd-)Nadel abgelesen. Steht die Fallmessplatte im schwarzen Bereich, liest man die Einfallrichtung an der schwarzen (Nord-)Nadel

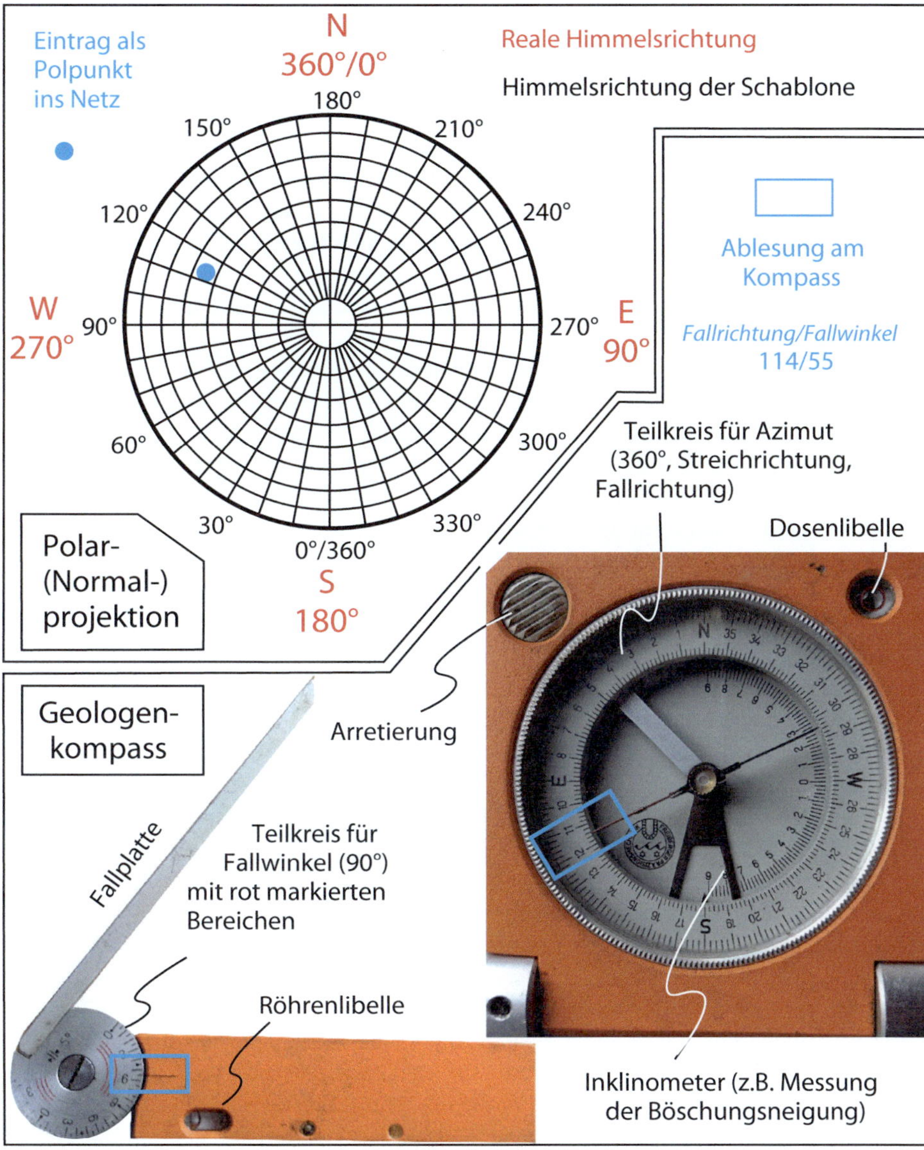

Abb. 4.17 Der Aufbau des Geologenkompasses mit seinen zwei Messkreisen. Beispielhaft ist die Ablesung der Messung einer geologischen Fläche eingetragen (*in Blau:* Fallrichtung und Fallwinkel). *Oben links* werden diese Messwerte in ein polares, flächentreues Netz (Normalnetz) eingetragen. Beachte, dass in dieser „Schablone" die Himmelsrichtungen gegenüber der reellen Himmelsrichtung um 180° gedreht sind. Erläuterung siehe Text

ab (■ Abb. 4.17). Man trägt diesen Wert in das Normalnetz ein, indem man die Fallrichtung beginnend mit 0° im Süden im Uhrzeigersinn abzählt. Der Einfallwinkel wird von innen 0° nach außen 90° abgetragen. Der in ■ Abb. 4.17 eingetragene Punkt im Normalnetz entspricht dem Durchstoßpunkt der Senkrechten auf der gemessenen Trennfläche (Flächennormale). Die Verdrehungen der Gradeinteilungen und Himmelsrichtungen dienen der direkten Übertragung in das Auswertediagramm, ohne weitere Überlegungen anstellen zu müssen. Die Einfallwinkel der geologischen Lineare müssen allerdings auf der gegenüberliegenden Seite (also in realer Himmelsrichtung) und von außen 0° nach innen 90° abgetragen werden.

Die Darstellung der Trennflächenraumlage mit den Durchstoßpunkten der Flächennormalen gehört zu den wichtigsten Auswertungen des Trennflächengefüges. Im nächsten Schritt müssen für eine statistische Bewertung der Raumstellung die Linien gleicher Belegungsdichte (Isopyknen) konstruiert werden. Dazu bedient man sich eines Auszählkreises, der 1 % der Gesamtfläche entspricht. Ein Diagrammradius von 10 cm erfordert einen Auszählkreis von 1 cm Radius. Dieser wird im 1-cm-Raster systematisch über das Flächenpoldiagramm von Punkt zu Punkt gelegt und die jeweils im Kreis liegenden Flächenpole gezählt. Die Randbereiche müssen die auf der Gegenseite befindlichen Pole mitberücksichtigen. Es entsteht ein Rasterzahlenfeld, welches in Linien gleicher Belegungsdichte – abgeleitet von der Messwertanzahl – interpretiert werden muss. Diese Trennflächendiagramme lassen eine objektive Aussage zur Streuung, Regelung, Lage der Maxima sowie der Verteilung der Trennflächen im Raum zu. Deshalb sollten in der Geotechnik solche Diagramme mit statistisch ausgezählten Poldarstellungen zugelassen werden. Die Messwertanzahl muss für straff geregelte Gebirge 200 und für die übrigen mindestens 300 betragen. Heute werden Messungen der Raumstellung nicht mehr händisch ausgewertet. Dazu existiert eine Reihe guter Softwareprogramme, die nach Eingabe der Einzelwerte sowohl die Poldarstellung als auch die Darstellung der Isopyknen ermöglichen.

Neben diesen Diagrammen ist es für die Darstellung weniger räumlicher Trennflächenlagen oder für spezielle Konstruktionen üblich, die sogenannte Großkreisdarstellung vorzunehmen. Dabei wird die Schnittlinie von Trennfläche und unterer Halbkugel projiziert. Um eine Schablone für diese Linien verschiedener Krümmung zu haben, benutzt man die äquatoriale Darstellung – das Schmidtsche Netz mit seinen Meridianen. Auf einer Oleate – das ist ein Transparentpapier – wird nach Abtrag der Fallrichtung, Drehung der Oleate auf den Äquator und gegenüberliegender Abzählung des Fallwinkels von außen nach innen der Großkreis der Fläche gezeichnet (■ Abb. 4.18). Diese Darstellung lässt eine Vielzahl von Auswertungen und Interpretationen zu:

- Ermittlung der Raumlage des Schnittlineares zweier Flächen,
- Rotation von Bohrkernmessungen in reale Raumlage,
- Identifizierung eines Faltenbaus (liegen mehrere Polpunkte von Schicht- oder Foliationsflächen auf einem Großkreis, liegt Faltung vor) und Ermittlung der Lage der Faltachse,
- dreidimensionale Darstellung eines Trennflächensystems,
- Konstruktion einer Fläche aus Schnittlinearen.

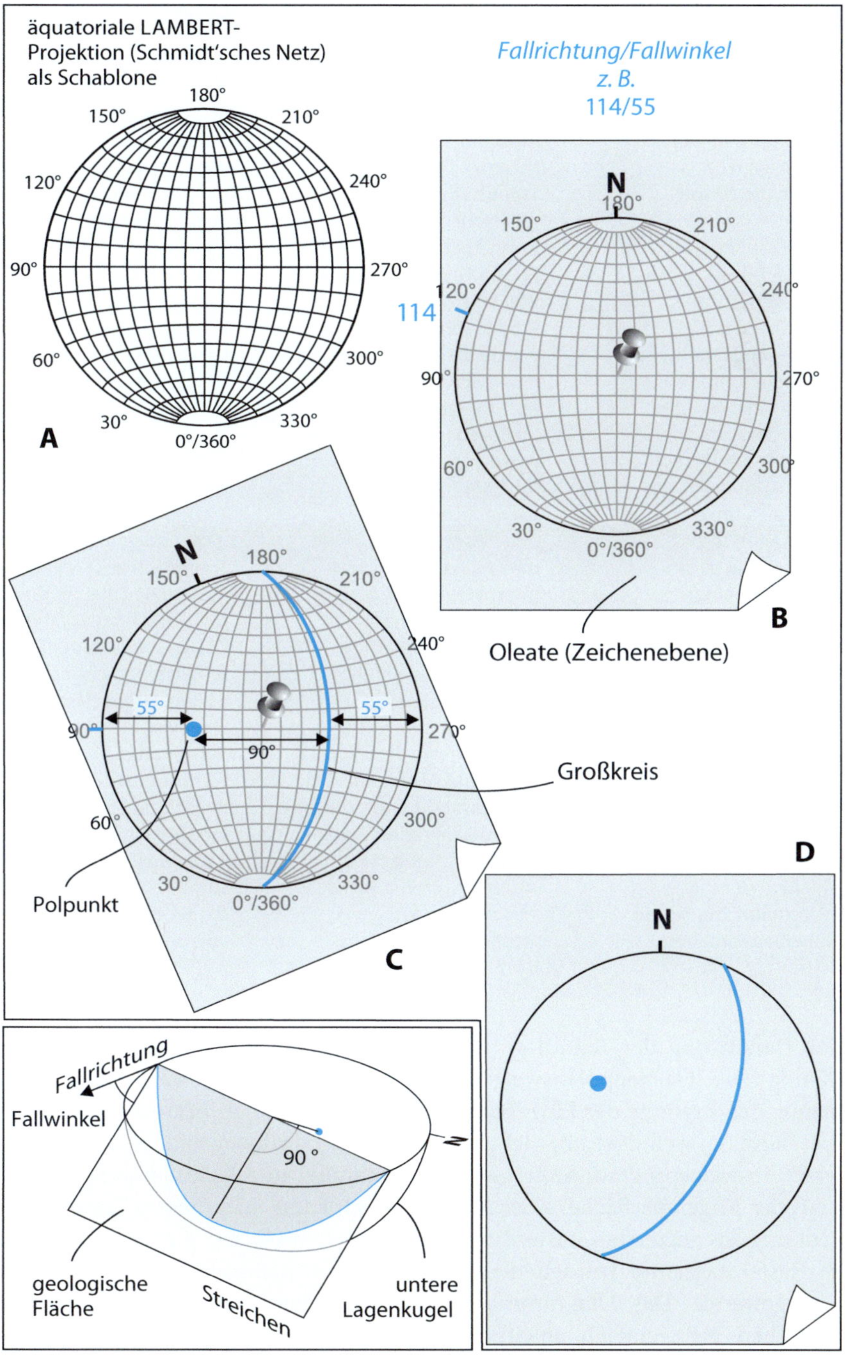

Abb. 4.18 Die Konstruktion des Großkreises und des Flächenpols einer Trennfläche (Beispiel 114/55) in vier Schritten A bis D. Der Großkreis ist die Schnittlinie der Trennfläche mit der unteren Halbkugel. Als Schablone dient das Schmidtschen Netz, auf der als Zeichenebene eine sogenannte Oleate gedreht wird. Unten links ist die Lage von Halbkugel, Trennfläche und ihrer Normale skizziert

4

Exkurs

Falsche Trennflächenbewertung durch empirische Festlegung von Mittelwerten

Man darf bei Vorhandensein von Trennflächen im Festgebirge davon ausgehen, dass eine bestimmte Regelung des Trennflächensystems vorhanden ist. Meist beherrschen drei Haupttrennflächenscharen das Flächengefüge. Dazu können in tektonisch aktiven Bereichen weitere Trennflächen mit nebengeordneter Häufigkeit auftreten. Bei der Analyse des Flächengefüges ist deshalb von einer räumlichen Koordination der Brüche auszugehen. Empirische Festlegungen von „Mittelwerten" aus Flächenpolpunktanhäufungen sind bei der Beurteilung von Messergebnissen der Raumstellung unzulässig und führen zu erheblichen Fehleinschätzungen der Verhältnisse. Für ein Tunnelbauvorhaben wurde an vorhandenen Aufschlüssen die Raumstellung der Trennflächen erfasst und als Flächenpoldarstellung in das Diagramm der ◘ Abb. 4.19 eingetragen. Von bestimmten Punkteanhäufungen wurde der „Mittelwert" empirisch festgelegt und als Großkreis dargestellt. Im Ergebnis der Bewertung sind fünf „Haupttrennflächenscharen" abgeleitet worden, ohne dass eine tektonische Interpretation der Scharen vorgenommen wurde. Eine derartige Vorgehensweise führte zu einer falschen Trennflächenbewertung. Im Gegensatz dazu wurde auf Grundlage der insgesamt durchgeführten Trennflächenmessungen in ◘ Abb. 4.20 eine systematische, statistische Auszählung des Flächenpoldiagramms vorgenommen. Danach ergaben sich die K_1- und die K_2-Trennflächenschar, die spitzwinklig zueinander richtungskoordiniert sind. Die Foliationsflächen der K_3-Schar sind durch Faltung und tektonische Verstellung sowohl nach NNW als auch nach SSE mittelsteil einfallend. Die Großkreisdarstellung der ◘ Abb. 4.21 zeigt das geregelte Trennflächengefüge in Beziehung zur streuenden Tunnelachse. Das Fazit aus diesem Beispiel ist, dass für große Bauvorhaben das Trennflächengefüge möglichst statistisch gesichert zu erfassen ist. Einzelmessungen sollten nur genutzt werden, wenn eine genaue genetische Ansprache möglich ist. Bei fehlenden Aufschlüssen ist eine sorgfältige Beurteilung der Kernbohrungen vorzunehmen.

An der Darstellung der Raumlage im Normalnetz gibt es seitens der Mathematiker Kritik. Die Flächenpolauswertung im Normalnetz erschwert die realistische Bewertung der Streuung der Einzelmessungen infolge der sich zum Rand verengenden Platzverhältnisse, weil dort ein viel größerer Teil der Halbkugelfläche projiziert wird. Moderne Auswerteprogramme tragen dem Rechnung und kalkulieren die echte Statistik auf der Kugeloberfläche. Aber auch händisch kann man diesem Umstand durch Verwendung des entzerrten Rasterdiagramms entgehen (◘ Abb. 4.22).

Im Rasterdiagramm werden die Flächenpole wirklichkeitsnah statistisch unverzerrt ausgewertet. Das Diagramm erschwert allerdings die im Normalnetz oder Schmidtschen Netz einfach ableitbare räumliche Einordnung der Messwerte. Die Arbeit mit dem Rasterdiagramm bedarf einer gewissen Erfahrung mit den 3D-Raumlagen der Trennflächen.

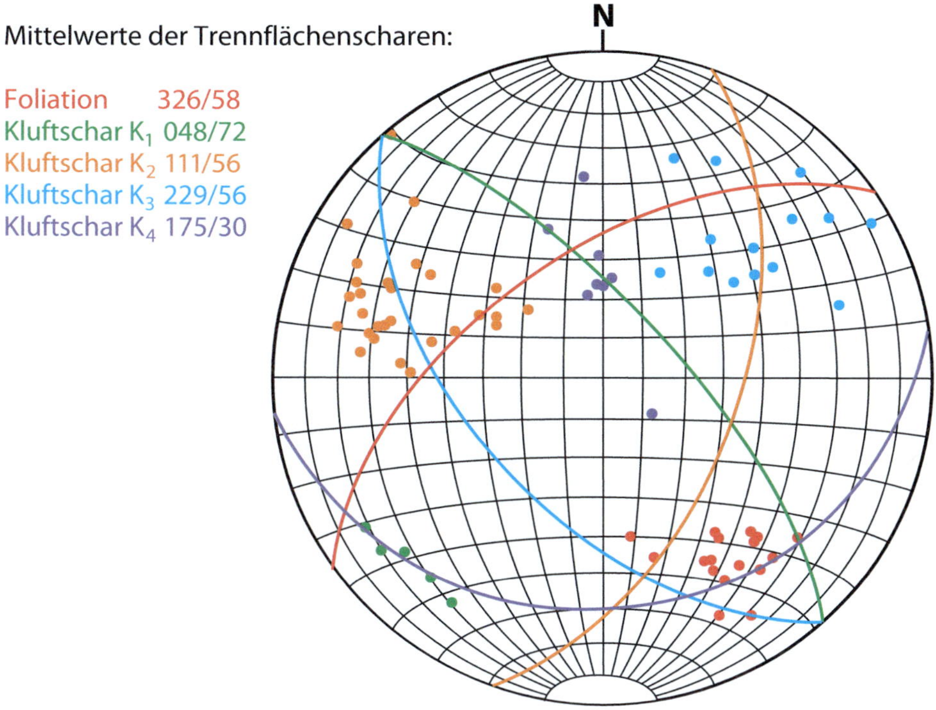

Abb. 4.19 Flächenpoldarstellung im Schmidtschen Netz *(untere Halbkugel)* und die Großkreislagen der „Mittelwerte" der fünf Trennflächenscharen

Abb. 4.20 Diagramm mit den Isopyknen für 0, 1, 2, 3 und > 4 % von 280 Messwerten und den tatsächlichen, statistisch gesicherten Maxima von derselben Baustelle wie in Abb. 4.19

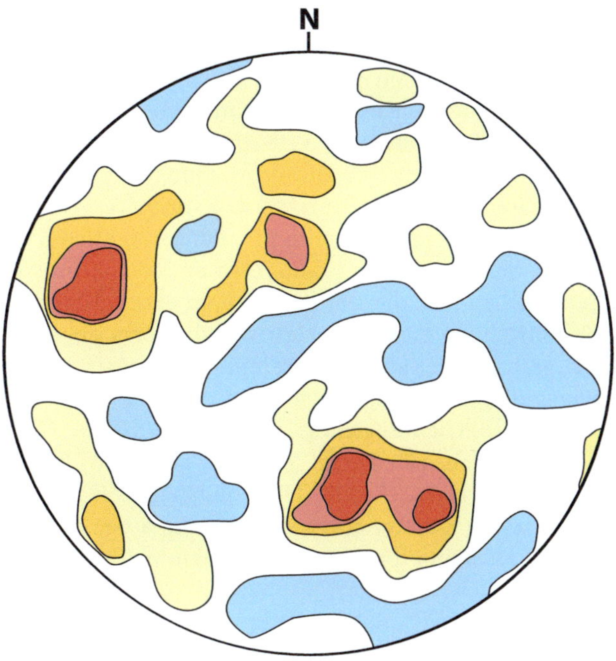

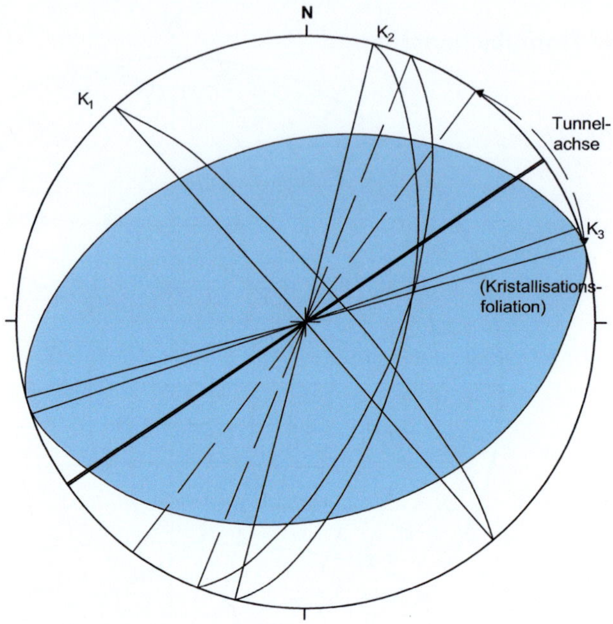

Abb. 4.21 Großkreisdarstellung der Mittelpunkte der im Isopyknendiagramm der Abb. 4.20 dargestellten Maxima. Neben den Trennflächenscharen ist die durchschnittliche Tunnelachse mit ihrer Richtungsstreuung dargestellt. Erst dieses Diagramm zeigt, welche Trennflächen im Bauprojekt geotechnisch wirksam werden

Trennflächengefüge

Im Folgenden sollen ausgewählte Beispiele belegen, wie sich die geregelten Flächengefüge der Festgebirge in den Diagrammen der Flächenpoldarstellung und den ausgewählten Linien gleicher Flächenprozente nachweisen lassen. Es dominieren Trennflächengefüge mit drei Haupttrennflächenscharen.

Teilweise erhalten die Gebirge durch weitere, spätere tektonische oder andere Belastungen durch Scherbeanspruchung in den verschiedenen Richtungen Scherkluftpaare. Des Weiteren werden primäre Trennflächensysteme durch bruchtektonische Ereignisse verkippt und verdreht, wobei die Trennflächen zusätzliche Bruchsysteme erhalten können. In anderen Prozessen bilden sich lokal Diagonaltrennflächen aus, die statistisch kaum erkennbar sind. Eine extreme Ausbildung ist die Entstehung eines Kataklasits, einer Form der Tektonite. Das Gestein wird gänzlich zerbrochen, und die Trennflächen folgen nahezu allen Richtungen. Im Isopyknendiagramm zeigt sich das in breiten Maxima. Einige Beispiele sollen diese unterschiedlichen Regelungsstärken untermalen.

Die Abb. 4.23 belegt das gut geregelte Trennflächengefüge des Sandsteins der Sächsischen Schweiz. Die Sandsteinschichten sind bei gleicher Petrographie stark bankig, sodass eine recht gleichmäßige Ausbildung der Haupttrennflächenscharen entstanden ist. Durch die Tektonik der nahen Lausitzer Überschiebung sind

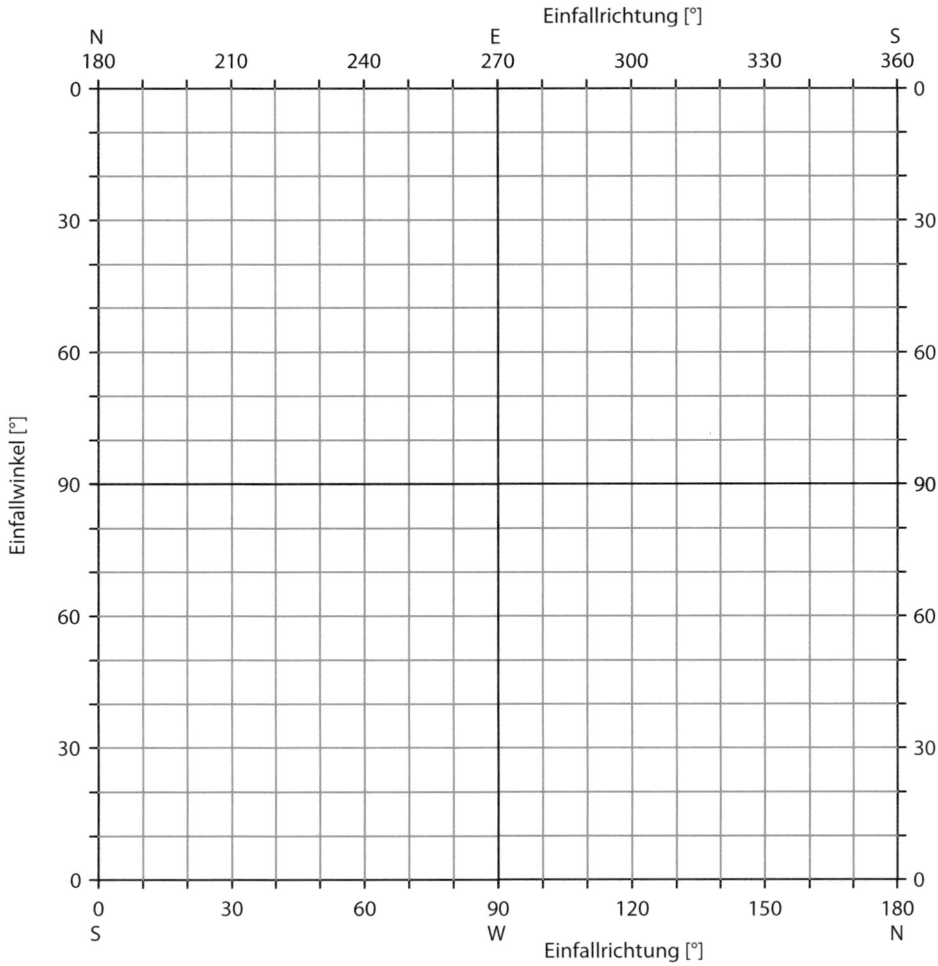

Abb. 4.22 Entzerrte Rasterdarstellung für die Auswertung der Raumstellung

sekundäre Scherbruchbildungen erkennbar, die eine Beanspruchung aus NNE- bis NE-Richtung belegen. Das Trennflächengefüge im Sandstein mit zwischengelagerten Ton-Schluffsteinen des Buntsandsteins von Ostthüringen weist dagegen eine breite Streuung der Haupttrennflächen auf (Abb. 4.24). Diese Streuung wird durch die unterschiedliche Bankung oder Schichtung mit wechselnder Festigkeit und Korngrößenzusammensetzung verursacht. Derartige Trennflächengefüge sind in Wechsellagerungen von Ton-, Schluff- und Sandsteinen häufig anzutreffen, ohne dass primär mehr als drei Haupttrennflächenscharen auftreten.

Die Abb. 4.25 zeigt ein Trennflächengefüge im Wellenkalkstein mit Bankkalksteinen des Unteren Muschelkalkes vom Thüringer Becken. Durch zusätzliche bruchtektonische Beanspruchungen zeigen die K_1-Trennflächen mit einem N-S- bis NE-SW-Streichen eine breitere Streuung. Nur einige Meter weiter wurden die Schichten von 5° auf 20 bis 30° angekippt (Abb. 4.26). Mit den bruchtektonischen

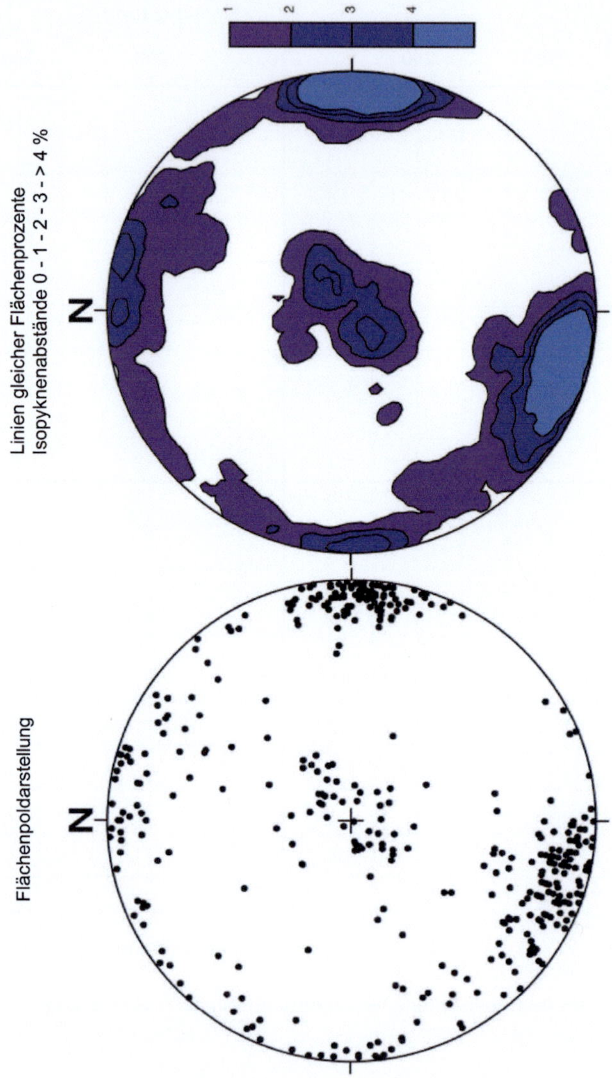

Abb. 4.23 Gut geregeltes Trennflächengefüge im Sandstein der Sächsischen Schweiz mit Scherbeanspruchung aus NNE bis NE (441 Messungen)

Bewegungen rotierten die vorhandenen primären K_1- und K_2-Trennflächenscharen, wovon die K_2-Schar eine Abflachung um den Kippbetrag von 20 bis 30° erhielt. Dazu entstanden zwangsläufig weitere Brüche und verursachten eine entsprechende Streuung im Trennflächengefüge. Die Rotation ist im Trennflächendiagrammen gut zu erkennen, weil die drei Haupttrennflächenscharen weiterhin dominant sind.

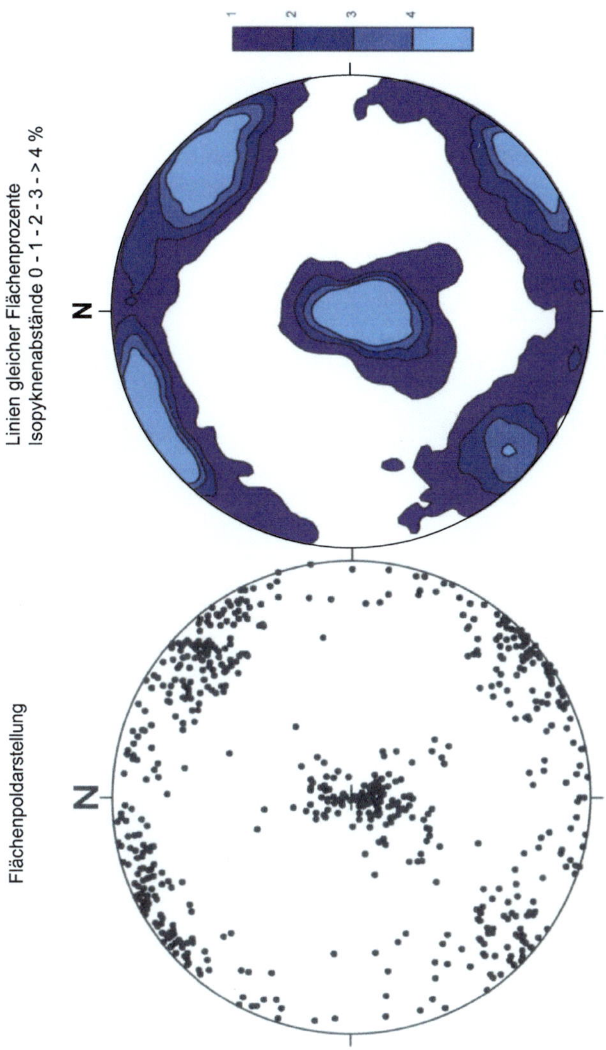

◘ Abb. 4.24 Geregeltes, breit streuendes Trennflächensystem in Klastiten des Buntsandsteins von Ostthüringen (682 Messungen)

Vulkanite können orthogonal bis spitzwinklig zueinander stehende K_1- und K_2-Haupttrennflächenscharen bei fehlender säuliger Absonderung aufweisen (◘ Abb. 4.27). Die K_3-Trennflächen werden vom Fließgefüge beeinflusst und streuen aufgrund wechselnder Richtungen. Granite weisen häufig straff geregelte Trennflächengefüge auf (◘ Abb. 4.28). Die flachen bis mittelsteilen K_3-Trennflächen sind meist oberflächenparallele Exfoliationsklüfte.

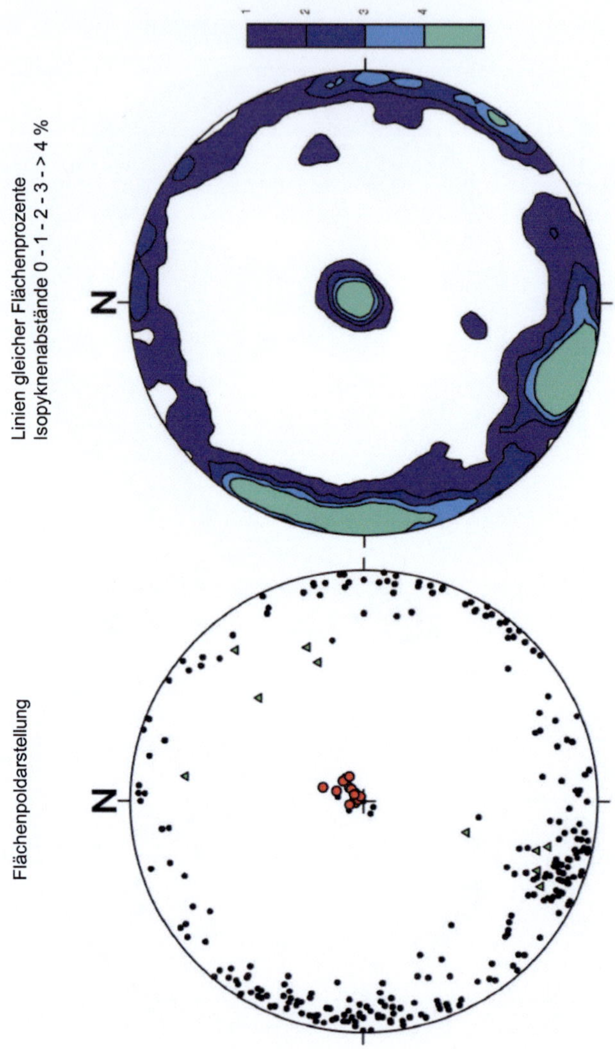

◘ Abb. 4.25 Wellenkalkstein in leicht gestörter Lagerung mit straffer Regelung. Die Streuung der K_1-Trennflächen ist durch bruchtektonische Beanspruchung bedingt (306 Messungen). Die *roten Punkte* sind die Flächenpole der Schichtung

Die ◘ Abb. 4.29 zeigt das Messergebnis für Säulenachsen innerhalb einer größeren Basaltdecke. Aus den beieinanderliegenden steilen bis mittelsteilen Achsen kann man schlussfolgern, dass die Basaltdecke von einem zusammengehörenden vulkanischen Erguss stammt. Die nicht erfassten Säulentrennflächen scharen sich senkrecht rings um die Säulenachsen und können direkt abgeleitet werden.

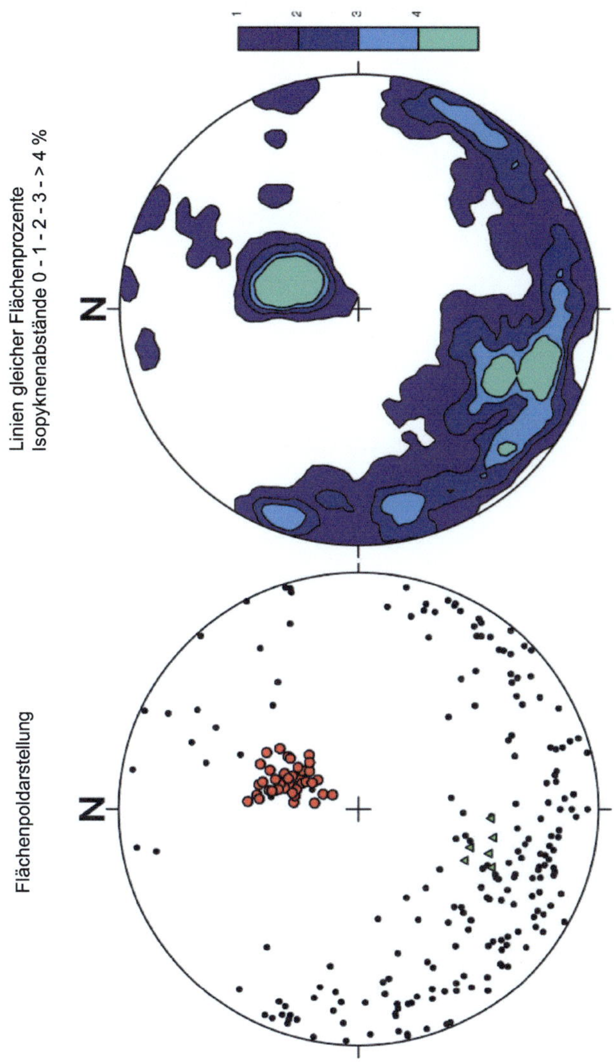

Abb. 4.26 Wellenkalkstein analog zu Abb. 4.25. Jedoch wurden die Schichten nach Süden bis Südwesten infolge bruchtektonischer Vorgänge gekippt. Die steilen K_2-Trennflächen sind mit der Verkippung gedreht und fallen flacher nach Nordosten ein (260 Messungen)

Die K_3-Trennflächen sind wie die Säulenachsen orientiert, sodass man in einem Diagramm vom Säulenachsengefüge auf das gesamte Trennflächensystem des Basalts schließen darf.

Etwas schwieriger gestaltet sich das schwach geregelte Diagramm eines Granitgneises in Westafrika. Die K_3-Trennflächen dominieren das Gefüge. Es folgt eine

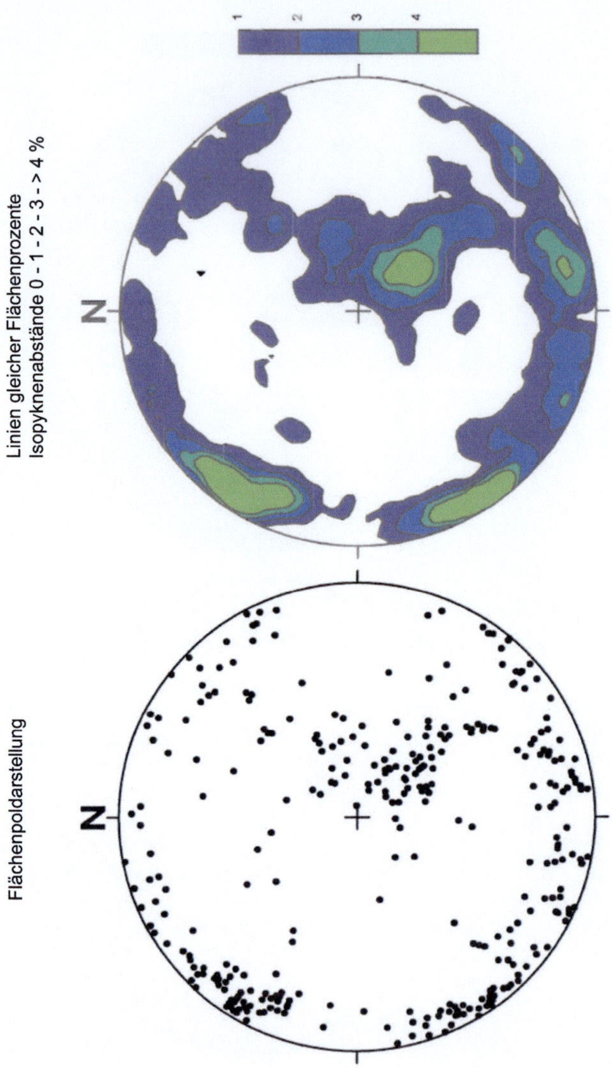

Abb. 4.27 Trennflächengefüge im Rhyolith von Nordwestsachsen. Die flachen bis mittelsteilen K_3-Flächen markieren das Fließgefüge (347 Messungen)

scherbruchartige zerteilte K_2-Schar (Abb. 4.30). Die mechanische Geschichte des Granitgneises wird von temperaturbedingten Bruchbildungen überspielt. Nach dem Aufschluss des Natursteintagebaus verloren die K_3- Flächen an Einfluss, und die steilen Trennflächen beherrschten das Trennflächengefüge.

Mit den Diagrammen der Abb. 4.31 ist ein straff geregeltes, gefaltetes Trennflächengefüge im Quarzit des Thüringer Schiefergebirges in die Beispiele

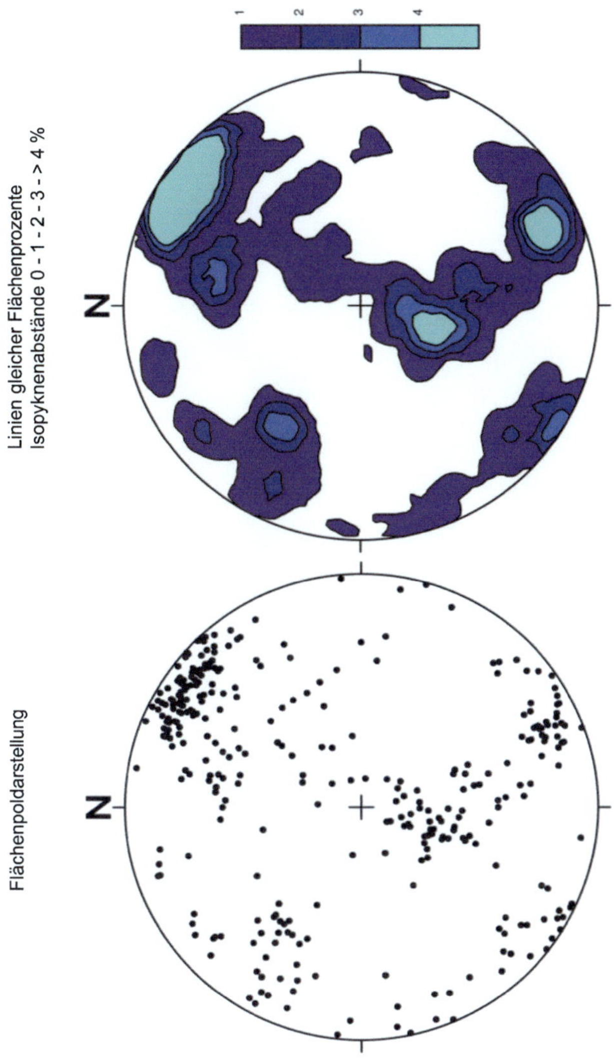

Abb. 4.28 Straff geregeltes Flächengefüge im Granit von Brambach (342 Messungen)

aufgenommen worden. Die K_3-Foliationstrennflächen folgen einem Großkreis, der um eine Faltenachse mit WSW-ESE-Streichen ausgebildet ist. Die K_1-Trennflächenschar verläuft NNW-SSE, und die K_2-Flächen pendeln mit den wechselnden K_3-Trennflächen. Man erkennt eine regelmäßige Bauordnung des Festgebirges.

Ähnlich erscheint die Abb. 4.32, die ein gut geregeltes, ebenfalls gefaltetes Trennflächengefüge im Graugneis des mittleren Erzgebirges repräsentiert. Die K_3-Trennflächen der Kristallisationsfoliation rotieren um einen etwa N-S

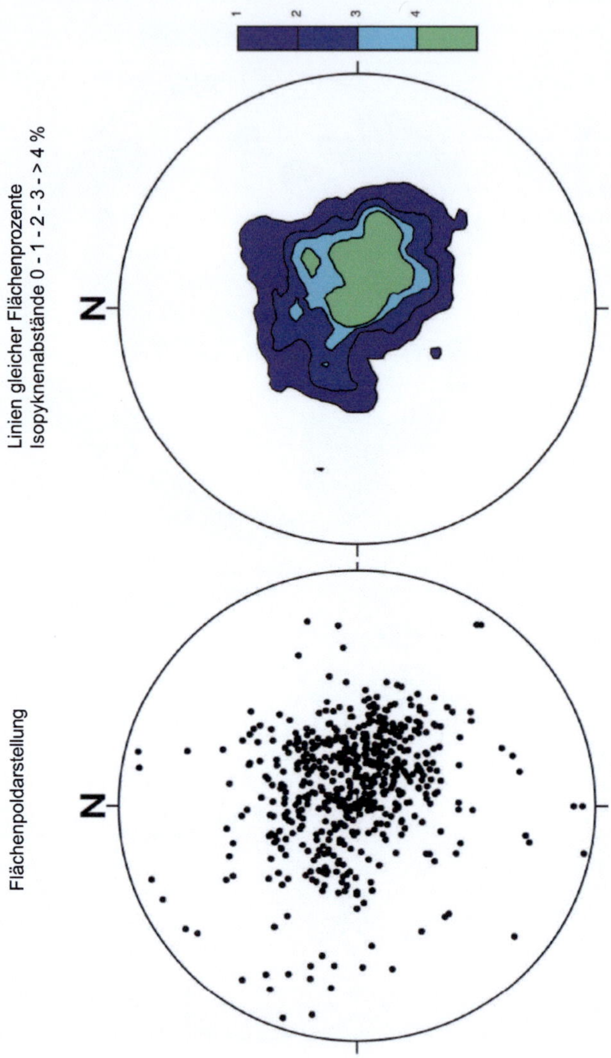

Abb. 4.29 Säulenachsengefüge einer Basaltdecke im Vogelsberggebiet mit steilem und mittelsteilem Einfallwinkel (605 Messungen)

verlaufenden Großkreis. Mit den K_3-Flächen wandern die K_1- und K_2- Trennflächen ohne die Lage innerhalb des Festgebirges untereinander zu verlieren. Auch in diesem Fall beherrscht ein 3-Trennflächensystem richtungskoordiniert das Flächengefüge.

Die Abb. 4.33 zeigt ein chaotisches Trennflächengefüge eines Metabasaltes, der durch mehraktige tektonische Beanspruchungen in unregelmäßige Kluftkörper

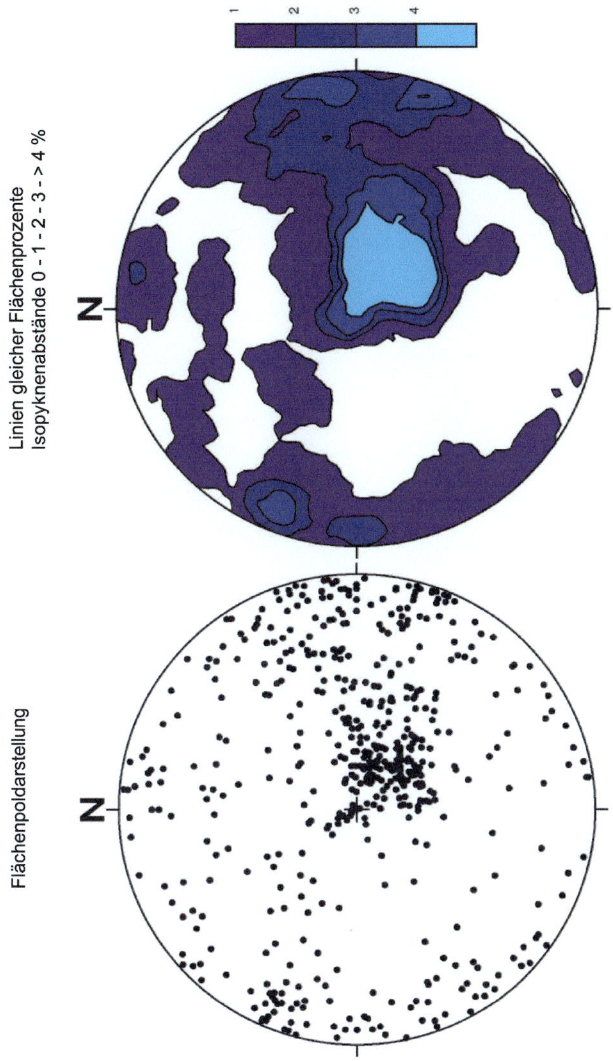

Abb. 4.30 Ein schwach geregeltes Trennflächengefüge im Granitgneis von Kumasi/Ghana (561 Messungen)

zertrennt wurde. Das Flächengefüge ist nur unscharf geregelt, sodass man nicht von einem geordneten System der Trennflächen sprechen kann. Es sind wenige Großtrennflächen anzutreffen. Eine flache Trennflächenschar fehlt. Die scheinbaren Maxima entsprechen wahrscheinlich dem letzten tektonischen Belastungszustand. In diesem Festgebirge gab es erhebliche Standsicherheitsprobleme an aufgeschlossenen Böschungen – typisch für einen Tektonit.

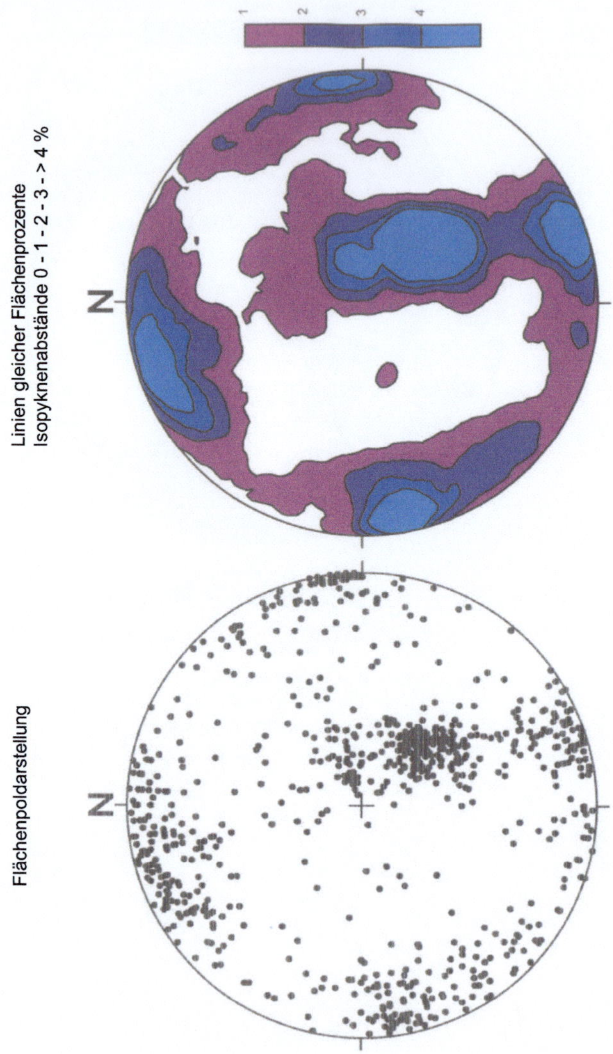

Abb. 4.31 Gut geregeltes Trennflächengefüge im gefalteten Quarzit des Thüringer Schiefergebirges. Die K_3-Flächen wandern um die WSW-ENE streichende Faltenachse (851 Messungen)

Die ausgewählten Beispiele verschiedener Raumstellungen der Trennflächen bestätigen, dass die überwiegende Anzahl von Festgebirgen drei vorherrschende, richtungskoordinierte Trennflächenscharen aufweist. Dazu kommen Diagonal- und Scherkluftsysteme und durch entsprechende tektonische Beanspruchungen weitere,

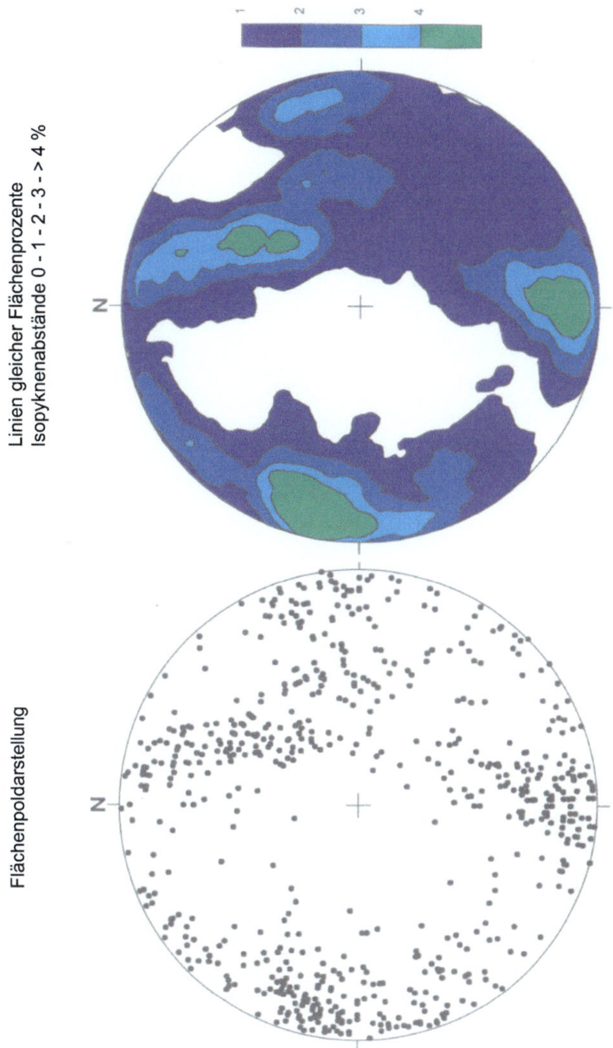

Abb. 4.32 Gut geregeltes Trennflächengefüge im gefalteten Gneis des mittleren Erzgebirges. Die K_3-Flächen belegen den Großkreis um die WNW-ESE streichende Faltenachse (704 Messungen)

von den Hauptrichtungen abweichende Trennflächen, die allerdings selten als gesonderte Maxima im Gefügediagramm in Erscheinung treten. Das Festgebirge ist demnach zu Recht als geregeltes Diskontinuum zu bezeichnen. Ausnahmen bilden Festgebirge aus Tektoniten oder solche, die in unregelmäßig verschobenen, atektonisch bewegten oder in Schollen zergliederten Rutschungsmassen auftreten.

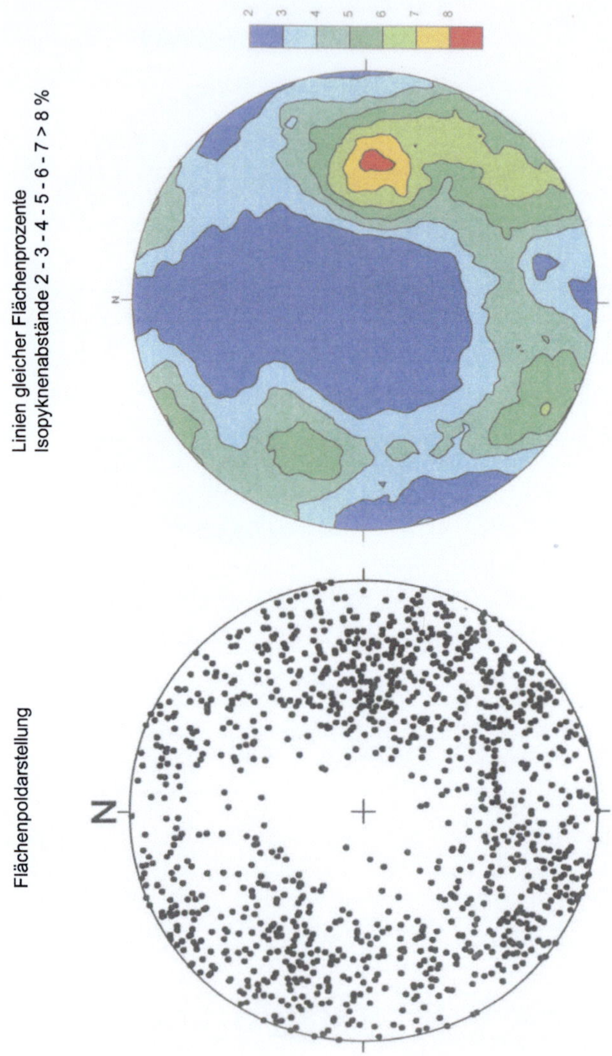

Abb. 4.33 Schwach geregeltes, scheinbar diffuses Trennflächengefüge eines Tektonites (Gebirge mit mehrfacher intensiver Beanspruchung und Überprägung) im Metabasalt/Thüringer Schiefergebirge (1257 Messungen)

4.3 Teilbeweglichkeit des Festgebirges und Reibungsverhältnisse

Zur Kennzeichnung des Festigkeits- und Verformungsverhaltens eines Festgebirges sind neben den Trennflächenabständen und der Raumstellung weitere quantitative Eigenschaften wie die Reibungsverhältnisse, das Vorhandensein von Materialbrücken und die Klufterstreckung erforderlich. Mit der Klassifizierung der Teilbeweglichkeiten (G) und (K) werden in einfacher Weise die beiden wichtigsten kinematisch möglichen Vorgänge – das Gleiten (Translation) und Kippen (Rotation) – einzelner Kluft- oder Festgebirgskörper beurteilt. Als geeignete Parameter können für Gleitvorgänge der einfache Kluftreibungswinkel φ_K und für Kippvorgänge der aus der Form der Kluft- oder größeren Felskörper berechnete Kippwinkel ϑ genutzt werden. Der einfache Kluftreibungswinkel φ_K entspricht dem Neigungswinkel einer Trennfläche, gehörend zu einer Schar ohne Zwischenmittel, bei dem im Festgebirge frei bewegliche, möglichst übereinanderliegende, etwa gleich große Kluftkörper ohne zusätzliche Krafteintragung beim Anheben abzugleiten beginnen. Die Größe des Kluftreibungswinkels φ_K hängt insbesondere von den Rauigkeiten und Unebenheiten der Oberflächen ab (◘ Abb. 4.34). Je nach der Bruchbildung können diese Beschaffenheiten variieren.

Zug- und Trennbrüche, die für die ac- oder K_1-Trennflächenscharen typisch sind, weisen glatte, ebene und oft mit Besenstrukturen ausgestattete Oberflächen auf, die ihrerseits fächer- bis federartige Reliefstrukturen mit stufigen Bildungen aufweisen. Die Verschiebungsbrüche der bc- und K_2-Scharen haben dagegen wellige, raue bis treppenartige Flächen. Bei richtiger Kenntnis der tektonischen Zuordnung von Trennflächenscharen können die erwarteten Reibungsverhältnisse allgemein besser beurteilt werden.

Die Ermittlung des Kluftreibungswinkels φ_K erfolgt mit dem Tilt-Test getrennt für jede Trennflächenschar an entnommenen, etwa gleich großen Kluftkörpern (◘ Abb. 4.35). Zwecks Gewährleistung der statistischen Sicherheit sollten mindestens 10 Messungen an den Kluftkörpern vorgenommen werden. Zur Überprüfung der Aussagefähigkeit des Kluftreibungswinkels wurden vergleichende Untersuchungen an über 50 verschiedenen Gesteinen mit polierten, geschliffenen und natürlichen Oberflächen vorgenommen. Die Messergebnisse sind im Häufigkeitsdiagramm der ◘ Abb. 4.36 gegenübergestellt. Die polierten Gesteinsoberflächen zeigen die geringsten, von der Dichte der Gesteine abhängigen Reibungswinkel. Die geschliffenen Oberflächen der Festgesteine sind von den Reibungswinkeln der natürlichen Trennflächen nicht weit entfernt und liegen auf einer engeren Streubreite. Die Messwerte der einfachen Kluftreibungswinkel φ_Z auf der Basis von nahezu 1000 Einzelwerten aus verschiedenen Festgebirgen belegen eine objektive, wirklichkeitsnahe Streuung des Kennwertes und damit seine Brauchbarkeit. Die mechanische Gültigkeit dieses Reibungswinkels ist zwangsläufig auf eine geringe Größenordnung von $\leq 1\ \text{m}^2$ Flächenausdehnung beschränkt und wird durch den Durchtrennungsgrad in seiner Wirksamkeit einerseits begrenzt, aber andererseits auch nicht beeinträchtigt. Auf den Materialbrücken ist die Scherfestigkeit und auf der Trennfläche der Kluftreibungswinkel maßgebend für das Verformungsverhalten des Festgebirges. Der Kippwinkel ϑ eines Kluft- oder Festgebirgskörpers ergibt sich aus der Beziehung (4.4):

$$\vartheta = 90^\circ - \arctan \frac{d_3(TH(K_3))}{d_{1/2}(TH(K_{1/2}))} \tag{4.6}$$

$TH(K_3)$ … Trennflächenabstand der flachsten Haupttrennflächenschar (K_3)
$TH(K_{1/2})$ … Trennflächenabstand der geneigten/steilsten Haupttrennflächenschar (meist K_1 oder K_2)

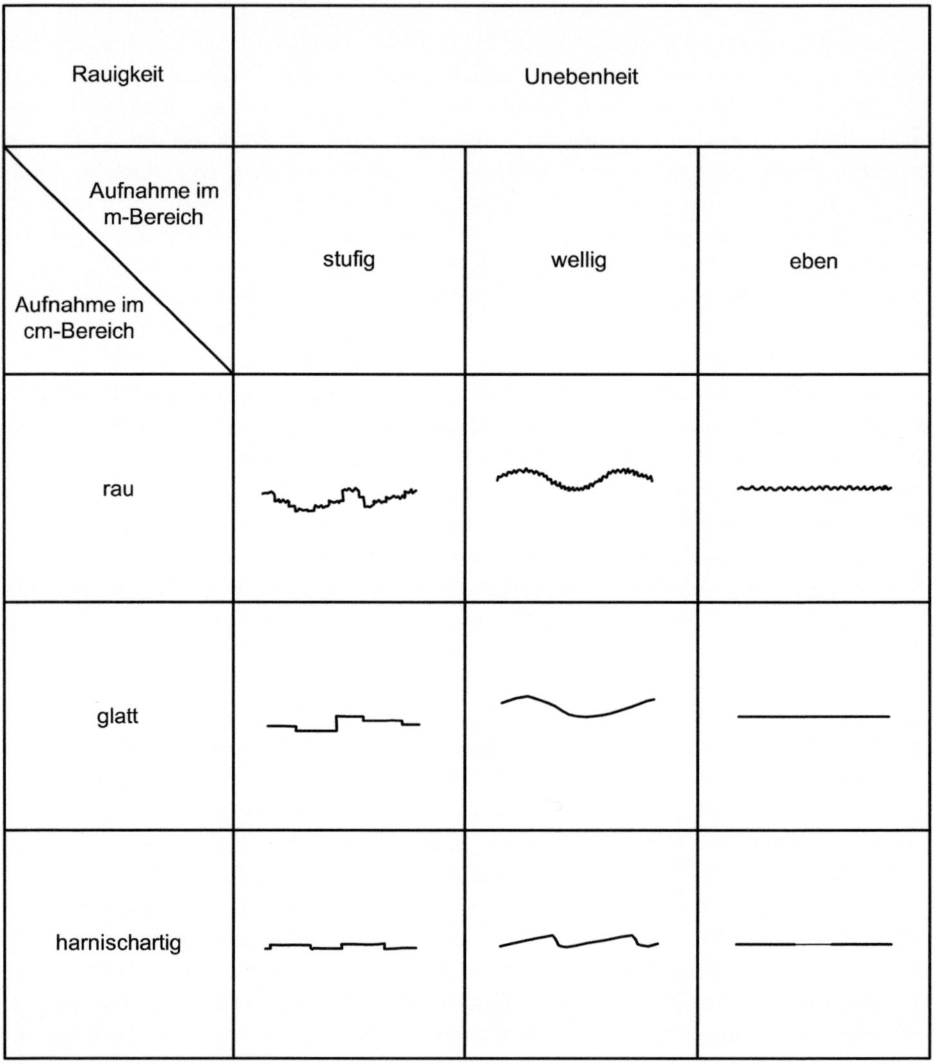

Abb. 4.34 Die allgemeinen Unebenheiten und Rauigkeiten von Trennflächen bestimmen die Reibungsverhältnisse

Als Trennflächenabstände gelten auch die geometrisch gleichwertigen Kantenlängen von bewegungsgefährdeten Festgebirgskörpern. Die Einordnung von Homogenbereichen in Festgebirgen hinsichtlich der Teilbeweglichkeit unter Beachtung der Raumstellung und Lage der Ortsbrust oder Böschung zur Fels- oder Tunnelbaumaßnahme erfolgt nach Tab. 4.7.

Je nach den geometrischen Gegebenheiten des Trennflächengefüges ist in den jeweiligen Richtungen des Ortsbrustausschnittes zur Tunnelachse und der Böschungsausschnitte eine Gleit-, Kipp- sowie Gleit- und Kippgefährdung herauszufinden. Die Abb. 4.37 stellt die Klassifikation der Reibungs- und Kippwinkel unter Einbeziehung

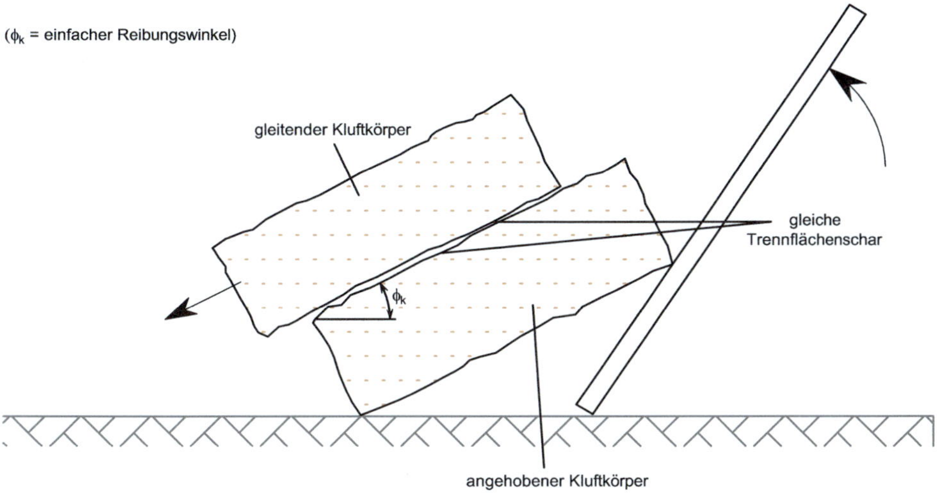

Abb. 4.35 Der Tilt-Test zur Messung des einfachen Kluftreibungswinkels φ_K

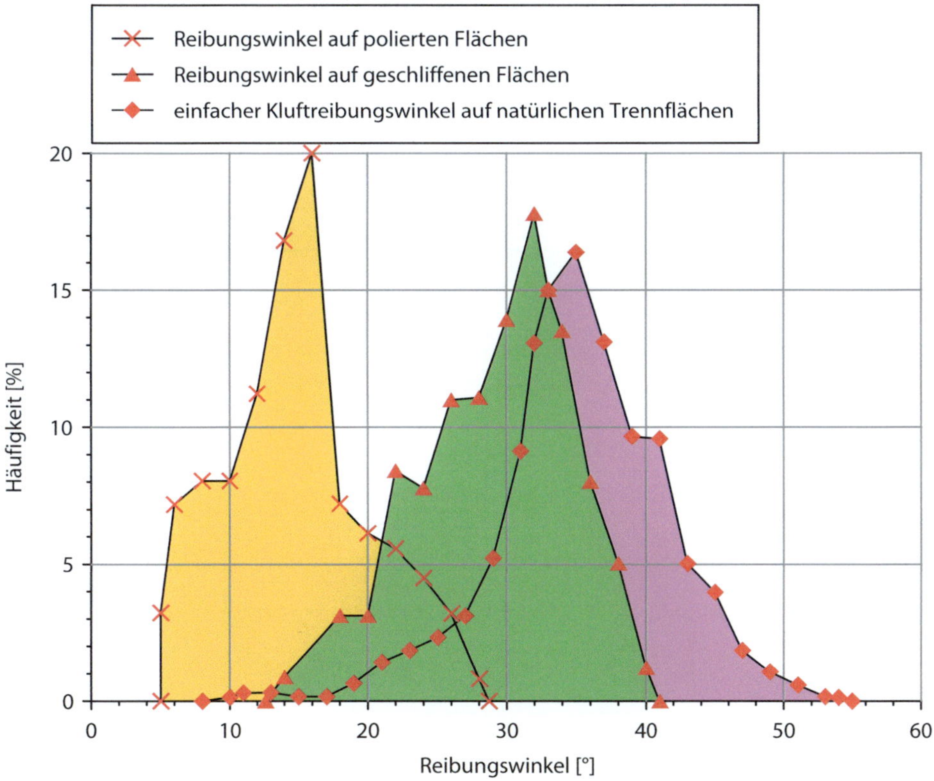

Abb. 4.36 Reibungswinkel auf polierten, geschliffenen und natürlichen Trennflächen an Gesteinen unterschiedlicher Entstehung

4

Tab. 4.7 Klassifikation der allgemeinen Teilbeweglichkeit als Gleitgefährdung (G) und als Kippgefährdung (K) im Festgebirge (Müller und Pippig 2011)

Winkelbereich des Kluftreibungs- und Kippwinkels	Teilbeweglichkeit als Gleitgefährdung (G)	Code	Teilbeweglichkeit als Kippgefährdung (K)	Code
Gleiten/Kippen kinematisch nicht möglich	ohne	G ∅	ohne	K ∅
>40°	wenig	G 2	wenig	K 2
30–40°	mäßig	G 4	mäßig	K 4
20–30°	stark	G 6	stark	K 6
10–20°	sehr stark	G 8	sehr stark	K 8
<10°	extrem gleitgefährdet	G 10	extrem kippgefährdet	K 10

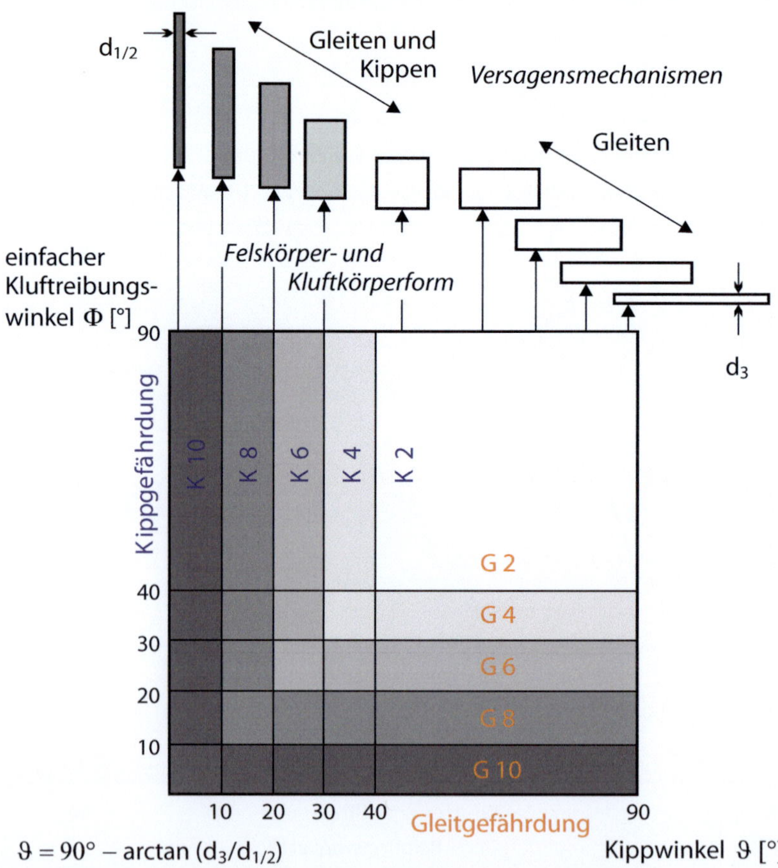

Abb. 4.37 Darstellung der Klassifikation der allgemeinen Teilbeweglichkeit nach **Tab. 4.7** mit allgemeiner Felskörper- oder Kluftkörperform

der Felskörper- oder Kluftkörperformen dar. Während steil stehende, schlanke Körper kippen und gleiten können, sind flache, im Gebirge befindliche Formen nur für Gleitvorgänge zuständig. Für die bergmännische und baupraktische Nutzung derartiger Bewertungen sind nur quantitative Angaben zu verwenden. Allgemeine Beschreibungen sind nicht anwenderfreundlich.

Exkurs

Zwei Beispiele für die Klassifizierung des Trennflächengefüges nach DIN EN ISO 14689

So nicht:
Für ein Tunnelbauvorhaben wurde bei der ingenieurgeologischen Bewertung der Verhältnisse der Versuch unternommen, die erbohrten Festgebirgsabschnitte nach DIN EN ISO 14689 zu klassifizieren. Die ◘ Tab. 4.8 zeigt das Ergebnis.
Es mag eine derartige Beschreibung viel Mühe verursacht haben. Für den Planer des Bauwerkes sind derartige Angaben nicht verwertbar. Die Teilbeweglichkeit des Gebirges ist nicht erkennbar und die Trennflächenscharen lassen keine genetische Zuordnung erkennen.
So ist es besser:
Zur realistischen, für die Bau- und Bergbaupraxis erforderliche Beurteilung der Gebirgsverhältnisse sei beispielhaft die Begutachtung eines Festgebirges im Rhyolith beschrieben.
Der Festgebirgsabschnitt ist dickplattig abgesondert und zeigt die nachstehenden Raumstellungen des Trennflächengefüges:

- K_1-ac-Trennflächenschar streicht ENE…NE bis WSW…SW und fällt meist steil nach NW…NNW, weniger nach SSE…SE ein. Die Trennflächenschar streut breit und zeigt durchsetzende, glatte bis raue Oberflächen, nicht selten mit Besenstruktur (Zugbrüche), säulenartige Flächen, selten Großklüfte, hohen Durchtrennungsgrad.
- K_2-bc-Trennflächenschar verläuft NNW…NW bis SSE…SE mit steilem Einfallen meist nach ENE … NE, teilweise auch WSW, oft markante Schar parallel zur dickplattigen Absonderung, glatte bis gebogene Flächen, hoher Durchtrennungsgrad, in etwa äquidistanten Abständen Großtrennflächen.
- K_3-ab-Trennflächenschar streicht W…NW bis E…SE und fällt flach bis mittelsteil nach S bis SW ein, die Flächen sind stark absetzend, selten weit durchsetzend, möglicherweise – jedoch nicht beobachtbar – sind die ab-Flächen mit der Fließrichtung der Vulkanitdecke gleichzusetzen, Oberflächen rau, wellig.

Mit Hilfe des Tilt-Tests wurden folgende Kluftreibungswinkel bestimmt:

- K_3- Trennflächen, rau bis glatt, trocken 33–38°, $\phi = 35{,}8°$
- K_1- K_2- Trennflächen, rau bis stufig, glatt bis bogig 34–39°, $\phi = 36{,}2°$

Der geringste Kluftreibungswinkel von 33° wird bei den weiteren Berechnungen verwendet. Als minimaler Kippwinkel wurde $\vartheta = 7{,}6°$ berechnet. Dieser bezieht sich auf steil stehende plattige Körper. Das Festgebirge weist eine geringe Trennflächenhäufigkeit auf und zeigt eine mäßige Teilbeweglichkeit der K_1- und K_2-Scharen.

Tab. 4.8 „Klassifizierung" des Trennflächengefüges nach DIN EN ISO 14689

Trennflächenschar	Einfallrichtung/ Einfallwinkel	Trennflächenabstand	Durchtrennungsgrad	Öffnungsweite	Rauigkeit
Foliations-trennflächen	295/48	mittel- bis sehr weitständig	mittel	geschlossen bis offen	glatt, wellig bis eben
Trennflächen-schar K_1	56/58	eng- bis sehr weitständig	hoch bis sehr hoch	teilweise offen bis offen	glatt bis rau, stufig bis wellig
Trennflächen-schar K_2	104/45	eng- bis sehr weitständig	hoch	geschlossen bis teilweise offen	glatt, wellig bis eben
Trennflächen-schar K_3	182/50	weit- bis sehr weitständig	hoch bis sehr hoch	teilweise offen	rau, stufig bis wellig
Trennflächen-schar K_4	98/14	sehr weitständig	mittel bis hoch	geschlossen bis teilweise offen	glatt, wellig bis eben

4.4 Gewinnungsfestigkeit und Sprengbarkeit über Tage

Die beiden voneinander abhängigen Festgesteins- und Festgebirgsparameter
- akustische Impedanz (P-Welle) des Festgesteins sowie
- Trennflächenabstand/Kluftkörpergröße

stellen die Grundlage zur praktisch bedeutsamen geotechnischen Klassifikation der Fest- und Lockergebirge für die Gewinnungsfestigkeit und Sprengbarkeit dar (◘ Abb. 4.38). Mit dem komplexen Einteilungsprinzip können verschiedene Aufgabenbereiche des Felsbaues unter Beachtung des Übergangs zum Lockergebirge objektiv zugeordnet werden. Die Sprengbarkeit von Gebirgen über Tage wird für das 2D-Modell entsprechend der Größe der akustischen Impedanz (P-Welle) bzw. der einaxialen Druckfestigkeit der Gesteine und der Trennflächenhäufigkeit des Festgebirges nach ◘ Abb. 4.38 eingestuft.

Leicht sprengbare Festgebirge haben eine große Trennflächenhäufigkeit und sind in den unterschiedlichsten Gesteinsmassiven zu finden. Der bohr- und sprengtechnische Aufwand ist gering. Je weniger Trennflächen auftreten, umso größer werden die Kosten für die Bohr-, Spreng- und Zündtechnik über und unter Tage. Zu den genannten Grundparametern müssen unter Tage zusätzlich der Ausbruchquerschnitt des bergmännischen Hohlraumes oder Tunnels sowie gegebenenfalls die Überdeckungseinflüsse in das 3D-Modell einbezogen werden. Je kleiner der Ausbruchquerschnitt, umso höher ist der spezifische Sprengstoffbedarf. Der jeweils erforderliche spezifische Sprengstoffverbrauch, getrennt nach den jeweiligen Sprengstoffen, ist für jede Klassifikationsstufe in den Größenordnungen weitestgehend bekannt. Die ◘ Abb. 4.39 vermittelt beispielhaft den statistisch belegbaren spezifischen Sprengstoffverbrauch von gelatinösen Sprengstoffen in Abhängigkeit von der Größe des durchschnittlichen Kluftkörpers.

Gegenüber der bisherigen Praxis einer subjektiven und wenig sachbezogenen Bestimmung der Boden- bzw. Felsklassen 6 und 7 nach DIN 18300 (2012) bedeutet das vorgeschlagene Prinzip einen Fortschritt zur Einordnung und Vergleichbarkeit der Festgesteine und -gebirge. Die Anwendung der Klassifikation nach ◘ Abb. 4.38 führt zur besseren Anpassung der Sprengtechnologien sowie zur sachgerechten Abrechnung der Bauvorhaben. Die Stufen leicht und mittelschwer sprengbar entsprechen der „Bodenklasse 6" nach DIN 18300 (2012). Der gesamte übrige Bereich – schwer sprengbar, sehr schwer sprengbar und extrem schwer sprengbar – gehört zur „Bodenklasse 7". An dieser Bandbreite der möglichen Festigkeiten und Trennflächenhäufigkeiten ist erkennbar, dass eine gerechte aufwandsbezogene Abrechnung der tatsächlichen bohr-, spreng- und zündtechnischen Leistungen in den Natursteintagebauen, auf den Felsbaustellen und sonstigen Bauvorhaben im Festgebirge bisher kaum realisierbar ist. Es entstehen zwangsläufig Nachtragsforderungen, die dem Bauherrn bisher nur schwer beleg- und vermittelbar sind. Aus dem komplexen Zusammenhang der ◘ Abb. 4.38

4

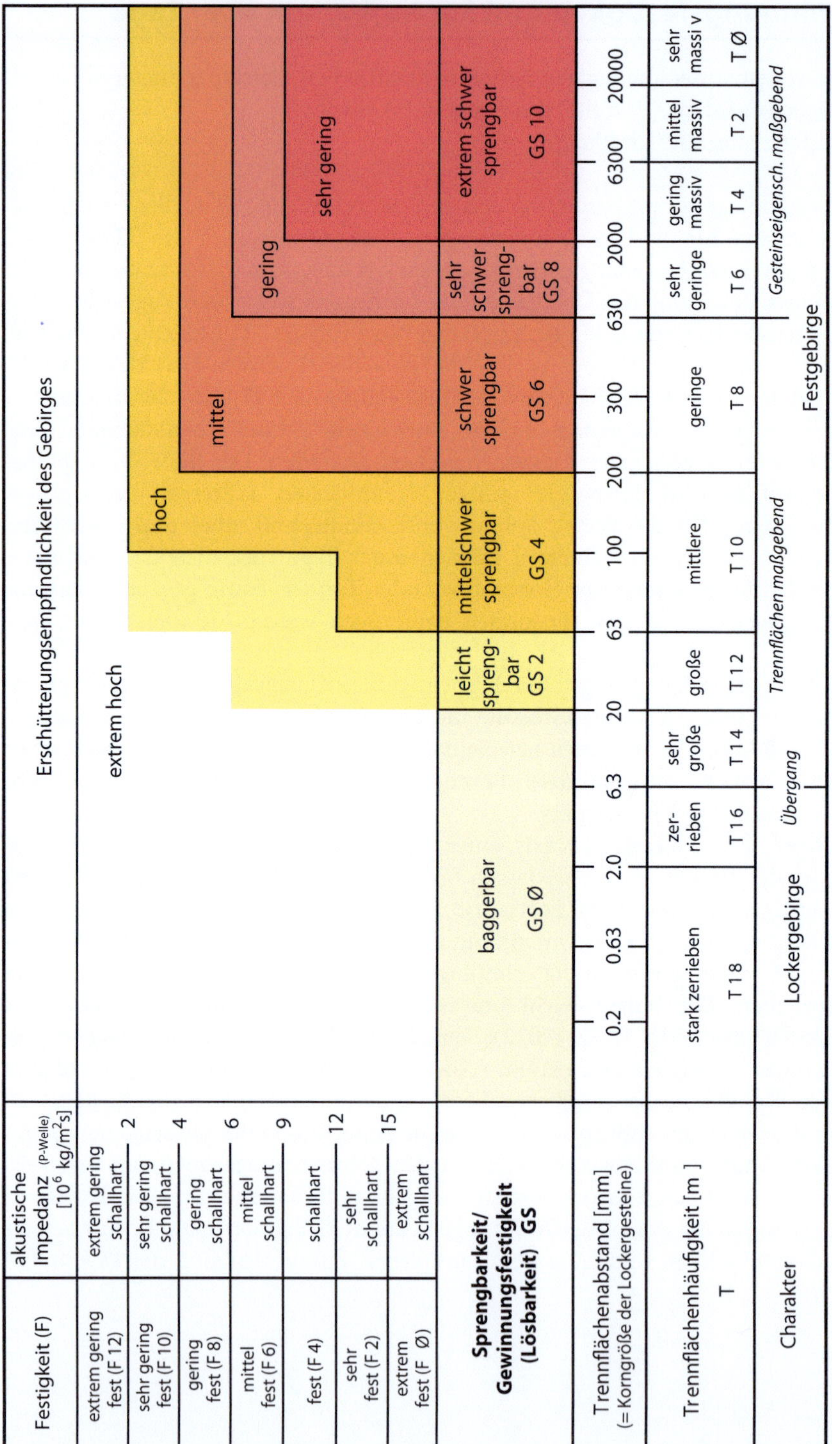

Abb. 4.38 Klassifikation von Festgesteinen und Festgebirgen zur Einstufung der Gewinnungsfestigkeit bzw. Sprengbarkeit über und unter Tage (GS) sowie der Erschütterungsempfindlichkeit des Gebirges mittels der Festigkeit (F) ■ Abb. 3.22 und der Trennflächenhäufigkeit (T) ■ Tab. 4.3

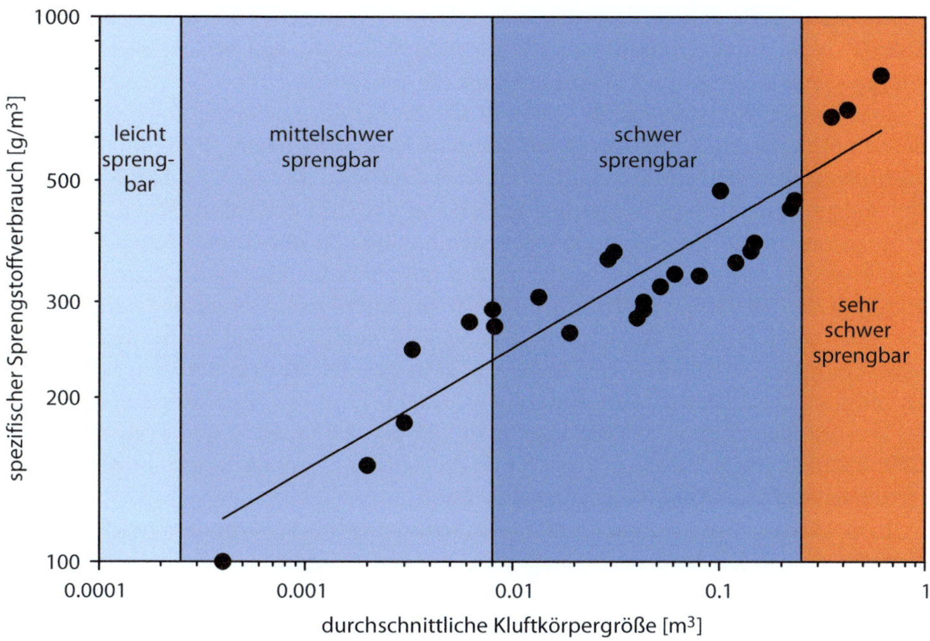

Abb. 4.39 Statistisch nachgewiesene Abhängigkeit des spezifischen Sprengstoffverbrauches gelatinöser Sprengstoffe von der durchschnittlichen Kluftkörpergröße

ist ferner die allgemeine Erschütterungsempfindlichkeit des Untergrundes abschätzbar. In der Nähe von Felsbaustellen, Natursteintagebauen, Tunnelbaumaßnahmen oder der untertägigen, bergmännischen Tätigkeit mit Sprengvortrieb gilt es oft die vorhandene Bebauung mittels Sprengerschütterungsmessung gutachterlich zu bewerten. Dazu werden nicht selten die Messwerte der Geophone von der Beschaffenheit des Untergrundes beeinflusst. In extrem erschütterungsempfindlichen, beispielsweise bindigen, weichen oberflächennahen Schichten können die Erwartungswerte der Schwinggeschwindigkeit auf das 1,6 bis 1,8-Fache überhöht sein. Auf Festgebirgsuntergrund mit geringer Erschütterungsempfindlichkeit werden realistische Messwerte erzielt.

Mit der quantitativen, statistisch gesicherten Aufnahme der Klufthäufigkeit eines Homogenbereiches sind beispielsweise Aussagen über Anteile bestimmter Kluftkörpergrößen wie von Übergrößen oder dem Unterkorn ableitbar. Somit wird in der modernen Sprengtechnik durch die Messung der Gebirgsparameter vor und durch die Untersuchung der Haufwerksstückigkeit nach der Sprengung die Beurteilung des Sprengergebnisses näherungsweise realistisch abgeschätzt. Mit der Kenntnis der Trennflächenhäufigkeit oder mittleren Kluftkörpergröße ist es wegen dieser Zusammenhänge möglich, eine Abschätzung der wichtigsten Bohr- und Sprengparameter vorzunehmen (Abb. 4.39). Dennoch dürfen speziell bei der Durchführung von Sprengarbeiten die anderen Einflüsse auf den Gewinnungsprozess keineswegs vernachlässigt werden.

Die statistische Auswertung von mehr als 450 Kennwerten der akustischen Impedanz (P-Welle) und der mittleren Kluftkörpergrößen aus den verschiedensten Festgebirgen zeigt interessante Zusammenhänge (◘ Abb. 4.40).

Mit den Ergebnissen der ◘ Abb. 4.40 ist die bereits erwähnte Abhängigkeit der Größe des mittleren Kluftkörpers von der akustischen Impedanz (P-Welle), d. h. dem elastischen Verhalten des Gesteins, erneut nachweisbar (◘ Abb. 4.8). Die Magmatite, Metamorphite und einige Sedimente werden von der Größe der akustischen Impedanz (P-Welle) in ihrem Bruchverhalten bei der Entstehung der Trennflächen eindeutig beeinflusst. Es ist die Tendenz belegbar, dass mit abnehmender akustischer Impedanz (P-Welle) die Trennflächenhäufigkeit immer geringer wird. Der turone Sandstein in der Sächsischen Schweiz ist beispielsweise ein sehr poröses, schallweiches Gestein und weist Trennflächenabstände von mehr als 20 m auf. Die ◘ Abb. 4.41 zeigt die große bis mittlere Trennflächenhäufigkeit von 0,03 bis 0,12 m der Säulentrennflächen und K_3-Trennflächenschar mit Abständen von 0,05 bis 0,20 m in einem Festgebirge aus extrem schallhartem, dichtem Basalt als Gegensatz zum turonen Sandstein, obwohl die Trennflächen durch Abkühlung entstanden sind.

In der ◘ Abb. 4.40 folgt ein Großteil der Sedimentgesteine nicht dem beschriebenen Zusammenhang. Die bewerteten Festgebirge der Sedimentgesteine waren meist Klastite

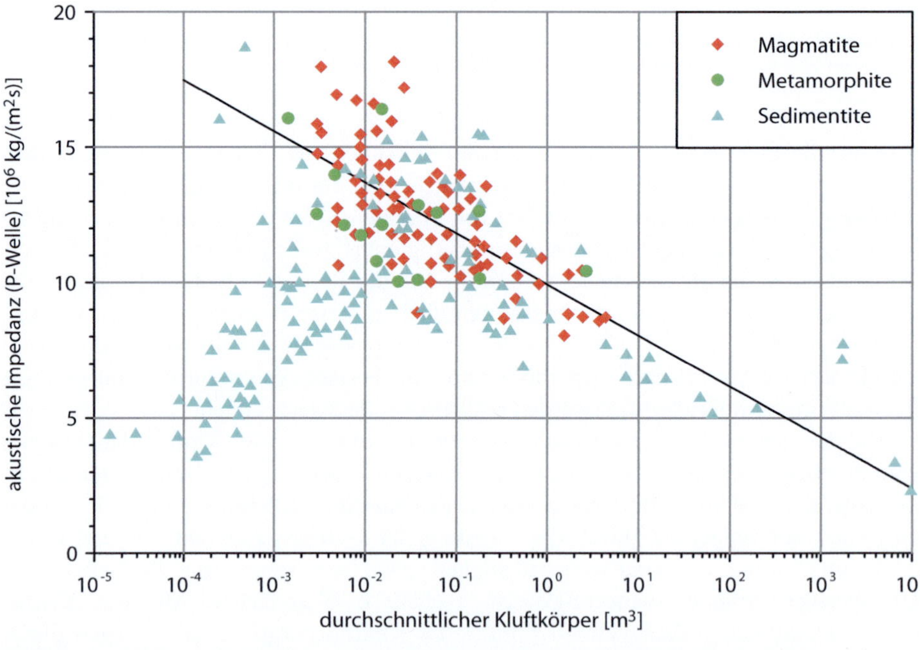

◘ **Abb. 4.40** Beziehung zwischen der akustischen Impedanz (P-Welle) und der durchschnittlichen Kluftkörpergröße der verschiedenen Gesteinsarten und deren Wechsellagerungen

■ **Abb. 4.41** Ein extrem schallharter Basalt mit kleinsäuliger Absonderung und Trennflächenabständen $\leq 0{,}1$ m

mit enger Wechsellagerung verschiedener Ton-, Tonschluff-, Schluff-, Fein- und Mittelsandsteine. Die Schichtmächtigkeiten reichten vom Zentimeter- bis zum Meterbereich. Des Weiteren gehören die untersuchten Festgebirge oft zu oberflächennahen Ein- und Anschnitten mit entsprechendem Verwitterungseinfluss, sodass die Trennflächenbildung durch andere Vorgänge überspielt werden konnte. Die Verwitterungsvorgänge an der Oberfläche sind an einer progressiven Trennflächenbildung neben den wechselnden Ablagerungsbedingungen beteiligt.

4.5 Ausbruchfestigkeit und Vortriebsklassen unter Tage

Die Ausbruchsfestigkeit wird ohne Berücksichtigung der Überdeckung und des Querschnitts vom unterirdischen Hohlraum stark vereinfacht nach der Größe der akustischen Impedanz (P-Welle) der Gesteine sowie der Trennflächenhäufigkeit des Festgebirges gemäß dem Zusammenhang der ■ Abb. 4.42 eingestuft. Zwangsläufig ist diese Einteilung direkt mit der Gewinnungsfestigkeit nach ■ Abb. 4.38 vergleichbar und gestattet einen Abgleich mit dem sprengtechnischen oder gewinnungstechnischen

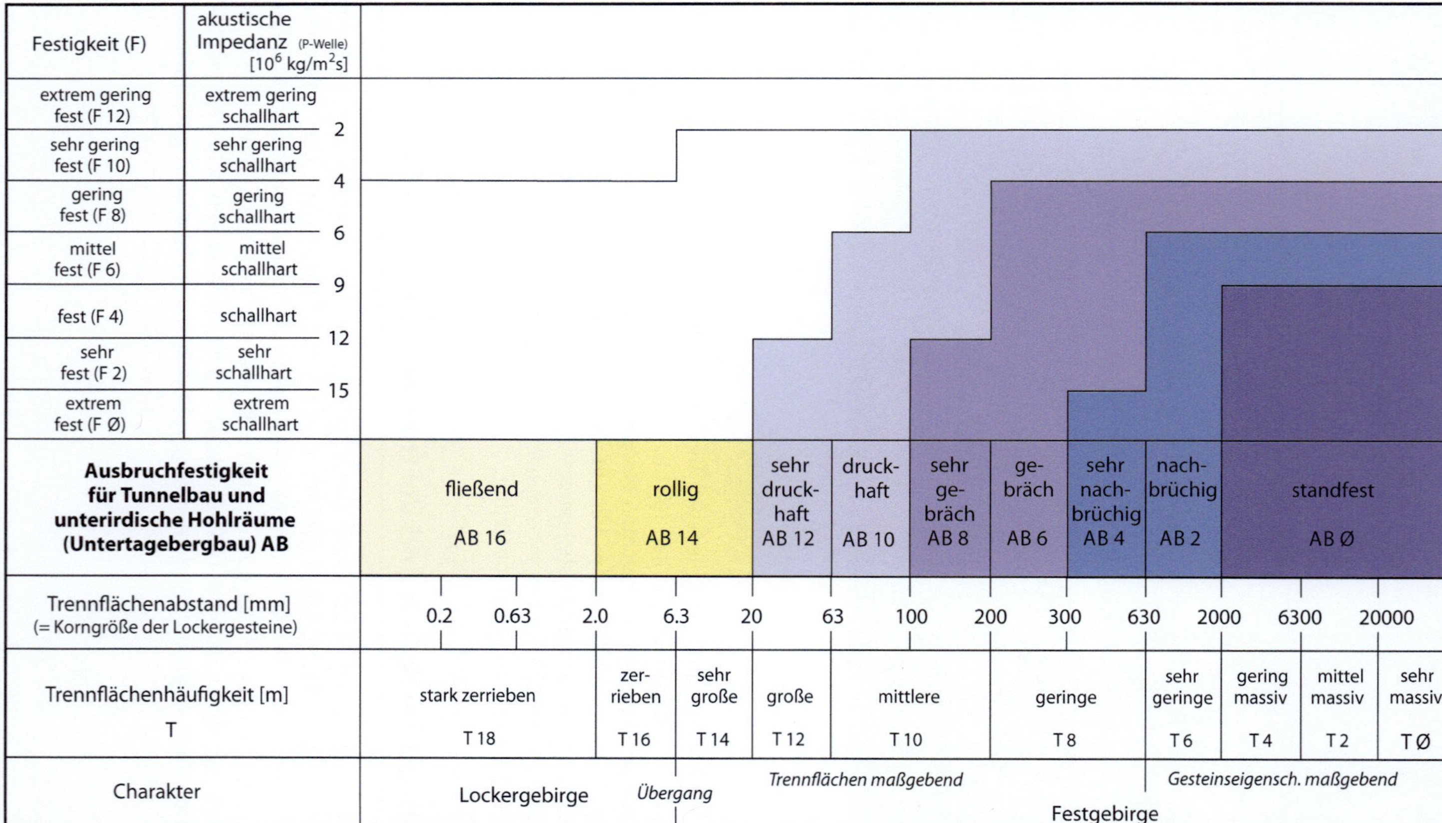

Abb. 4.42 Klassifikation von Festgesteinen und Festgebirgen zur Einstufung der Ausbruchfestigkeit (AB) für den Tunnelbau und Bergbau unter Tage mittels Festigkeit (F) und der Trennflächenhäufigkeit (T)

Löseaufwand. Die Benennung der Ausbruchfestigkeit wurde bewusst nach den bewährten Bezeichnungen von Lauffer 1958 vorgenommen, um eine sprachliche Abgrenzung zu anderen weniger zutreffenden Begriffen zu erreichen. Die Codierung der Ausbruchfestigkeit ist mit der bestehenden DIN 18312 prinzipiell direkt vergleichbar (◘ Tab. 4.9).

Die Vortriebsklassen können innerhalb der Einteilung der Ausbruchfestigkeit infolge des wechselhaften Durchtrennungsgrades der Trennflächen zwischen zwei Zuordnungen wechseln, sodass eine Eins-zu-eins-Übertragung nicht möglich ist.

Man beachte bei der Gegenüberstellung von Gewinnungs- und Ausbruchfestigkeit der ◘ Tab. 4.9, dass der spezifische Bohr- und Sprengaufwand auch für die Untertagesprengungen mit steigender Ausbruchfestigkeit zunimmt. In ◘ Abb. 4.43 und 4.44 sind zwei Beispiele für Ausbruchfestigkeiten im Tunnelbau aufgezeigt.

Die entwickelte Einteilung in die Ausbruchfestigkeit bzw. Sprengbarkeit hat sich in der Tunnelbaupraxis mehrfach bewährt und zu klaren Aussagen sowie objektiven Vergleichen verschiedener Festgebirge geführt. Das größte praktische Problem, beispielsweise für den Tunnelbau, ist die realistische Zuordnung der erwarteten Vortriebsklassen, die in den arbeits- und kostenintensiven Ausschreibungsunterlagen prognostiziert werden müssen.

◘ **Tab. 4.9** Zusammenhang der Gewinnungsfestigkeit mit den Bodenklassen nach DIN 18300 (2012) und der Ausbruchfestigkeit mit den Vortriebsklassen nach DIN 18312/02. Die Klassifikation erhält den Code AB

Gewinnungs-festigkeit/ Über-Tage-Sprengbarkeit (GS)	Bodenklasse (Felsklasse) DIN 18300 (2012)	Code	Ausbruchfes-tigkeit/unter Tage (AB)	Vortriebs-klassen DIN 18312/02	Code
extrem schwer sprengbar	7	GS 10	standfest	1	AB ∅
sehr schwer sprengbar		GS 8	nachbrüchig	2–3	AB 2
schwer sprengbar		GS 6	sehr nachbrüchig	3–4	AB 4
			gebräch	4–5	AB 6
mittelschwer sprengbar	6	GS 4	sehr gebräch	5–6	AB 8
			druckhaft	6–7	AB 10
leicht sprengbar (ripperbar)		GS 2	sehr druckhaft	stets 7	AB 12
baggerbar	1–5	GS ∅	rollig	Sonderfall	AB 14
			fließend	Sonderfall	

Abb. 4.43 Beispiel für eine Ortsbrust im Tunnelbau. Aufgrund von Schichtung und Klüftung wurde das Gebirge als sehr nachbrüchig bestimmt (AB 4)

Abb. 4.44 In der Petrographie hat sich an dieser Ortsbrust im Vergleich zur Abb. 4.43 wenig geändert. Jedoch ist das Gebirge hier weniger ausbruchsfest, was an seinem teilweise bereits erfolgten Ausbau zu erkennen ist. Das Gebirge wurde als sehr druckhaft klassifiziert (AB 10)

Exkurs

Ausgeschriebene Vortriebsklassen – Realität oder Kalkulationsfalle?

Den Ausschreibungsunterlagen für größere Tunnelbauvorhaben gehen oft langfristige Erkundungen und tunnelbaugeologische Gutachten mit entsprechenden Baubeschreibungen voraus. Die einzelnen Baubetriebe erhalten meist die kompletten Begutachtungen für die Erstellung von attraktiven Angeboten und sind gehalten, preisgünstige Kalkulationen vorzunehmen. Der am billigsten Anbietende erhält den begehrten Zuschlag, das Tunnelbauwerk errichten zu dürfen. Ein großer Kostenanteil wird dabei für die ausgeschriebenen Vortriebsklassen berechnet. In der Angebotsphase stellt sich die Frage, ob man die Vortriebklassen in kostengünstige Verhältnisse einordnen kann. Man berechnet die Kosten für die „einfacheren" Vortriebsbedingungen, die dann beim eigentlichen Vortrieb wegen der ungenauen Ausschreibungsunterlagen begründbar höher und ungünstiger bewertet werden. Die Ungenauigkeit der Erkundungsphase liegt oft bei der zu geringen Beurteilung der Gesteinsfestigkeit oder der falschen bzw. fehlenden Bewertung des Trennflächengefüges. Auf dieser Grundlage werden bei der Bauausführung die lückenhaften oder zu geringen Festigkeitswerte benutzt, um die Vortriebsklassen in ungünstige Vorgehensweisen herunterzustufen. Der Baubetrieb kann durch den Nachtrag seine ursprüngliche billigere Kalkulation wieder ausgleichen. Eine von vornherein in der Untersuchungsphase richtige, unantastbare Vortriebsklassenzuordnung würde eine solche Möglichkeit der Spekulation ausschließen. Ein praktisches Beispiel verdeutlicht die leider weit verbreitete Praxis der tunnelbaugeologischen Gutachten. Es wurde ein etwa 1200 m langer Tunnel in wechsellagernden mesozoischen Gesteinsschichten geplant. Die bestimmten einaxialen Druckfestigkeiten der einzelnen Dolomite, Kalksteine, Kalkmergelsteine, Mergel- und Tonsteine reichten von 70 bis 170 MPa. Abweichend von diesen realistischen, gesteinstechnischen Untersuchungen wurden für die ausgeschriebenen Vortriebsklassen die in ◘ Tab. 4.10 aufgeführten Kennwerte angegeben. Zu den Trennflächenabständen, -reibungswinkeln und den Durchtrennungsgraden der Trennflächen liegen nur wenig verwertbare Angaben vor. Eine derartige Zuordnung der Vortriebsklassen nach ◘ Tab. 4.10 mit den Eigenschaften von Lockergesteinen kann man für eine Wechsellagerung von Festgesteinen nicht anerkennen. Hier sind dem Anbieter alle Möglichkeiten der Nachtragsforderungen eröffnet worden. Vergleicht man die aus den Unterlagen abgeleiteten Gesteins- und Gebirgsverhältnisse mit erwarteten realistischeren Gegebenheiten, können die in ◘ Tab. 4.11 aufgeführten Vortriebsklassen erwartet werden. Die nachinterpretierte Prognose mittels ◘ Abb. 4.42 ergibt eine deutliche Steigerung der günstigeren Vortriebsklassen. Mit dieser Neubewertung der Prozentanteile möglicher Vortriebsklassen kann der Baubetrieb seine Kalkulation in einer preiswerten Variante anbieten. An diesem ausgewählten Beispiel aus über 30 untersuchten Unterlagen von verschiedenen Tunnelbauvorhaben wird die Bedeutung der richtigen Zuordnung der Vortriebsklassen auf der Grundlage der vorgeschlagenen Vorgehensweise dokumentiert. Nachtragsforderungen erhöhen bei falscher Bewertung der natürlichen Gegebenheiten die Baukosten erheblich.

Tab. 4.10 Auszug aus einem Gutachten zu allgemeinen gesteinsphysikalischen Parametern für die Vortriebsklassen des bergmännischen Vortriebs

Vortriebs-klasse	Gesteine	Wichte (unter Wasser) [kN/m³]	Scherparameter		Steifemodul [MN/m²]
			Winkel innerer Reibung ϕ [°]	Kohäsion [kN/m²]	
VKL4A	(im Gutachten ohne Angabe) meist Festgestein	21 (11)	40	200	1000
VKL5A					
VKL7A1A		21 (11)	40	200	500
VKL7A2A		21 (11)	30	50	100
VKL7A3A		21 (11)	30	50	50
VKL7A4A					

Tab. 4.11 Vortriebsklassen am Beispiel einer Ausschreibung und der nach realistischen Kennwerten gemäß Abb. 4.42 veränderten Prozentanteile an einem etwa 1200 m langen Tunnel

Vortriebsklasse	gemäß Ausschreibung [%]	nach Neubewertung gem. Abb. 4.42 [%]
7A4	1,82	–
7A3	34,43	18,6
7A2	10,66	13,6
7A1	13,61	9,0
5 A	21,39	24,9
4 A	18,11	33,8

4.6 Tragfähigkeit eines Festgebirgsbaugrundes

Die allgemeine Tragfähigkeit von Gründungen aller Art im Festgebirgsbaugrund ist nach Tab. 4.12 zu beurteilen. Beim Verkehrswegebau ist zusätzlich die Standfestigkeit von Hang- und Böschungslagen in An- und Einschnitten zu untersuchen.

Treten komplizierte hydrologisch-klimatische Bedingungen, ungünstige hydrologische Verhältnisse oder/und wechselhafte Lagerungsverhältnisse auf, ist die Tragfähigkeit komplex zu beurteilen. Bei Vorhandensein von schwer bis leicht löslichen Festgesteinen gemäß Abb. 3.47, sichtbaren Verkarstungserscheinungen oder von anthropogen verursachten Hohlräumen des Altbergbaus unterhalb der Gründungssohle oder des Planums sind spezielle geotechnische Untersuchungen notwendig.

Mit der Tragfähigkeit des Felsbaugrundes hat man sich bisher wenig auseinandergesetzt. Es wurde vorwiegend die Meinung vertreten, das Festgebirge sei dauerhaft haltbar. Die Erfahrung, Beobachtungen insbesondere entlang alter Eisenbahnstrecken und Schadensfälle haben gezeigt, dass diese Auffassung korrigiert werden muss.

Zur Beurteilung der Tragfähigkeit des Festgesteinsbauuntergrundes sind beispielsweise das Setzungsverhalten, die Verwitterungsbeständigkeit, insbesondere das Quellvermögen, bestimmter Mineralanteile, die Wasser-, Frost-, Subrosions- und

Tab. 4.12 Geotechnische Klassifikation der Tragfähigkeit von Festgebirgsbaugrund (TF) bezogen auf die Gründungssohle von Gebäuden beziehungsweise das Planum entlang der Verkehrswege. (Nach Müller und Pippig 2011)

Tragfähigkeit	Festigkeit der Festgesteine (F)		Trennflächenhäufigkeit, durchschnittlicher Kluftabstand (T) [m]	Zu erwartender Verwitterungszustand (V) [–]	Code
	Akustische Impedanz (P) [10^6 kg/m^{2}s]	Einaxiale Druckfestigkeit [MPa]			
äußerst hohe	>15	>160	>0,6	nicht bis schwach verwittert	TF ∅
sehr hohe	>9	>60	0,2–0,63	bis schwach verwittert	TF 2
	9–12	60–160	>0,2		
hohe	>6	>30	0,06–0,2	bis mäßig verwittert	TF 4
	6–9	30–60	>0,06		
mittlere	>3	>10	0,02–0,06	bis stark verwittert	TF 6
	3–6	10–30	>0,02		
geringe	>2	>1	bis 0,02	bis zum stark verwitterten Festgestein	TF 8
	2–3	1–10	>0,02	teilweise nichtbindig zersetztes Lockergestein	
sehr geringe	<2	>10	0,02–0,06	teilweise biz zum bindig zersetztes Lockergestein	TF 10
		1–30	>0,02		

Erosionsbeständigkeit, die Durchlässigkeit in Abhängigkeit von der Möglichkeit des Angriffes dieser Vorgänge auf die Gründungsfläche oder das Planum bei Linienbauten zu untersuchen. Die klimatisch-morphologischen Verhältnisse spielen dabei eine entscheidende Rolle. Die Verwitterungseinflüsse und deren Einwirkungsdauer auf das Festgebirge sind hauptsächlich für die Veränderungen der Tragfähigkeit ausschlaggebend.

Die vorgestellte Klassifikation der Tragfähigkeit ist auf diesem wichtigsten Zusammenhang aufgebaut und bezieht bereits erstellte ingenieurgeologisch-felsmechanische Einteilungsprinzipien mit ein (Tab. 4.12). Die Bewertung der Tragfähigkeit wird vor allem im Übergangsbereich zwischen Locker- und Festgebirge an praktischer Bedeutung gewinnen. Bei komplizierten hydrologischen Bedingungen, wie oberflächennah auftretendem Grund- und Bergwasser im Bereich der Gründung, jährlichen Niederschlägen von mehr als 800 mm, häufigen Starkregenfällen oder Dauerregenereignissen oder/und wechselhaften Lagerungsverhältnissen, sollte empfohlen werden, das Objekt in eine Tragfähigkeitsklasse schlechter einzustufen.

In Tab. 4.13 findet sich die praktische Umsetzung der eingestuften Tragfähigkeit (TF) für die Richt- und Grenzwerte des aufnehmbaren Sohldrucks bei Flachgründungen und des Pfahlspitzenwiderstandes bei Pfahlgründungen.

Tab. 4.13 Richt-und Grenzwerte für den aufnehmbaren Sohldruck und den Pfahlspitzenwiderstand auf der Grundlage der Tragfähigkeit (TF). (Nach Müller und Pippig 2011)

Tragfähigkeit nach Tab. 4.12	Allgemeine Richtwerte für den aufnehmbaren Sohldruck bei Flachgründungen [MN/m²]	Richtwerte für den aufnehmbaren Sohldruck lotrecht belasteter Flachgründungen [MN/m²] (B in [m])				Grenzwerte für den Pfahlspitzenwiderstand bei Pfahlgründungen [MN/m²]
		D_{min}	0,5	1,0	1,5	
TF ∅	>4 bis 6	0,0	4,00	4,50	5,00	>16
		0,5	4,25	4,75	5,25	
		1,0	4,50	5,00	5,50	
		2,0	5,00	5,50	6,00	
TF 2	>2 bis 4	0,0	2,00	2,50	3,00	>8 bis 16
		0,5	2,25	2,75	3,25	
		1,0	2,50	3,00	3,50	
		2,0	3,00	3,50	4,00	
TF 4	>1 bis 2	0,0	1,000	1,250	1,500	>4 bis 8
		0,5	1,125	1,375	1,625	
		1,0	1,250	1,500	1,750	
		2,0	1,500	1,750	2,000	
TF 6	>0,6 bis 1	0,0	0,60	0,70	0,80	>2,4 bis 4
		0,5	0,65	0,75	0,85	
		1,0	0,70	0,80	0,90	
		2,0	0,80	0,90	1,00	

(Fortsetzung)

Tab. 4.13 (Fortsetzung)

Tragfähigkeit nach Tab. 4.12	Allgemeine Richtwerte für den aufnehmbaren Sohldruck bei Flachgründungen [MN/m²]	Richtwerte für den aufnehmbaren Sohldruck lotrecht belasteter Flachgründungen [MN/m²] (B in [m])				Grenzwerte für den Pfahlspitzenwiderstand bei Pfahlgründungen [MN/m²]
		D_{min}	0,5	1,0	1,5	
TF 8	>0,4 bis 0,6	0,0	0,400	0,450	0,500	>1,6 bis 2,4
		0,5	0,425	0,475	0,525	
		1,0	0,450	0,500	0,550	
		2,0	0,500	0,550	0,600	
TF 10	>0,2 bis 0,4	0,0	0,200	0,250	0,30	>1,0 bis 1,6
		0,5	0,225	0,275	0,32	
		1,0	0,250	0,300	0,35	
		2,0	0,300	0,350	0,40	

4.7 Wasserdurchlässigkeit in Festgebirgen

Im Unterschied zum Lockergebirge wird das Grundwasser im Festgebirge als Bergwasser bezeichnet, weil das Wasser im trennflächendurchzogenen Gesteinsmassiv einige Besonderheiten aufweist. Je nach Festgebirgsverhältnissen und infolge der verschiedenartig durchtrennten, geöffneten und sich erstreckenden Trennflächenscharen auf den jeweiligen Richtungen kommt es in den meisten Fällen zu wechselhaften, höher oder tiefer gelegenen Bergwasserständen. Es kann sich im Festgebirge meist nur in ungestört geschichteten Sedimenten ein Bergwasserspiegel einstellen. Meist sind keine gleichmäßigen Wasserstände anzutreffen.

Die Wasserwegsamkeit wird insbesondere von

- der Trennflächenhäufigkeit,
- dem Durchtrennungsgrad,
- der Trennflächenöffnung,
- der Erstreckung der Trennflächen sowie
- den Lagerungsverhältnissen

direkt beeinflusst. Je mehr Trennflächen im Festgebirge auftreten, desto größer ist die zu erwartende Durchlässigkeit im Kluftwasserleiter Festgebirge (= Kluftwasseraquifer). Umgekehrt gestatten die bereits erläuterten Beziehungen der Trennflächenhäufigkeit der Scharen zueinander eine Abschätzung der zu erwartenden Trennflächenabstände mittels in situ ermittelter Wasserdurchlässigkeiten. Es gibt einen nachweisbaren Zusammenhang zwischen der Gebirgsdurchlässigkeit und der Beschaffenheit des Trennflächengefüges sowie seiner Regelung.

Das Bergwasser tritt auf:

- überwiegend als freies Kluftwasser auf den Trennflächenscharen (Kluftwasseraquifere),
- als fließendes Wasser in Karstgebirgen mit offenen Spalten und Hohlräumen (Karstwasserleiter),
- nebengeordnet als Porenwasser in Gesteinen mit hoher Porosität (Porenwasserleiter).

Im Porenwasserleiter werden meist Niederschlagswässer in das Gesteinsgefüge eingesaugt und erhöhen das Gewicht von Felskörpern derartig, dass bei entsprechender Trennflächenkonstellation Bergstürze oder Steinfälle ausgelöst werden können (◘ Abb. 4.45).

Die Wasserdurchlässigkeit von Festgebirgen (WD) kann nach ◘ Tab. 4.14 zugeordnet werden und ist als Schätzung zu betrachten. Die ◘ Tab. 4.14 gilt nicht für Karstgebiete oder Felsgebirge mit nachweisbaren Karsterscheinungen. Der Zusammenhang von Trennflächenhäufigkeit und Wasserdurchlässigkeit des Festgebirges geht als Klassifikationsmerkmal ein.

Oftmals ist es auf den Baustellen oder bei der ingenieurgeologisch-felsmechanischen Erkundung erforderlich, das Bergwasser am Einschnitt, im Bauraum, an Böschungen, Hängen oder in bergmännischen Hohlräumen nachzuweisen. Die Lokalisierung auch verdeckter Wasseraustrittsstellen kann erfolgreich und mit hoher Genauigkeit mittels der Infrarotkamera erfolgen. Ein solches Beispiel zeigt die ◘ Abb. 4.46. Die Infrarotthermogramme liefern auch unter Tage ausgezeichnete Hinweise auf Wasserläufe (◘ Abb. 4.47).

Abb. 4.45 Bei einem Felssturz bei Hřensko an der Elbe in Tschechien kamen bis 300 m^3 große Felskörper zum Absturz, die bis zur Straße Hřensko – Děčin rollten. Ursache war das durch Wasseraufnahme erhöhte Gewicht des Sandsteinfelsens

Tab. 4.14 Geotechnische Klassifikation der Wasserdurchlässigkeit von Festgebirgen WD (außer Karstgebirge)

Wasserdurchlässigkeit	Durchlässigkeitsbeiwert kf [m/s]	Trennflächenhäufigkeit; durchschnittlicher Kluftabstand (T) [m]	Wirksames Kluftvolumen [%]	Code
extrem hohe	$>10^{-1}$	≤0,02	>10	WD 10
sehr hohe	10^{-2}–10^{-1}	>0,02–0,06	6–10	WD 8
hohe	10^{-4}–10^{-2}	>0,06–0,2	3–6	WD 6
mittlere	10^{-6}–10^{-4}	>0,2–0,6	2–3	WD 4
geringe	10^{-8}–10^{-6}	>0,6–2,0	1–2	WD 2
sehr geringe bis ohne	$<10^{-8}$	>2,0	<1	WD ∅

4

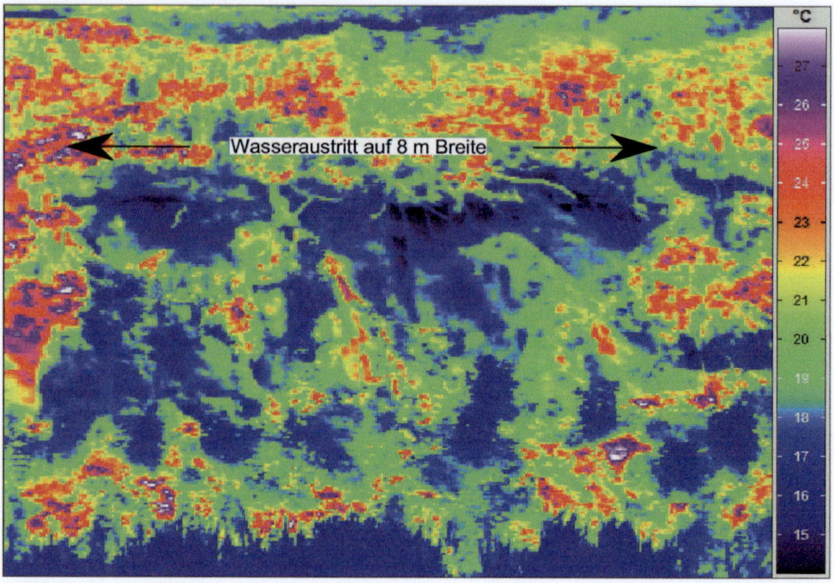

Abb. 4.46 In einem Eisenbahneinschnitt musste wegen Steinfall- und Felssturzgefahr eine Böschung dauerhaft gesichert werden. Ein etwa 25 m langer Abschnitt war durch extrem dichten Bewuchs schwer zu bewerten. Das erfasste Thermogramm bestätigte, dass für den starken Pflanzenwuchs ein parallel einer K_3-Trennfläche vorhandener, breiter quellartiger Wasseraustritt verantwortlich ist. Der Wasserzufluss war durch abgefallene Lockermassen verdeckt und konnte durch die Infrarotaufnahme sicher abgegrenzt werden

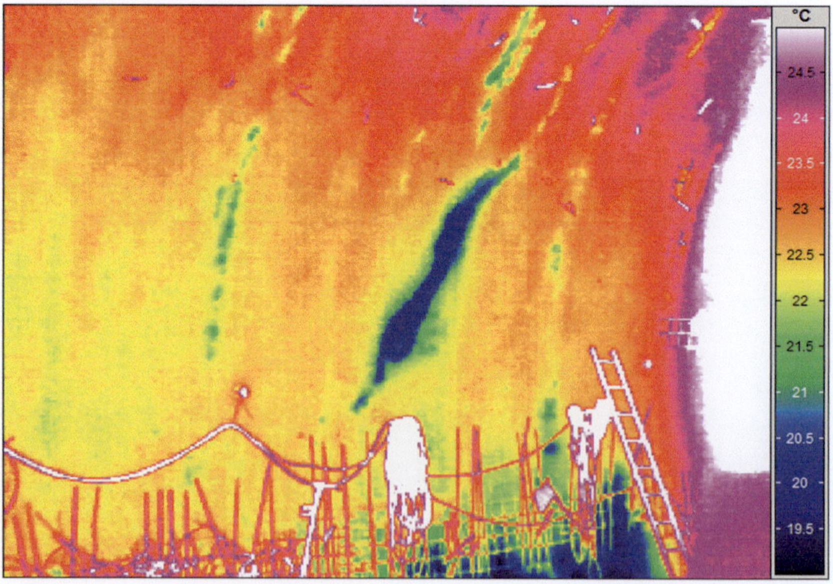

Abb. 4.47 Ein Thermogramm an einem bergseitigen Ulmenbereich zeigt, wie sich entlang von K_1-Trennflächen das Bergwasser unregelmäßig, aber stetig bewegt. Beim späteren Ausbau des Tunnels werden diese Abschnitte entsprechend abgedichtet

4.8 Standfestigkeit von Böschungen und Hängen im Festgebirge

▪ Gefährdungsklassen

Die Behandlung der Standfestigkeit von Böschungen und Hängen im Festgebirge ist von den geotechnischen Problemstellungen die am schwierigsten fassbare. Aus diesem Grund wurde versucht, das Wesentliche und Verallgemeinerungswürdige zu klassifizieren.

Das Hauptproblem bei Standfestigkeitsuntersuchungen im Festgebirge besteht weniger in der Wahl falscher Berechnungsansätze, sondern vielmehr in der ungenauen Erfassung und Interpretation der ingenieurgeologisch-felsmechanischen Situation bzw. des kinematisch richtigen Berechnungsmodells. Dazu sind stets entsprechende Aufschlussverhältnisse erforderlich, sodass die Beurteilung der Standfestigkeit nicht selten erst während der Bauausführung realisierbar ist.

Die Grundlagen für eine felsmechanische Bewertung und Modellbildung zur Berechnung der Standsicherheit von Festgesteinsböschungen und -hängen bilden die Erfassung

- der Raumstellung,
- der Trennflächenhäufigkeit (◘ Tab. 4.3),
- der Teilbeweglichkeit (◘ Tab. 4.7) und
- der Bewegungsgefährdung auf die Verkehrswege, Bauwerke oder andere Objekte (◘ Abb. 4.48).

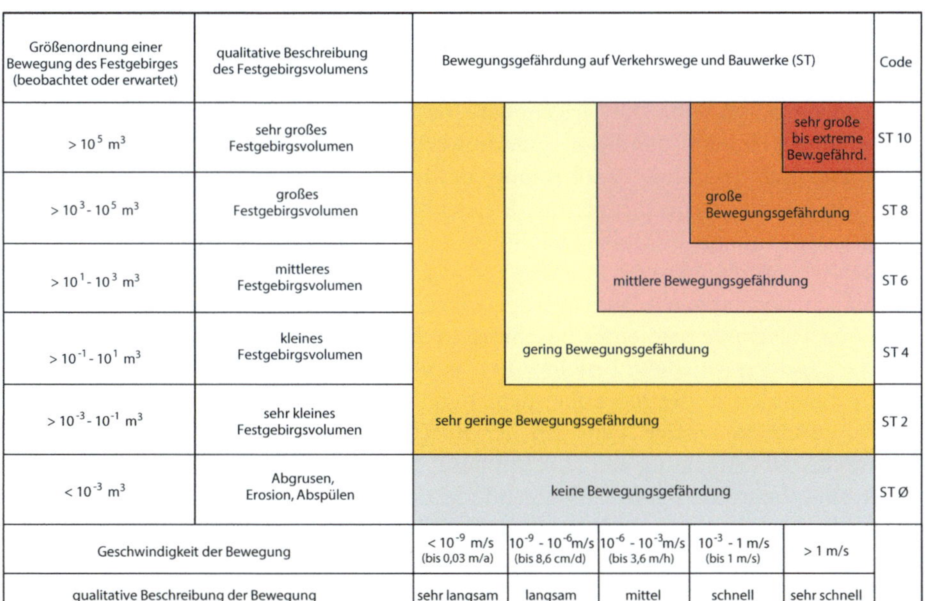

◘ **Abb. 4.48** Klassifikation der Bewegungsgefährdung ST für Verkehrswege, Bauwerke und andere Objekte bei Ausbruch von Felsmassen unterschiedlicher Größe

Durch die Beziehung der Merkmale Größenordnung der bewegungsgefährdeten Felsvolumina und Geschwindigkeit lassen sich die Bewegungen von Felsmassen in Gefährdungsklassen überschaubar einteilen (◘ Abb. 4.48). Allerdings kann die Messung oder Vorhersage der Geschwindigkeit von Massenbewegungen im Zusammenwirken mit der Kinematik, Größenordnung und den örtlichen Verhältnissen meist nur geschätzt oder neuerdings mittels Inklinometer, fotogrammetrisch oder geodätisch gemessen werden. Für die vorgeschlagene Anwendung der Klassifikation sind Schätzungen ausreichend. Zur Bewertung der Geschwindigkeit darf der Zusammenhang nicht unberücksichtigt bleiben, sodass derartige Bewegungen unterschiedlich schnell und periodisch aktiviert werden. Das bedeutet, wenn beispielsweise die Verschiebung eines 100 m^3 großen Felsvolumens von 3,0 m stattfindet, kann diese entweder in kürzester Zeit nach einem dynamischen Einfluss oder durch einen Starkregen (3 m/h) aktiviert worden sein oder über einen längeren Zeitraum (3 m/a) bei ständiger Durchfeuchtung ablaufen. Die gleichen Größenordnungen der Felsvolumina werden im ersten Fall zur Gefährdungsklasse ST 4 und im zweiten zur Gefährdungsklasse ST 3 eingestuft. Die Ermittlung der Größenordnungen erfolgt auf der Grundlage einer entsprechenden ingenieurgeologisch-felsmechanischen Untersuchung, bei der oft bereits abgestürzte Kluftkörper oder größere vor der Böschung liegende Felsvolumina Hinweise zur erwartenden Gefährdung ergeben.

In der ◘ Tab. 4.15 wird eine Zuordnung der allgemeinen Bewegungsformen von Felsbewegungen vorgenommen, die Vorgänge in der

- Kriechphase
- Bruchphase und
- kinematischen Phase

berücksichtigen. In der ◘ Abb. 4.49 sind die Bewegungsformen der Gesteinsmassen modellartig dargestellt. Die Kriechphase besteht permanent durch einen zeitlich wechselnden, jedoch ständigen Spannungszustand, der im Gebirge eine stetige, langsame und bruchlose Verformung bewirkt. Überschreiten die einwirkenden Spannungen die Zugfestigkeit und Scherfestigkeit der Gesteine, so treten Kluftdilatationen, anfangs Mikrobrüche und später die eigentlichen Brüche – sogenannte progressive Bruchbildungen – entlang von Riss- und Trennflächen auf. Riss- und Trennflächenöffnungen zeigen oft den späteren katastrophalen Bruch eines Hanges, einer Felsklippe bzw. einer Böschung an. In den meist durch wechselnde Eigenschaften und verschiedene Bruchformen modifizierten Felsmassen kommt es dort, wo die haltenden Kräfte gegenüber den angreifenden Belastungen nicht mehr standhalten, zu einem lokalen Versagen der Böschungen bzw. Hänge. Die sicherheitstechnische Überwachung der Kriechphase an kinematisch kritischen Stellen ist daher eine theoretisch gute vorbeugende Maßnahme zum Schutz gegen einen Ausbruch der Gesteinsmassen. Besser als die Überwachung ist eine dauerhafte, bautechnische Sicherung der Böschung oder des Hanges. Dazu müssen ausreichende Erkenntnisse zur Standsicherheit und Bewegungsgefährdung vorliegen.

Für Böschungs- und Hangbewegungen im Festgebirge müssen felsmechanische Berechnungsmodelle infolge der kinematischen Eigenheiten des geregelten Diskontinuums für Standsicherheitsberechnungen zugrunde gelegt werden. Das

Tab. 4.15 Zuordnung der allgemeinen Bewegungsformen von Rutschungen/Gesteinsmassenbewegungen in die verschiedenen Phasen. (Nach Müller 1998)

Phasen der Gesteinsmassenbewegung	**Im Fest- und Lockergebirge generell vorhanden**		**Entsteht nur bei instabilen Verhältnissen an Böschungen und Hängen**	
	Kriechphase	**Bruchphase**	**Kinematische Phase**	
Merkmale und Kennzeichnung Spannungs-Dehnungsverhalten des Gebirges (Kombinationen möglich)	Langfristige, stetige oder schwellende Bewegungen mit bruchlosen Verformungen	Zerbrechen des Gebirges durch verschiedene mechanische, thermische oder dynamische Einwirkungen	Zum Bruch geführte Kinematik und nachfolgende Bewegung der Gesteinsmassen *mit* Kontakt zum Gebirge	Aus dem Hang- bzw. Böschungsbereich reichende Bewegung der Gesteinsmassen *ohne* Kontakt zum Gebirge
mechanisches Verhalten	Erscheinungsformen	Bruchformen	Bewegungsformen	
Festgebirge elastische . . . elastoplastische . . . viskoplastische . . . viskofluide . . . fluide Gebirge	Translation . . . Rotation (z. B. Bergzerreißung, Talzuschub) . . . plastische Verformung (z. B. Tiefkriechen, Hakenschlagen, Gravitationsfaltung)	Elastische Vorgänge Sprödbrüche . . axialer Spaltbruch, Trennbrüche . . Spaltbrüche und konjugierte Scherzonen/Scherbrüche . . Plastische Vorgänge Bruchfließen, Fließen der Lockerkornmasse	Kippen . . . Gleiten . . . Kippen und Gleiten . . . Beulen und Knicken	Fallen Rollen/Kollern Springen . . . Gleiten
			Plastisches Fließen, schnelles Fließen (Liquefaktion)	

Trennflächengefüge gibt meist die vorgegebenen Gleit- oder Kippflächen vor. Die Kluftkörperformen und die Raumstellung beeinflussen das Bruch- und Verformungsverhalten. Bodenmechanische Verfahren, wie die nach DIN 4084, kommen im Festgebirge nur dort zu Anwendung, wo durch Verwitterung zersetzte

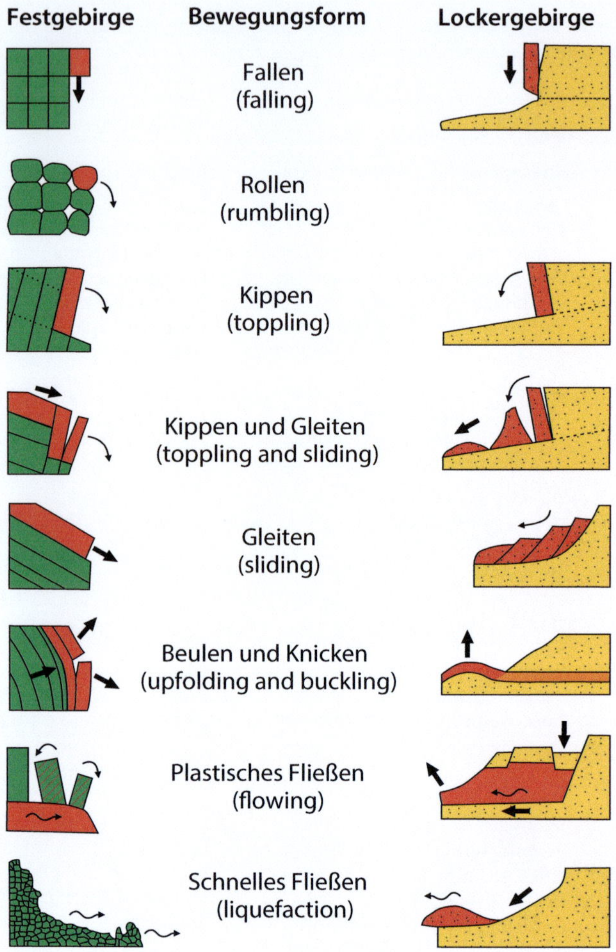

Abb. 4.49 Bewegungsformen von Gesteinsmassen im Locker- und Festgebirge

Lockergesteine, mächtige plastifizierbare, feinkörnige Festgesteine, durchgängige Kluftfüllungen aus Lockergesteinen und durch tektonische Beanspruchung zerriebenes Gestein großflächig auf Trennflächen vorhanden sind bzw. der Bauraum weitläufig einem Lockergebirge zugeordnet werden muss. Die tatsächliche Bewegungsgefährdung (ST) auf Verkehrswege, Bauwerke oder Objekte jeder Art in Böschungs- oder Hangbereichen spielt eine entscheidende Rolle für den Untersuchungsaufwand und die weitere Vorgehensweise. Aus diesem Grund wurde in der Abb. 4.48 die Klassifikation der Bewegungsgefährdung (ST) mit der

Größenordnung einer Bewegung aus dem Festgebirge und der Geschwindigkeit dieser Bewegungen vorgenommen.

Je größer die Bewegungsgefährdung, desto größer wird der Aufwand zur Sicherung. Im ungünstigsten Fall können den Ausmaßen der Bewegungsgefährdung wirtschaftlich und technisch keine wirksamen Maßnahmen zur Sicherung entgegengesetzt werden.

■ Standsicherheitsmodelle

Für Standsicherheitsberechnungen im Festgebirge sind neben der Klärung der geologischen Verhältnisse die in der ◻ Tab. 4.16 aufgeführten wesentlichen Eingangsparameter und Einflüsse zu untersuchen oder messtechnisch zu erfassen. Das ingenieurgeologisch-felsmechanische Modell bildet mit dem Trennflächengefüge, den Trennflächenabständen, Festigkeitsparametern, Reibungsverhältnissen und geologischen Gegebenheiten das Kernstück von Standsicherheitsuntersuchungen. Im Weiteren werden an ausgewählten Beispielen Möglichkeiten der Erfassung von Eingangsgrößen und deren Ergebnisse vorgestellt.

Das Bergwasser kann aufgrund des Trennflächengefüges mit unterschiedlichen Kluftöffnungen oft keinen „Bergwasserspiegel" bilden. Die Wasserstände sind wechselhaft. Diese Erscheinungen sind gleichermaßen an Hängen und Böschungen zu beobachten.

Thermografische Aufnahmen sind bestens geeignet, oberflächennahe Nassstellen und Wasseraustritte im Festgebirge zu orten (◻ Abb. 4.46). Für tiefer liegende Zonen und das Aufsuchen von Gleitflächen bei größeren Rutschungen bieten sich geoelektrische Widerstandskartierungen an (◻ Abb. 4.50).

Aus der Zusammenstellung der Eingangsparameter für die Standsicherheitsberechnungen der ◻ Tab. 4.16 geht hervor, dass vom Festgestein die Rohdichte als lasterhöhend, die Wasseraufnahme und die Scherfestigkeit bekannt sein müssen. Die Bewegungen vollziehen sich im Festgebirge auf den vorhandenen Trennflächen oder neu entstandenen Bruchflächen, die ehemalige Materialbrücken des Festgesteins darstellen. An diesen Materialbrücken bilden sich die meisten Scherbrüche bei entsprechender Belastung aus, sodass die oben behandelte Scherfestigkeit für das Bruchverhalten maßgebend ist.

Bevor eine Standsicherheitsberechnung nach erarbeiteten felsmechanischen realistischen Modellen vorgenommen wird, empfiehlt sich eine kinematische Analyse auf der Grundlage der Poldarstellung der Raumstellung im Normalnetz mit Hilfe des von Markland entwickelten Hilfsnetzes zur Bestimmung der theoretisch möglichen gleit- und kippgefährdeten Trennflächen, Verschneidungsachsen und Störungen an einem Hang- oder Böschungsausschnitt. Für derartige Untersuchungen ist die statistisch gesicherte Erfassung der Raumstellung der Trennflächen zwingend erforderlich.

Bei der kinematischen Analyse wird wie folgt vorgegangen (◻ Abb. 4.51 und 4.52):

Die Raumstellung der Trennflächen und deren Verschneidungen werden im Normalnetz als Durchstoßpunkte ausgewertet. Der minimale oder mittlere Kluftreibungswinkel ϕ wird von innen (0°) nach außen (90°) als Kreis seines Betrages in das Normalnetz eingetragen; der Kippwinkel ϑ wird von außen (0°) nach innen

Tab. 4.16 Wichtige Eingangsparameter für Standsicherheitsberechnungenen im Festgebirge. (Nach Müller et al. 2010)

	Eingangsparameter	**Erfassung oder Messung durch**
Fest-gesteins- und Gebirgs-parameter	Wasserführung, Gebirgsdurchlässigkeit, Wasseraustritte und Betonaggressivität; gegebenenfalls Spannungsverhältnisse des Wassers	Bohrungen; geoelektrische Widerstandsmessungen; thermografische Kartierung
	Rohdichte der Gesteine (ρ_G); Wasseraufnahme bei porösen Festgesteinen Scherfestigkeit der Festgesteine (τ_s)	Laboruntersuchungen
	Kluftreibungswinkel aller Trennscharen φ_k	Abgleittest, In-situ-Tests
	Kippwinkel ψ	In-situ-Erfassung, Berechnung
	Raumstellung der Trennflächen (statistisch gesichert erfasst – mindestens 200 Einzelmessung pro Homogenbereich)	händisch, fotogrammetrisch
	Kluftabstände der Hauptkluftscharen	händisch, fotogrammetrisch
	Durchtrennungsgrad und Erstreckung, Kluftbelag, -füllung, -öffnung Erfassung beobachteter Bewegungen von Gesteins- und Festkörpern; Einstufung der Bewegungsgefährdung	In-situ-Erfassung und Bewertung
Geometrische Verhältnisse des Hanges/der Böschung	2D- oder 3D-Erfassung der Böschungs-/Hanggeometrie Böschungswinkel – Geländestufen (Hang-) Böschungshöhe (Hang-) Hang- oder Böschungsoberfläche – Morphologie	Laserentfernungsmessgerät, 3D-Laserscanner, Fotogrammetrie, terrestrisch
	Bewuchs und Wildeinwirkung zu schützende Objekte und Entfernungen; Bedeutung der Objekte Standzeit der Böschung/des Hanges	In-situ Bewertung bzw. aus topografischen Unterlagen
Klima	Niederschläge pro Jahr; Starkniederschläge Raumlage der Böschung/des Hanges zu den Wetterlagen Frostzone/Temperaturgang pro Jahr Schneelasten	nächstliegende Klimastation, Klimakarten, lokale Erfassung von Klimadaten
Geodynamische Prozesse; anthropogene Einflüsse	Erdbebeneinwirkung Subrosion/Erosion bautechnische Einwirkungen, Belastungen Maßnahmen Verkehr	vorhandene Unterlagen oder eigene Untersuchungen

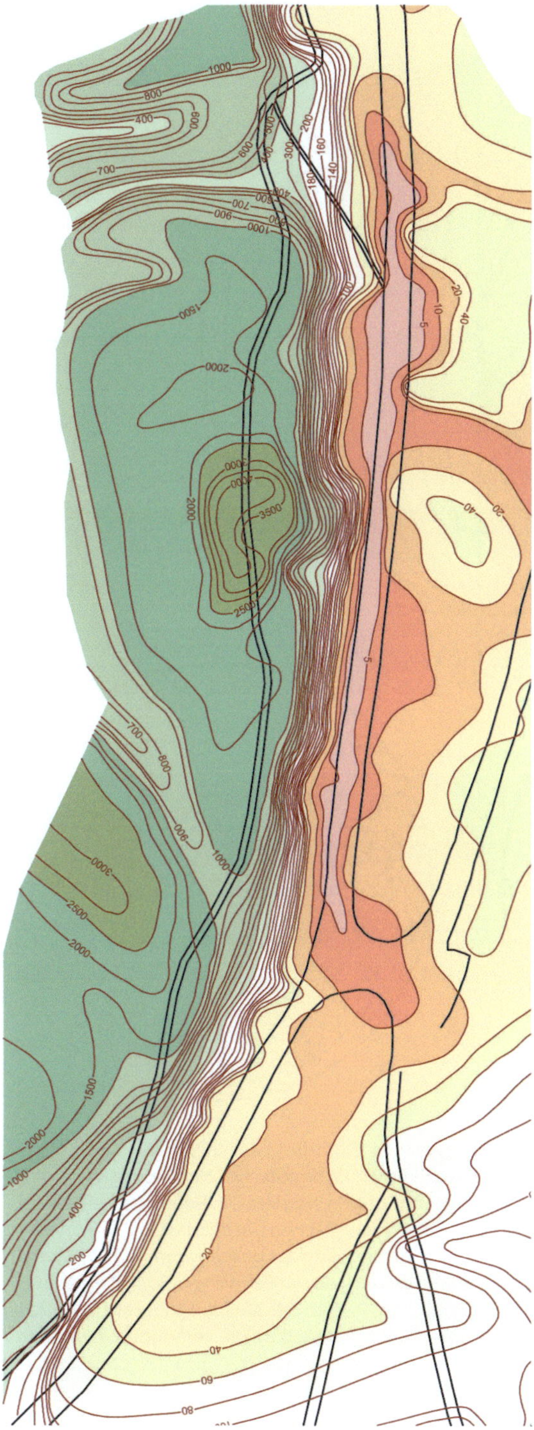

— 180 — Linien gleicher scheinbarer, spezifischer Widerstände [Ωm]

- Flächen 0 - 5 Ωm
- Flächen 5 - 10 Ωm
- Flächen 10 - 20 Ωm
- Flächen 20 - 40 Ωm
- Flächen 40 - 60 Ωm
- Flächen 60 - 100 Ωm
- Flächen 100 - 200 Ωm
- Flächen 200 - 400 Ωm
- Flächen 400 - 1000 Ωm
- Flächen 1000 - 2500 Ωm
- Flächen > 2500 Ωm

Abb. 4.50 Das Bild zeigt die Ergebnisse einer oberflächengeophysikalischen Widerstandskartierung, mit der eine in 7 bis 8 m Tiefe unter Gelände liegende Gleitflächenzone über 100 m Länge nachgewiesen werden konnte

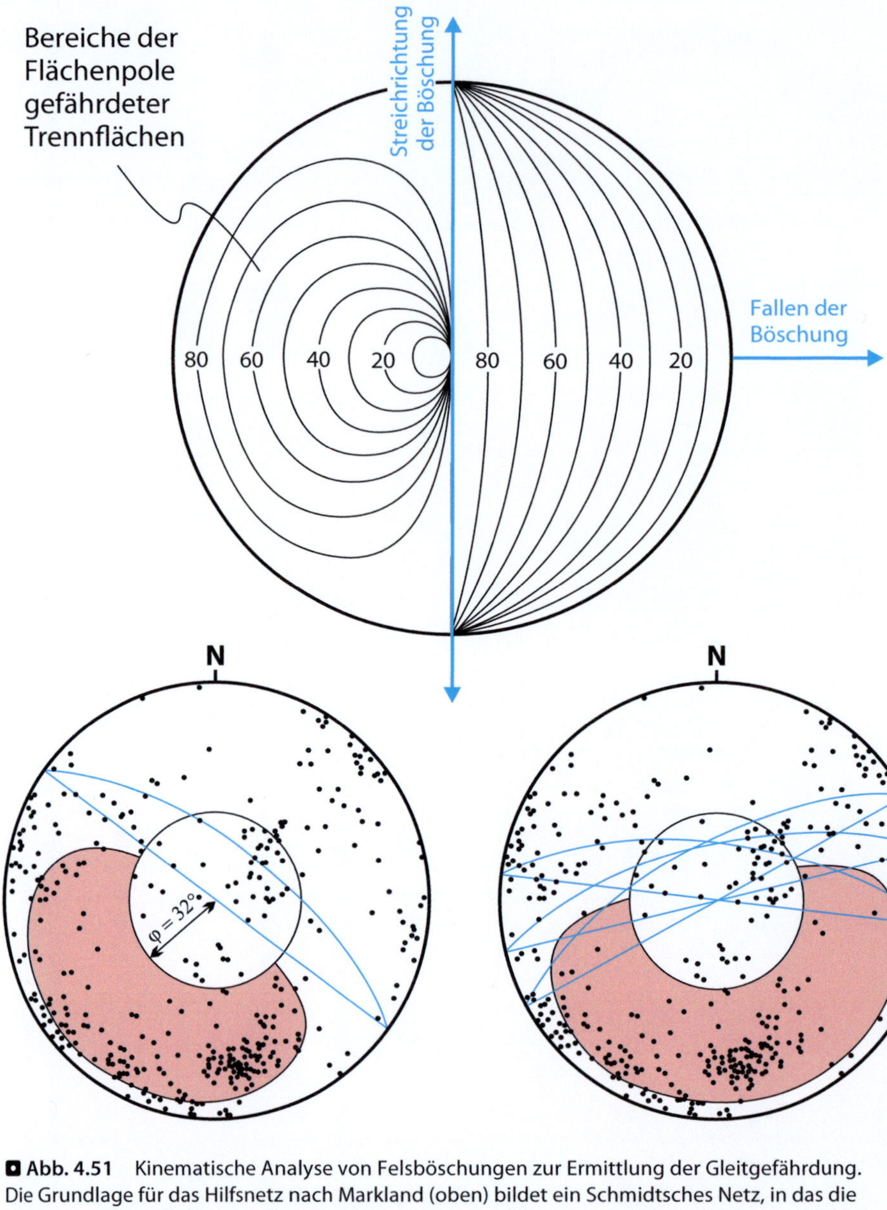

Abb. 4.51 Kinematische Analyse von Felsböschungen zur Ermittlung der Gleitgefährdung. Die Grundlage für das Hilfsnetz nach Markland (oben) bildet ein Schmidtsches Netz, in das die Böschung als Großkreis und die Trennflächen als Pole eingetragen werden. Die Pole innerhalb eines bestimmten Bereiches repräsentieren die gleitgefährdeten Trennflächen *(im Beispiel rot)*. Nur leicht geneigte Flächen (flacher als der Reibungswinkel φ) sind nicht gefährdet und werden von vorn herein durch den Kreisbereich in der Mitte des Diagramms ausgeschlossen *(im Beispiel $\varphi = 32°$)*. Das Beispiel *(beide Diagramme unten)* entstammt einem Granitsteinbruch, in dem das Marklandnetz auf zwei verschiedene Böschungssysteme *(blau)* angewandt wurde. Man erkennt, dass die veränderte Raumlage der Böschung auch die Gefährdungslage verändert

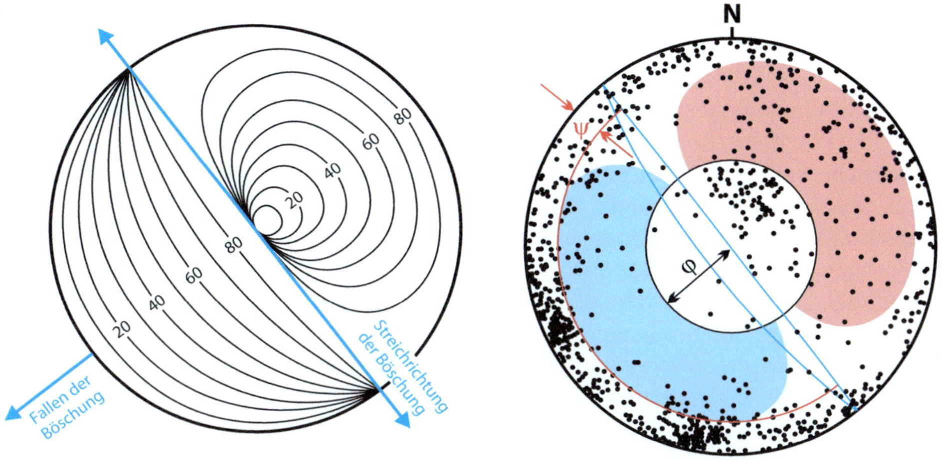

Abb. 4.52 Kinematische Analyse eines rhyolithischen Gebirges nach Markland. Neben den gleitgefährdeten Klüften *(roter Bereich)* können auch die kippgefährdeten Trennflächen gezeigt werden *(blauer Bereich).* Hier wird der gefährdete Bereich durch den Reibungswinkel φ und den Kippwinkel ψ eingeengt

(90°) ebenso als Kreis eingezeichnet. Das resultierende Diagramm wird auf der Peripherie des Hilfsnetzes nach Markland gedreht, bis die Großkreisdarstellung mit der tatsächlichen Streichrichtung der Böschung oder des Hanges übereinstimmt. Danach wird der im Hilfsnetz konstruierte Kleinkreis mit dem Einfallwinkel der Böschung bzw. Hanges in das Diagramm übernommen. Es können auch mehrere Einfallwinkel berücksichtigt werden.

Die Trennflächen mit dem Einfallwinkel flacher als der Böschungswinkel und steiler als der Kluftreibungswinkel sind kinematisch mögliche Gleitflächen. Die Durchstoßpunkte die in den roten Bereichen der Abb. 4.51 und der Abb. 4.52 liegen, sind als aus der Böschung fallende Trennflächen theoretisch gleitgefährdet. Die Trennflächennormalen, die innerhalb der blauen Fläche von Abb. 4.52 liegen, sind dagegen kippgefährdet. Aus dieser einfachen Gegenüberstellung mit dem Hilfsnetz sind optimale Böschungsneigungen, -lagen und die möglicherweise gefährdeten Trennflächenscharen ableitbar. Desgleichen kann man diese Analyse auf Untertageprobleme in Strecken und Tunnelbauwerken übertragen, wenn dazu die dreidimensionalen Bedingungen beachtet werden.

Nach der kinematischen Analyse kann man im Gelände eine Überprüfung der herausgefundenen gefährdeten Trennflächen zwecks Abgrenzung der erforderlichen Berechnungsmodelle vornehmen. Die für die Berechnung der Standsicherheit und nachfolgende Sicherung wichtige Erfassung der realistischen geometrischen Verhältnisse an Böschungen und Hängen kann heute mit modernen Messverfahren vorgenommen werden. Das sind

- 2D-Lasertheodolite,
- 3D-Laserentfernungsmesssysteme,
- 3D-Laserscanner,

- fotogrammetrische Verfahren,
- geodätische, GPS-gestützte Messverfahren.

Sind alle Eingangswerte erfasst und die Berechnungsmodelle durch Beobachtung und die kinematische Analyse bestätigt, beginnt die eigentliche Berechnung der Standsicherheit nach felsmechanischen Regeln. Nach dem Vergleich der ermittelten oder beobachteten Kinematik mit dem Geländebefund können die eigentlichen Berechnungsmodelle herausgearbeitet und die für die Standardsicherheitsberechnung notwendigen Kennwerte präzisiert werden (◘ Abb. 4.53, 4.54 und 4.55).

In den Modellen werden die in der Natur beobachteten kinematischen Fälle vereinfacht dargestellt, aus denen die verschiedenen Formen der Bruchflächen wie ebene, abgetreppte, keilförmige, überkippte und quasi-kreiszylindrische mit oder ohne Scher- bzw. Zugbruch erkennbar sind. Die Berechnung der Standsicherheit kann grafisch-analytisch, numerisch, mit Matrizen, probabilistisch oder mit anderen modernen Möglichkeiten vorgenommen werden.

Die Wahl des Berechnungsverfahrens wird von der Aufgabenstellung, der Genauigkeit und Vollständigkeit der Eingangswerte, der Quantifizierung des Modells, der Bewegungsgefährdung, Kinematik und anderen Randbedingungen abhängig bleiben. In der Praxis werden meist einfachere zweidimensionale Verfahren dominieren, die auf die 3D-Berechnungsmodelle erforderlichenfalls erweitert werden können. Zur Kennzeichnung der 3D-Modelle werden beispielhaft einige natürliche vorhandene kinematische Situationen von ausgewählten Böschungen mit dem jeweiligen Modell verglichen. Die ◘ Abb. 4.56 zeigt eine recht häufige Form von Böschungsbrüchen, die auch „Gleitkeil" genannt und durch Verschneidungen von Trennflächen gebildet werden.

In einem säulig abgesonderten Rhyolith konnte der progressive Bruch einer späteren Gleitfläche auf abgetreppter Ebene mit Scherbrüchen beobachtet werden (◘ Abb. 4.57). Ein besonders kritischer Fall ist das Gleiten eines Felskeils auf einer verdeckten Ebene bzw. Gleitfläche mit Böschungsfußbruch (◘ Abb. 4.58). Im abgebildeten Beispiel wurde die Grenzfläche bei Baggerarbeiten freigelegt. Normalerweise wäre diese an der Böschungsseite nicht erkannt worden. Derartige Felsbewegungen sind in einem Tagebaubetrieb als besonders gefährlich einzustufen.

Bei ungünstig angeschnittenen Böschungen mit entsprechenden Trennflächenneigungen ist nicht selten das Ausbrechen von Kluft- oder Felskörpern mit gleichzeitigem Gleiten und Kippen festzustellen (◘ Abb. 4.59). An Steilwänden, die von massiven Gesteinen gebildet werden und die auf plastifizierbaren, wenig diagenetisch verfestigten oder auf dreischichttonmineralhaltigen Ton-Schluffsteinen ruhen, können sich nach Erweichen des Auflagers größere Felskeile oder -blöcke langsam hangabwärts bewegen (◘ Abb. 4.60). Derartige Bewegungen treten häufig im Buntsandstein, an der Wellenkalksteilstufe über Schichten des Röts und ähnlichen ingenieurgeologisch-felsmechanischen Situationen im Mittelgebirgsraum auf.

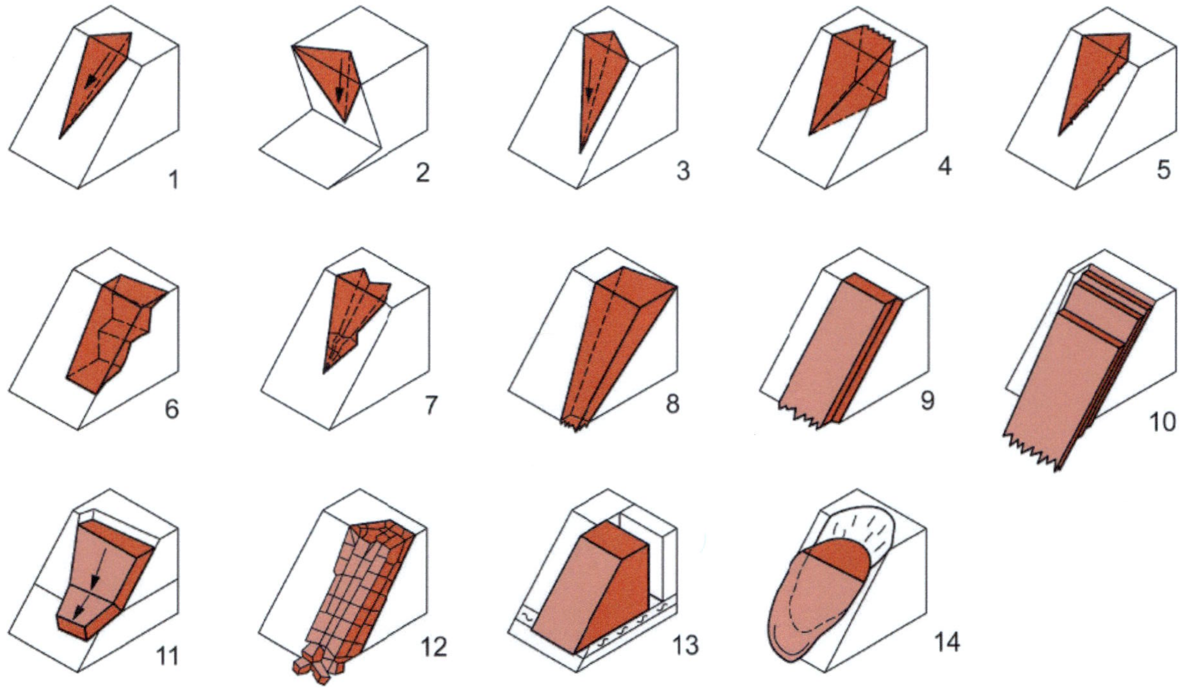

1 Gleiten eines Felskeiles auf mehreren ebenen Flächen
2 Gleiten eines Felskeiles auf der Verschneidungslinie von Flächen
3 Gleiten eines Felskeiles auf einer ebenen Fläche
4 Gleiten eines Felskeiles mit Zugbruch
5 Gleiten eines Felskeiles mit Scherbruch
6 Gleiten eines Felskeiles auf einer abgetreppten Fläche
7 Gleiten von mehreren Felskeilen und mehreren Flächen
8 Gleiten eines Felskeiles auf verdeckter Ebene mit Böschungsfußbruch
9 Gleiten eines Felskeiles auf böschungsparallelen Ebenen mit Böschungsfußbruch
10 Gleiten von mehreren Felskeilen übereinander mit Böschungsfußbruch
11 Gleiten von Felskeilen mit gegenseitiger Beeinflussung
12 Gleiten von mehreren Felskeilen übereinander und gegenseitiger Beeinflussung
13 Gleiten eines Felskeiles auf einer plastifizierbaren Schicht
14 Gleiten eines kreiszylindrisch begrenzten Felskörpers mit großer bis sehr großer Trennflächenhäufigkeit (Quasi-Lockergestein)

Abb. 4.53 Verschiedene felsmechanische Modelle, die das Gleiten von Kluftkörpern beschreiben

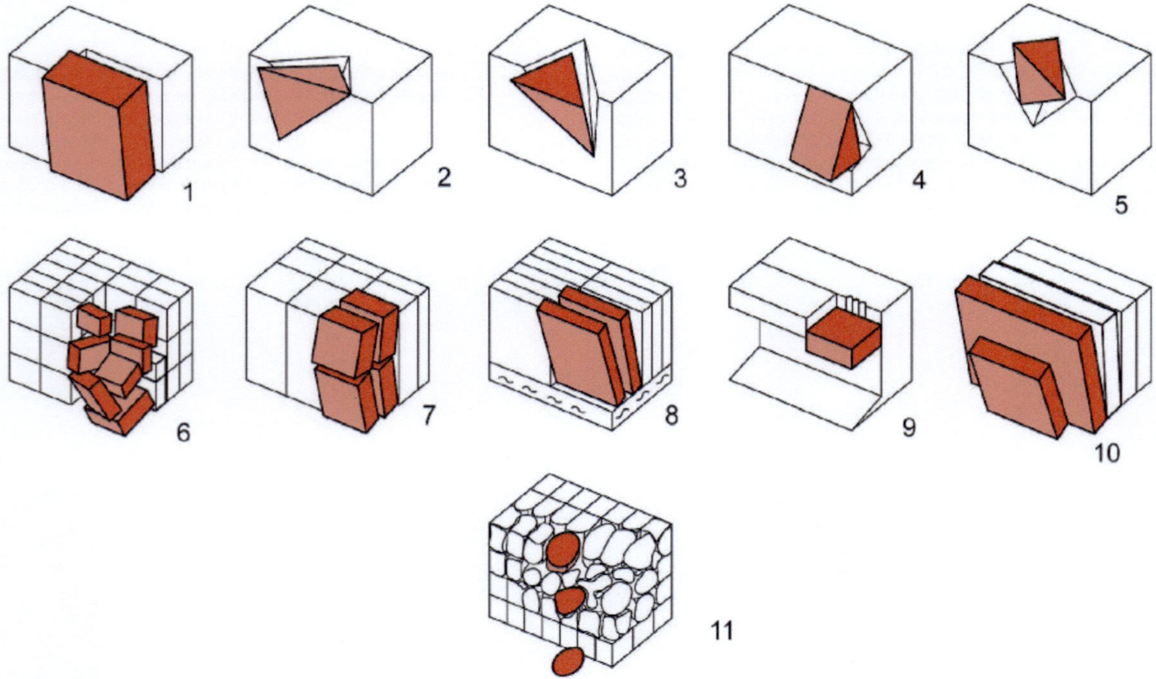

Abb. 4.54 Verschiedene felsmechanische Modelle, die das Kippen von Kluftkörpern beschreiben

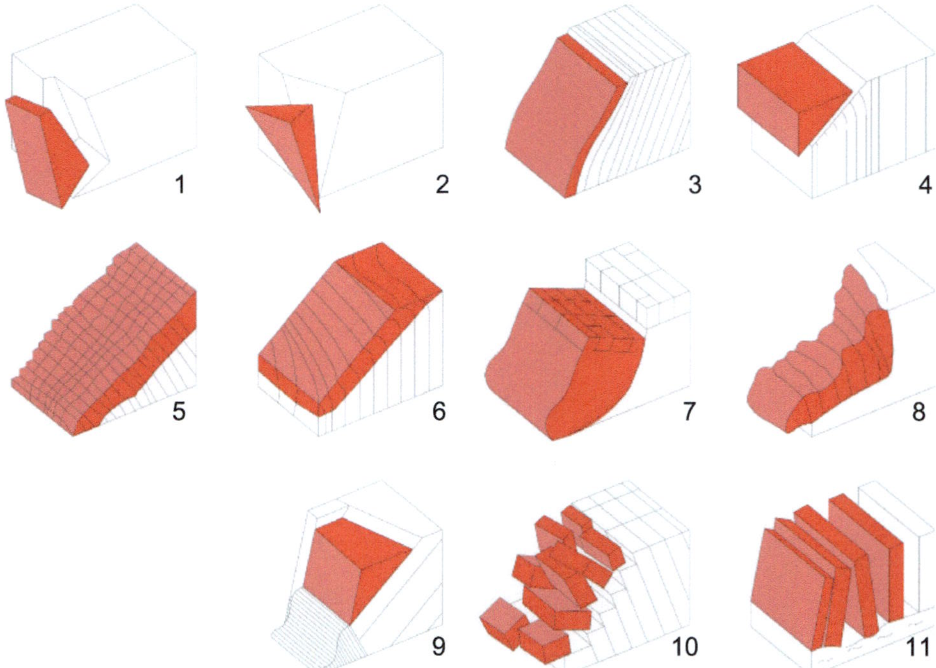

1 Gleiten und Kippen eines Felskeiles
2 Gleiten und Drehen eines Felskeiles auf einer Ebene
3 Beulen von parallelen Felskeilen bis -platten
4 Gleiten eines Felskeiles durch kippende Unterlage bzw. Gleiten und Auslösen von Kippvorgängen
5 Gleiten eines Felskeiles und Auslösung eines Kippvorganges und umgekehrt
6 Gleiten und Kippen von mehreren Felskeilen gegen- und nebeneinander
7 Gleiten und Kippen von Felskeilen auf einer kreiszylindrischen Abrissfläche aus Lockergebirge
8 Gleiten und Kippen von zahlreichen Felskeilen auf einer zylindrischen Fläche mit großer bis sehr großer Trennflächenhäufigkeit (Quasi-Lockergebirge)
9 Gleiten und Kippen von Felskeilen mit Verbiegung
10 Gleiten und Kippen mehrerer Felskeile über- und nebeneinander
11 Gleiten und Kippen von mehreren Felskeilen auf plastifizierbarer Unterlage

Abb. 4.55 Verschiedene felsmechanische Modelle, die das Gleiten und Kippen von Kluftkörpern beschreiben

Abb. 4.56 Dreidimensionales Gleiten (Gleitkeil) einer Felsböschung

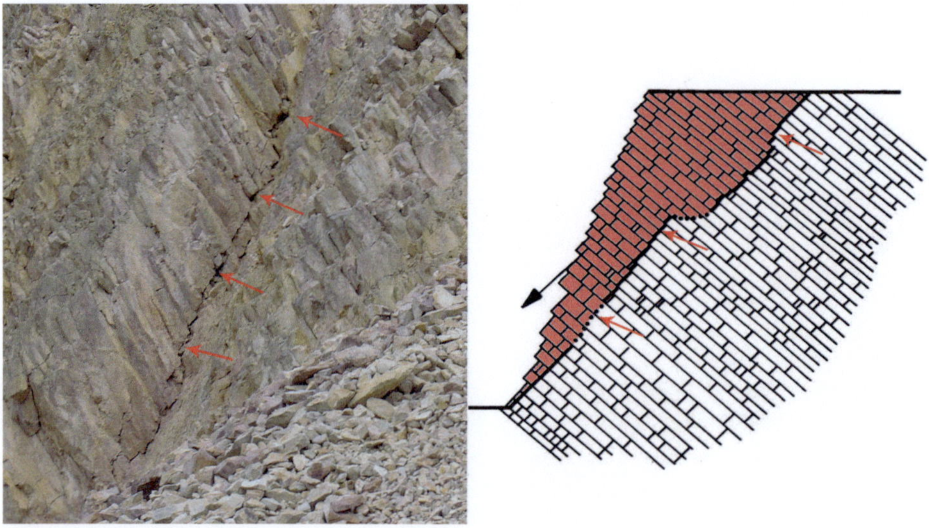

Abb. 4.57 Böschungsversagen durch Kippen in einem säuligen Gebirge

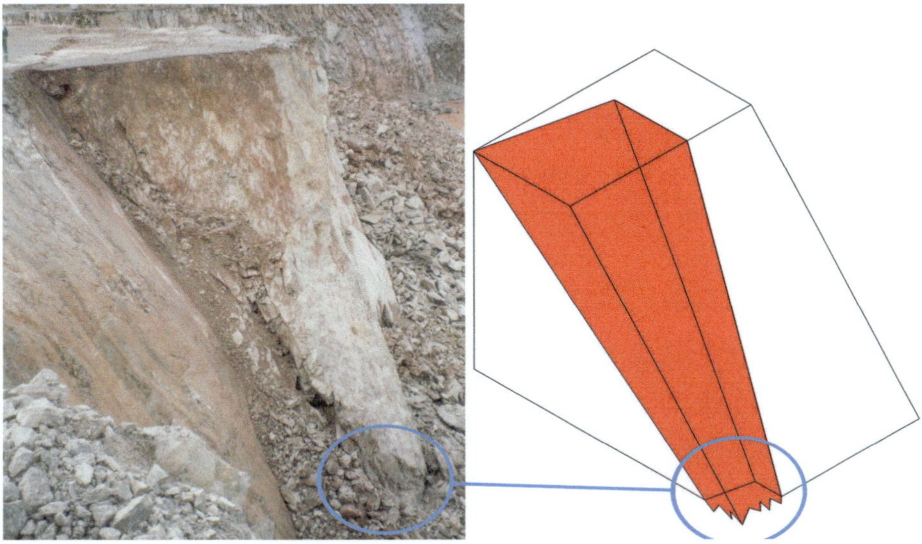

Abb. 4.58 Gleitkeil mit Fußbruch

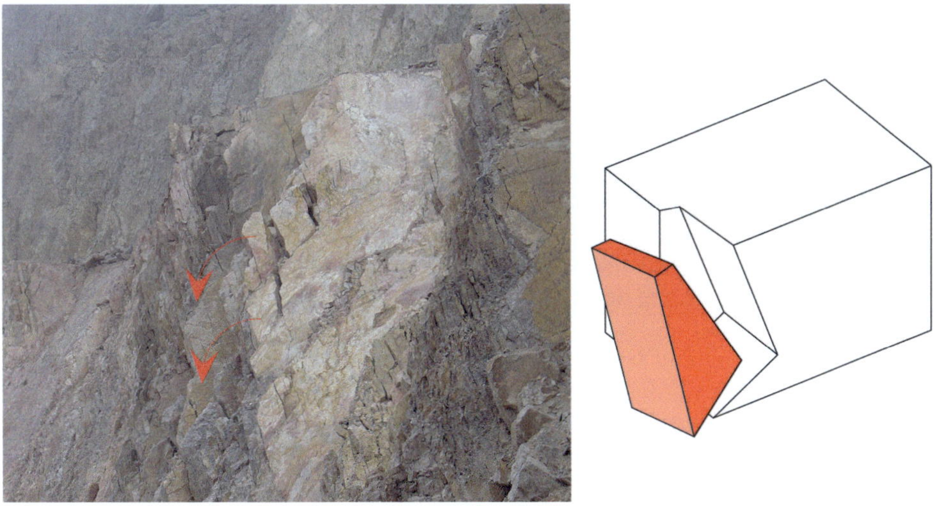

Abb. 4.59 Böschungsversagen durch Gleiten und Kippen

■ Standsicherheitsberechnungen

Aus der Fülle der möglichen Berechnungsansätze werden nachstehende, sehr häufig auftretende Berechnungsmodelle ausgewählt und vorgestellt.

Folgende Voraussetzungen und Annahmen sind zur Berechnung der Standsicherheit in der Felsmechanik notwendig:

- Systematische und statistisch gesicherte Erfassung der ingenieurgeologisch-felsmechanischen Eingangsparameter für die Standsicherheitsberechnung insbesondere des Trennflächengefüges (Raumstellung, Kluftabstände,

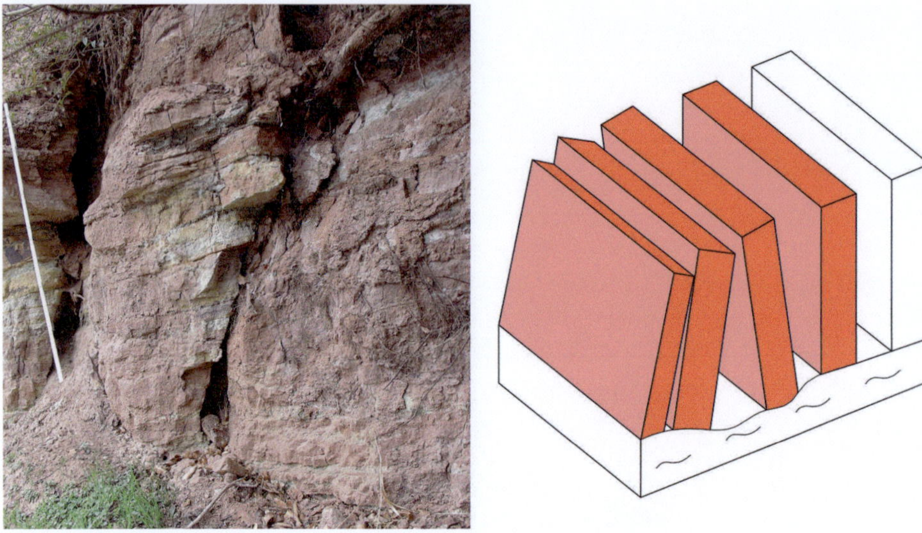

Abb. 4.60 Bewegung massiven Felses auf plastifizierbarer Unterlage

Kluftreibungswinkel) sowie Rohwichte und Scherfestigkeit der jeweiligen Festgesteine,
- kinematische Analyse der vorgefundenen Verhältnisse zwecks Bewertung der Gleit- und Kippgefährdung sowie Ableitung der eigentlichen Berechnungsmodelle,
- Erarbeitung der felsmechanischen Berechnungsmodelle unter Einbeziehung der ingenieurgeologisch-felsmechanischen Gegebenheiten,
- Einordnung der Gefährdung möglicher allgemeiner Bewegungsformen und kinematischer Fälle in den Festgesteinsböschungen vor Ort,
- Berechnung der Standsicherheitskoeffizienten nach Varianten und unter Beachtung der Streuung der Einzelwerte bzw. probabilistische Vorgehensweise.

Um die Berechnung der Standsicherheit durchführen zu können, müssen Vereinfachungen getroffen werden. Durch die Einbeziehung begründeter Parameter oder die Annahme der ungünstigsten Kennwerte liegen felsmechanische Berechnungen in der Regel auf der sicheren Seite.

Die Standfestigkeit einer Felsböschung wird als allgemeiner, qualitativer Begriff definiert und ist die Fähigkeit des Gebirges, ohne Maßnahmen der Sicherung selbst zu halten. Dagegen ist die Standsicherheit η bzw. der Ausnutzungsgrad μ der quantitative Ausdruck des Verhältnisses:

$$\mu = \frac{1}{\eta} = \frac{\sum(\text{maximal mögliche Aktionskräfte in der Gleitfläche})}{\sum(\text{maximal vorhandene Reaktionskräfte in der Gleitfläche})}$$

Exkurs

Standsicherheit und Ausnutzungsgrad

Die Sicherheitsnachweise für den Lockergesteinsbaugrund regelt die DIN 1054. Bis 2005 betrachtete man die sogenannte Globalsicherheit. Das heißt, es wurde die Sicherheit unabhängig von bestimmten „Nutzungssituationen" (Lastfällen) betrachtet. Das Ergebnis der Berechnung war die Standsicherheit η (Eta):

η = Widerstände/Beanspruchung.

Eine Böschung gilt demnach als sicher, wenn $\eta > 1$ ist.
Seit der Novellierung der DIN 1054 im Jahr 2005 sind Teilsicherheiten zu betrachten – die Sicherheit wird in Abhängigkeit vom Lastfall betrachtet:

LF 1 ständige Einwirkung,
LF 2 seltene Einwirkung oder ständige Einwirkung während Bauzustand,
LF 3 außergewöhnliche Einwirkung.

Das Ergebnis der Berechnung ist der Ausnutzungsgrad μ (My) nach DIN 4084 (2009):

μ = Beanspruchung/Widerstände.

Seitdem ist also von sicheren Verhältnissen zu sprechen, wenn $\mu < 1$ ist.
Im Rahmen der europäischen Standardisierung und des Eurocodes wurden die Vorschriften noch einmal angepasst. Auch die EC 7 (2009) mit DIN EN 1997-1 (2014) und DIN 1054 (2010) behandelt das Teilsicherheitskonzept mit dem Unterschied, dass aus Lastfällen Bemessungssituationen (BS) werden:

LF 1 → BS-P (persistent = ständig),
LF 2 → BS-T (transient = vorübergehend),
LF 3 → BS-A (accidental = außergewöhnlich) und BS-E (earthquake = Erdbeben).

Weiterhin wird mit dem Ausnutzungsgrad μ gerechnet.

Da der Ausnutzungsgrad eventuell zu abstrakt erscheint (► Exkurs Standsicherheit und Ausnutzungsgrad), wird im Folgenden weiterhin mit der Standsicherheit η gearbeitet ($=1/\mu$). Generell sind für Festgebirgsböschungen folgende Sicherheiten zu betrachten:

- η_G … Gleitsicherheit mit Gleitung auf einer Trennfläche,
- η_K … Kippsicherheit mit Kippung um eine freie Kante, wenn der Schwerpunkt außerhalb dieser Kante in Richtung Böschungsfuß liegt (geometrische Kippsicherheit).

Je nach den kinematischen Gegebenheiten in einer Böschung oder des Böschungssystems sind Kombinationen der mechanischen Fälle möglich. Zur Berechnung ist es erforderlich, die vorhandenen Verhältnisse modellartig zu vereinfachen. Die Eingangsparameter werden so gewählt, dass sie einerseits den natürlichen Bedingungen nahekommen und andererseits die Ergebnisse auf der sicheren Seite liegen.

Die Größe der Sicherheitskoeffizienten sollten in Anlehnung an die DIN 4084 (1981) für die verschiedenen Felsböschungen wie folgt festgelegt werden:

- $\eta = 1{,}3$ für bleibende Böschungen mit längerer Standzeit bzw. Endböschungen,
- $\eta = 1{,}05$ für Abbauböschungen mit häufiger Veränderung in einem Gewinnungsbetrieb.

Die ausgewählten Fälle sind:

- Gleiten eines Felskeiles auf mehreren Ebenen,

$$\eta G = \frac{\tan \varphi_k}{\tan \gamma_{1/2}} \tag{4.7}$$

- Gleiten eines Felskeiles auf abgetreppter Ebene:

$$\eta G = \frac{\tan \varphi_k}{\tan \gamma_{\min}} \tag{4.8}$$

- Gleiten eines oder mehrerer Felskeile auf einer Ebene mit Scherbruch entlang einer Material- oder Kluftbrücke

$$\eta G = \frac{G \cdot \cos \gamma \cdot \tan \varphi_k}{G \cdot \sin \gamma - (F_N \cdot \tan \varphi_k + \tau_S \cdot A_S)} \tag{4.9}$$

- Gleiten eines Felskeils auf einer verdeckten Ebene mit Böschungsfußbruch

$$\eta G = \frac{4 \cdot \tau_S \cdot a}{h_W^2 \cdot \varsigma_G \cdot \sin \gamma \cdot (\cot \gamma - \cot \beta) + 2 \cdot a \cdot h_W \cdot \varsigma_G} \tag{4.10}$$

- Kippen eines Felskeiles/-körpers um eine freie Kante

$$\eta_k = \frac{k_{Z3} \cdot \cot(\beta - 90°)}{k_{Z1/2}} \tag{4.11}$$

ηG … Sicherheitskoeffizient (Gleiten)
η_k … Sicherheitskoeffizient (Kippen)
φ_k … minimaler Kluftreibungswinkel [°]
τ_s …Scherfestigkeit des Festgesteins [N/mm^2]
β … Böschungsneigung [°]
$\gamma_{1/2}$ … Gleitflächenwinkel der verschiedenen Ebenen [°]
$\gamma_{\min}$ … Einfallwinkel der Verschneidung zweier Flächen [°]
h_W … Böschungs- oder Festkörperhöhe [m]
ς_G … Rohdichte des Gesteins [kg/m^3]
G … Hangabtriebskraft auf den Gleitkeil [kN]
a … kürzester Abstand von der verdeckten Gleitfläche zur freien Böschungsfläche [m]
F_N … Normalkraftkomponente infolge G auf die Kluftbrüche [kN]
A_S … Scherfläche der Kluftbrücke [m^2]
$K_{Z1/2/3}$ … Kluftabstände der einzelnen Trennflächenscharen [m^{-1}]

Für die Berechnungsmodelle werden folgende Annahmen und Vereinfachungen zugrunde gelegt:

- Ein Bruch findet entlang von Trennflächen oder Materialbrücken zwischen den und in Verlängerung der Trennflächen bzw. im Kluftkörper statt.
- Der bewegte Felskörper und das Auflager verhalten sich starr.
- Meist ist durch die Streuung der Trennflächen, die Verzahnung und Unregelmäßigkeiten auf den Trennflächen, die vorhandenen Materialbrücken und Absetzigkeit der Trennflächen eine Verspannung wirksam, die bei den Berechnungen nicht berücksichtigt werden kann.
- Ermittlung der bestimmenden, kinematisch bedeutsamen Trennflächen und Bewertung von beobachtbaren Gleit- und Kippflächen.
- Theoretisch ist ein Durchtrennungsgrad von 1 vorhanden, d. h. die Klüfte durchtrennen das Gebirge vollständig. In Wirklichkeit beherrschen Materialbrücken weite Bereiche des Gebirges.
- Bei Gleitvorgängen werden der Kluftreibungswinkel auf den Trennflächen und die Scherfestigkeit des Festgebirges in Materialbrücken wirksam. Hierbei wird ferner vorausgesetzt, dass gleichmäßig verteilte Normalkräfte (auch Schubkräfte) sowie ein einheitlicher Kluftreibungswinkel vorhanden sind. Die Parameter sind innerhalb der Gesteine und auf den Trennflächen gleich.
- Ein Kluftwasserdruck ist nicht wirksam oder muss nach den lokalen Untersuchungen berücksichtigt werden.
- Die Belastung der Böschung geschieht ohne äußere Einflüsse. Es geht nur das Eigengewicht in die Berechnung ein.
- Die Trennflächen sind eben und verlaufen $\pm$ parallel.
- Je schlanker und je höher die Kluftkörper sind, desto kleiner wird der Kippwinkel.

Für die meisten Berechnungsansätze der Standsicherheitsberechnungen existieren bewährte Programme. Mit der hier vereinfachten Darstellung der Problematik der Behandlung von Standsicherheitsuntersuchungen sollen die wichtigsten Grundlagen und Ansätze aus der Vielfalt der kinematischen Möglichkeiten aufgezeigt werden.

An den vorgestellten Fallbeispielen ist erkennbar, dass die Standsicherheitsberechnung im Festgebirge eine äußerst komplexe Aufgabe ist, die viel Sorgfalt und Beobachtung verlangt. Die Standfestigkeit von Böschungen, Hängen oder Felsmassiven ist nur mit mehreren Berechnungsmodellen variantenreich unter Einbeziehung des Trennflächengefüges mit allen Eigenheiten und der Festgesteinskennwerte zu beurteilen. Erst aus den Ergebnissen der Standsicherheitsberechnungen leiten sich die eigentlichen Felssicherungsmaßnahmen ab. Für die felsstatische Dimensionierung der bautechnischen Maßnahmen zur dauerhaften Sicherung bzw. zum Aufhalten von ausbruchgefährdeten Felsmassen werden die Beziehungen zur Standsicherheitsberechnung durch entsprechende Größen wie die der Ankerkraft ergänzt.

Exkurs

Beispiele für Felssicherungen

An zwei extremen Beispielen soll die bewährte Vorgehensweise vorgestellt werden. Im Zusammenhang mit dem Bau der Autobahn A17 Dresden – Prag wurde bei Coschütz ein Tunnel ausgebaut. Am Südportal vor der Brücke über den Plauenschen Grund befand sich unweit das denkmalgeschützte Bauwerk der Begerburg aus dem 19. Jahrhundert. Dieses Gebäude stand direkt hinter der Böschungsschulter einer bis 68 m hohen, überkippten Felsböschung. Diese Böschung entstand durch den Abbau des Monzonits im Steinbruch unterhalb des Gebäudes. An der Felsböschung waren bereits mittlere Felsstürze durch die vorhandene hohe Kippgefährdung ausgebrochen. In der Begerburg selbst fanden sich Risse, die parallel zu den kippgefährdeten Trennflächen entstanden (■ Abb. 4.61).

Von den Verantwortlichen des Autobahnbaus wurde aus Sicherheitsgründen angeordnet, das Bauwerk vor dem Sprengvortrieb des Coschützer Tunnels dauerhaft zu sichern. Nachdem die Kinematik der Felsklippe mit dem Gebäude geklärt war, wurden sechs 22-Litzen-Anker mit einer Vorspannung von 200 kN pro Litze in vorher hergestellte Bohrungen von der Bergseite her eingebaut. Die längste, 20° geneigte und unter das Gebäude geführte Bohrung, war 26 m lang. Mit der Vorspannung wurde durch jeden der sechs Litzen-Anker das Festgebirge zusammengedrückt. Die Überwachung der bautechnischen Maßnahmen im Bauwerk bestätigte, dass die meist offenen Risse wieder geschlossen werden konnten. Ein weiteres Kippen der Felsklippe mit dem denkmalgeschützten Bauwerk wurde dauerhaft verhindert.

Ein weiteres Beispiel einer Felssicherung betrifft die wesentlich geringere Gefährdung an einem ehemaligen, abgerissenen Brückenwiderlager der Mandaubahn. Infolge der plattig-säuligen Absonderung im Phonolith musste die Böschung eine dauerhafte Steinfallsicherung erhalten. Die ■ Abb. 4.62 dokumentiert die mit einem vernagelten Sechseckdrahtgeflecht gesicherte Böschung. Statt Anker wurden nur Nägel von 2,5 m Länge für die dauerhafte, wartungsarme Sicherung des Bahneinschnittes benötigt.

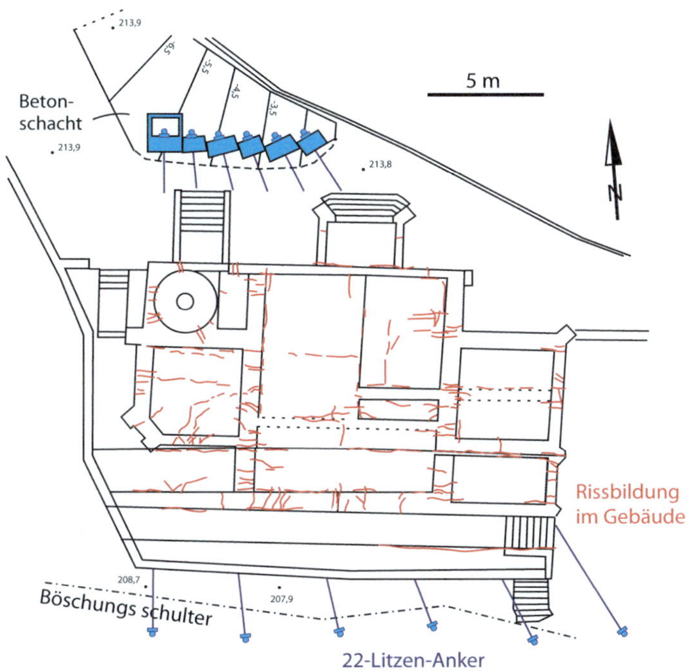

Abb. 4.61 Beispiel einer Felssicherung im Autobahnbau. Die denkmalgeschützte Begerburg im Plauenschen Grund bei Dresden wurde mit sechs 22-Litzen-Ankern an der kippgefährdeten 68 m hohen Böschung im Monzonit gesichert. Auf dem Foto ist das Haupttrennflächengefüge gut zu erkennen: eine Kluftschar zieht sich von oben rechts nach links unten und eine zweite von links oben nach rechts unten. Geotechnisch ausschlaggebend ist jedoch die dritte Kluftschar, auf die man im Foto frontal blickt. Das Querprofil in der Skizze links verdeutlicht die Kippgefährdung dieser Trennflächen

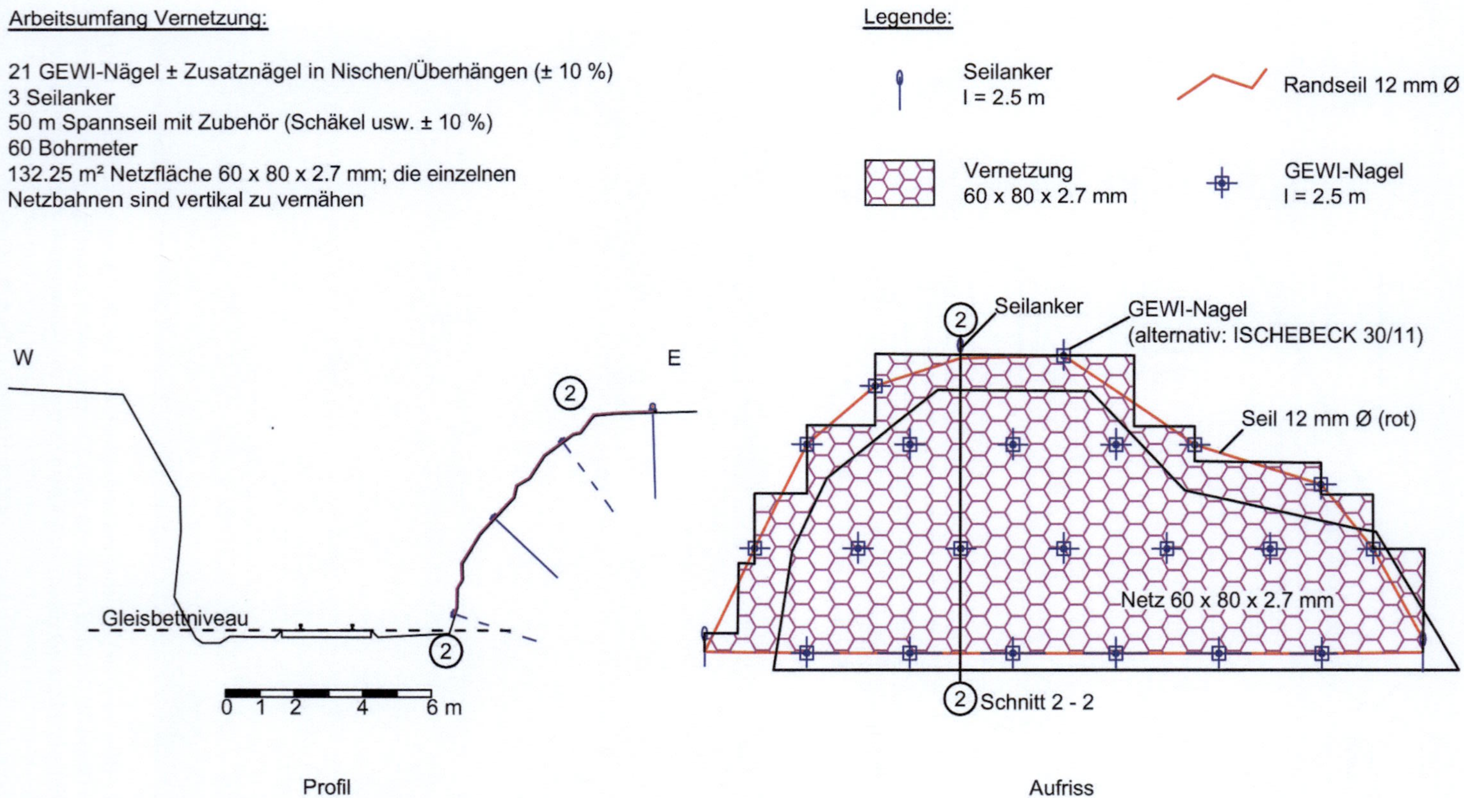

Abb. 4.62 Beispiel für eine Felsnetzverhängung. Böschung an einem abgerissenen Brückenwiderlager der Mandaubahn (Oberlausitz)

Serviceteil

B. Müller, U. Pippig, U. Sebastian, *Geotechnische Klassifikationen von Festgesteinen und Festgebirgen*, https://doi.org/10.1007/978-3-662-59777-4

Anhang

Gesteinsstatische und -dynamische Kennwerte für ausgewählte Gesteine									
Gestein (Zeitalter)	Rohdichte [gcm^{-3}]	P-Wellen-Geschwindigkeit [ms^{-1}]	S-Wellen-Geschwindigkeit [ms^{-1}]	Poissonzahl	dynamischer E-Modul [$kNmm^{-2}$]	G-Modul [$kNmm^{-2}$]	akustische Impedanz (P-Welle) [$10^6kgm^{-2}s^{-1}$]	einaxiale Druckfestigkeit [Nmm^{-2}]	Scherfestigkeit [Nmm^{-2}]
Konglomerat (Oberkarbon)	2,58	1808	543	0,450	2,44	0,84	4,63	44,43	1,20
Ton-Schluffstein (Röt)	2,328	2573	1333	0,320	11,66	4,45	6,03	67,43	7,80
Ton-Schluffstein (Röt)	2,274	2735	1428	0,315	12,97	4,96	6,28	71,63	8,69
Ton-Schluffstein mit Gipslagen (Röt)	2,316	3280	1751	0,301	18,55	7,13	7,60	93,30	13,66
Ton-Schluff-Feinsandstein (Röt)	2,27	3125	1548	0,334	14,58	5,47	7,10	85,06	10,32
Ton-Schluff-Feinsandstein (Röt)	2,43	3387	1458	0,385	14,54	5,28	8,23	103,70	10,50
Sandstein (Turon)	2,09	3362	2004	0,224	20,58	8,41	7,02	83,75	14,44
Sandstein (Mittlerer Buntsandstein)	2,178	2519	1502	0,227	12,69	5,20	5,51	50,86	8,03
Kalkstein (Keuper)	2,76	6021	3112	0,318	70,37	26,70	16,61	241,80	41,06

(Fortsetzung)

(Fortsetzung)

Gestein (Zeitalter)	Rohdichte [gcm^{-3}]	P-Wellen-Geschwindigkeit [ms^{-1}]	S-Wellen-Geschwindigkeit [ms^{-1}]	Poissonzahl	dynamischer E-Modul [$kNmm^{-2}$]	G-Modul [$kNmm^{-2}$]	akustische Impedanz (P-Welle) [$10^6 kgm^{-2}s^{-1}$]	einaxiale Druckfestigkeit [Nmm^{-2}]	Scherfestigkeit [Nmm^{-2}]
Kalkstein (Keuper)	2,65	4997	2850	0,330	57,20	-	13,22	185,94	35,20
Dolomitstein (Keuper)	2,49	2522	1372	0,290	12,07	4,68	6,28	71,55	21,03
Dolomitstein (Keuper)	2,43	2354	1113	0,359	8,18	3,01	5,79	63,47	16,65
Dolomitstein (Keuper)	2,43	2199	1050	0,365	7,80	-	5,35	56,22	15,71
Schluffstein, karbonatisch (Keuper)	2,57	3283	1945	0,230	23,94	9,74	8,45	139,04	30,78
Kalkmergelstein (Oberer Muschelkalk)	2,56	4240	2772	0,326	44,28	19,65	10,84	146,71	32,39
Kalkmergelstein (Oberer Muschelkalk)	2,57	4505	2046	0,370	29,61	10,81	11,60	159,23	21,07
Kalkmergelstein (Oberer Muschelkalk)	2,58	4415	26,12	0,220	42,93	17,79	11,39	155,78	30,19
Kalkstein (Oberer Muschelkalk)	2,65	5206	2532	0,345	45,8	17,00	13,80	195,50	30,01

(Fortsetzung)

(Fortsetzung)

Gestein (Zeitalter)	Rohdichte [gcm^{-3}]	P-Wellen-Geschwindigkeit [ms^{-1}]	S-Wellen-Geschwindigkeit [ms^{-1}]	Poissonzahl	dynamischer E-Modul [$kNmm^{-2}$]	G-Modul [$kNmm^{-2}$]	akustische Impedanz (P-Welle) [$10^6 kgm^{-2}s^{-1}$]	einaxiale Druckfestigkeit [Nmm^{-2}]	Scherfestigkeit [Nmm^{-2}]
Kalkstein, schwach kristallin (Oberer Muschelkalk)	2,64	6000	3095	0,318	66,57	25,25	15,82	228,80	39,00
Riffkalkstein (Zechstein)	2,43	5002	2467	0,337	39,79	14,93	12,16	168,43	25,59
Tonmergelstein (Kreide)	2,50	2906	1464	0,331	15,56	5,90	7,30	87,80	11,22
Mergelstein (Kreide)	2,56	3935	2156	0,282	30,76	11,92	10,01	133,03	22,68
Kalkmergelstein (Kreide)	2,66	5004	2712	0,292	53,24	20,62	13,10	184,00	33,12
Kalkstein (Kreide)	2,69	5572	3085	0,279	65,43	25,59	14,97	214,90	39,80
Kalkstein (Wellenkalk, Unterer Muschelkalk)	2,67	5008	2742	-	52,60	20,45	13,36	188,25	33,71
Kalkstein, bankig (Unterer Muschelkalk)	2,65	5060	2770	-	52,33	20,34	13,40	188,91	33,90
Kalkstein (Oberkreide)	2,58	5110	2651	0,315	47,95	18,28	13,19	185,45	30,81

(Fortsetzung)

(Fortsetzung)

Gestein (Zeitalter)	Rohdichte [gcm^{-3}]	P-Wellen-Geschwindigkeit [ms^{-1}]	S-Wellen-Geschwindigkeit [ms^{-1}]	Poissonzahl	dynamischer E-Modul [$kNmm^{-2}$]	G-Modul [$kNmm^{-2}$]	akustische Impedanz (P-Welle) [$10^6 kgm^{-2}s^{-1}$]	einaxiale Druckfestigkeit [Nmm^{-2}]	Scherfestigkeit [Nmm^{-2}]
Kalkstein (Jura)	2,57	5810	3025	0,312	62,08	23,70	14,93	214,13	36,52
Riffkalkstein (Devon)	2,69	6439	3304	0,320	77,32	29,27	17,32	253,60	43,35
Riffkalkstein (Devon)	2,70	6280	3238	0,312	74,49	28,36	16,93	247,14	42,62
Kalkstein (Oberer Muschelkalk)	2,64	4647	2714	0,244	47,22	18,81	12,25	169,95	32,82
Gipsstein (Zechstein)	2,22	3974	1642	0,390	16,79	6,04	8,83	113,60	11,17
Gipsstein (Zechstein)	2,25	3627	1253	0,432	10,25	3,58	8,18	102,87	6,08
Gipsstein (Zechstein)	2,25	4434	1547	0,387	22,73	8,20	9,97	132,40	10,10
Anhydrit (Zechstein)	2,85	6047	2965	0,342	67,37	25,11	17,25	252,37	40,80
Kieserit (Zechstein)	2,31	4218	2388	0,264	33,31	13,17	9,74	128,58	22,67
Mischsalz (Zechstein)	2,17	4342	2061	0,355	24,93	9,20	9,40	123,02	16,17
Steinsalz (Zechstein)	2,12	4084	2226	0,289	27,19	10,55	8,67	111,00	17,78

(Fortsetzung)

(Fortsetzung)

Gestein (Zeitalter)	Rohdichte [gcm^{-3}]	P-Wellen-Geschwindigkeit [ms^{-1}]	S-Wellen-Geschwindigkeit [ms^{-1}]	Poissonzahl	dynamischer E-Modul [$kNmm^{-2}$]	G-Modul [$kNmm^{-2}$]	akustische Impedanz (P-Welle) [$10^6 kgm^{-2}s^{-1}$]	einaxiale Druckfestigkeit [Nmm^{-2}]	Scherfestigkeit [Nmm^{-2}]
Sylvinit (Zechstein)	2,06	3674	1965	0,300	24,03	8,09	7,61	93,42	13,67
Rhyolith-Pyroklastit (Rotliegendes)	2,22	3407	2080	0,224	22,35	9,12	7,60	93,30	17,12
Rhyolith-Pyroklastit (Rotliegendes)	2,35	3884	2154	0,275	27,92	10,99	9,13	118,43	19,89
Basalt-Pyroklastitbrekzie (Tertiär)	2,36	1619	894	0,373	3,51	1,29	4,40	40,55	1,69
Basalt-Pyroklastitbrekzie, Schlotbereich (Tertiär)	2,15	3160	1680	0,303	15,90	6,10	6,78	79,79	10,91
Basalt (Tertiär)	3,09	7141	3817	0,299	117,10	45,07	22,08	331,98	61,38
Basalt (Tertiär)	3,04	6632	3522	0,303	99,18	38,16	19,45	288,63	54,64
Vitro-Nephelin-Tephrit (Tertiär)	2,94	6320	3550	0,270	94,41	37,18	18,61	274,72	53,06
Effusiv-Basalt (Tertiär)	2,86	5508	3012	0,286	68,74	26,75	15,83	228,96	41,75

(Fortsetzung)

(Fortsetzung)

Gestein (Zeitalter)	Rohdichte [gcm^{-3}]	P-Wellen-Geschwindigkeit [ms^{-1}]	S-Wellen-Geschwindigkeit [ms^{-1}]	Poissonzahl	dynamischer E-Modul [$kNmm^{-2}$]	G-Modul [$kNmm^{-2}$]	akustische Impedanz (P-Welle) [$10^6kgm^{-2}s^{-1}$]	einaxiale Druckfestigkeit [Nmm^{-2}]	Scherfestigkeit [Nmm^{-2}]
Gabbro (Oberkarbon)	2,90	6386	3787	0,225	100,45	41,05	18,24	268,69	56,33
Diorit (Oberkarbon)	2,79	5898	3251	0,282	75,83	29,59	16,46	239,35	44,54
Rhyolith (Rotliegendes)	2,62	5749	3347	0,254	72,59	29,40	15,06	216,26	42,67
Rhyolith (Rotliegendes)	2,66	5987	3421	0,256	78,15	31,11	15,91	230,30	44,70
Rhyolith (Rotliegendes)	2,45	4546	2409	0,299	37,55	14,57	11,23	153,19	25,00
Trachydazit (Rotliegendes)	2,41	4000	2195	0,284	29,99	11,72	9,66	127,3	14,23
Biotitgranodiorit (Unterkarbon)	2,68	3837	2320	0,203	35,75	15,00	10,48	140,78	27,04
Biotitgranodiorit (Unterkarbon)	2,70	5087	2932	0,251	58,05	23,20	13,72	194,20	37,39
Granit (Oberkarbon)	2,51	3822	2086	0,288	28,37	11,00	9,56	125,96	14,94
Granit (Oberkarbon)	2,56	4448	2470	0,276	39,78	15,65	11,39	148,60	16,97

(Fortsetzung)

(Fortsetzung)

Gestein (Zeitalter)	Rohdichte [gcm^{-3}]	P-Wellen-Geschwindigkeit [ms^{-1}]	S-Wellen-Geschwindigkeit [ms^{-1}]	Poissonzahl	dynamischer E-Modul [kNmm^{-2}]	G-Modul [kNmm^{-2}]	akustische Impedanz (P-Welle) [10^{6}kgm^{-2}s^{-1}]	einaxiale Druckfestigkeit [Nmm^{-2}]	Scherfestigkeit [Nmm^{-2}]
Rhyolith (Rotliegendes)	2,58	5586	3079	0,281	62,82	24,51	14,38	205,34	21,28
Mikrogranit (Rotliegendes)	2,61	5563	3036	0,286	62,38	24,25	14,57	207,91	21,25
Granit (Oberkarbon)	2,57	3587	1933	0,296	25,17	9,72	9,21	119,84	19,25
Biotit-Monzogranit (Unterkarbon)	2,62	5717	3126	0,286	65,79	25,58	14,94	214,29	39,06
Biotit-Granit (Oberkarbon)	2,58	3232	1723	0,301	19,99	7,68	8,35	105,67	16,10
Quarzit (Ordovizium)	2,61	-	-	-	17,59	6,76	7,82	96,93	12,10
Quarzit (Ordovizium)	2,64	-	-	-	42,55	16,61	11,17	163,14	25,00
Phyllit (Ordovizium)	2,66	-	-	-	13,80	5,20	6,40	73,52	2,10
Phyllit (Ordovizium)	2,68	-	-	-	12,20	4,80	5,20	53,75	1,80
Phyllit (Ordovizium)	2,65	-	-	-	19,50	7,20	8,60	109,80	15,40

(Fortsetzung)

(Fortsetzung)

Gestein (Zeitalter)	Rohdichte [gcm^{-3}]	P-Wellen-Geschwindigkeit [ms^{-1}]	S-Wellen-Geschwindigkeit [ms^{-1}]	Poissonzahl	dynamischer E-Modul [$kNmm^{-2}$]	G-Modul [$kNmm^{-2}$]	akustische Impedanz (P-Welle) [$10^6kgm^{-2}s^{-1}$]	einaxiale Druckfestigkeit [Nmm^{-2}]	Scherfestigkeit [Nmm^{-2}]
Metagrauwacke (Proterozoikum)	2,77	5594	3104	0,275	68,29	26,79	15,47	223,00	41,61
Metagrauwacke/Tonschiefer (Proterozoikum)	2,66	5660	3444	0,200	75,82	31,77	15,00	215,30	45,11
Metagrauwacke/Tonschiefer (Proterozoikum)	2,66	5553	3286	0,219	70,24	29,15	14,76	211,32	42,53
Metagrauwacke (Unterkarbon)	2,69	4800	1862	0,406	36,59	11,80	11,62	159,56	19,59
Metagrauwacke/Tonschiefer (Unterkarbon)	2,61	3280	1642	0,400	20,92	7,44	9,74	128,58	15,08
Tonschiefer (Unterkarbon)	2,43	2628	1468	0,425	14,90	5,96	6,57	76,33	11,78
Tonschiefer (Unterkarbon)	2,71	4027	2303	0,251	36,01	14,43	10,42	139,72	27,13
Flammengneis (Unterkarbon)	2,73	5314	3156	0,226	67,05	27,06	14,51	207,20	41,80
Granitgneis (Unterkarbon)	2,64	3227	2085	0,230	28,28	11,48	9,28	121,03	22,49

(Fortsetzung)

(Fortsetzung)

Gestein (Zeitalter)	Rohdichte [gcm^{-3}]	P-Wellen-Geschwindigkeit [ms^{-1}]	S-Wellen-Geschwindigkeit [ms^{-1}]	Poissonzahl	dynamischer E-Modul [$kNmm^{-2}$]	G-Modul [$kNmm^{-2}$]	akustische Impedanz (P-Welle) [$10^6 kgm^{-2}s^{-1}$]	einaxiale Druckfestigkeit [Nmm^{-2}]	Scherfestigkeit [Nmm^{-2}]
Muskovit-Glimmerschiefer (Unterkarbon)	2,67	4125	2362	0,255	37,45	14,93	11,03	149,84	27,62
Metabasit (Unterkarbon)	3,01	4711	-	-	60,08	25,02	14,20	202,10	-
Gneis (Unterkarbon)	2,70	4732	-	-	58,61	24,42	13,30	187,25	-
Augengneis (Unterkarbon)	2,65	5264	2925	0,277	58,91	23,09	13,95	198,04	36,45
Biotitgneis, senkrecht zur Foliation (Unterkarbon)	2,54	2219	990	0,376	6,92	2,51	5,64	61,00	4,19
Biotitgneis, parallel zur Foliation (Unterkarbon)	2,56	3801	1280	0,436	12,09	4,21	9,73	128,41	8,87
Zweiglimmergneis, senkrecht zur Foliation (Unterkarbon)	2,65	3919	1460	0,416	16,04	5,67	10,39	139,29	12,50

(Fortsetzung)

(Fortsetzung)

Gestein (Zeitalter)	Rohdichte [gcm^{-3}]	P-Wellen-Geschwindigkeit [ms^{-1}]	S-Wellen-Geschwindigkeit [ms^{-1}]	Poissonzahl	dynamischer E-Modul [kNmm^{-2}]	G-Modul [kNmm^{-2}]	akustische Impedanz (P-Welle) [10^6kgm^{-2}s^{-1}]	einaxiale Druckfestigkeit [Nmm^{-2}]	Scherfestigkeit [Nmm^{-2}]
Zweiglimmergneis, parallel zur Foliation (Unterkarbon)	2,65	3477	1617	0,360	19,36	7,16	9,24	120,40	15,15
dichter Gneis (Unterkarbon)	2,66	3653	1631	0,375	19,63	7,06	9,70	127,92	15,42
Metabasit (Unterkarbon)	2,90	5418	2989	0,284	66,62	25,93	15,80	228,40	42,10
Metagranodiorit-Gneis, verwittert (Unterkarbon)	2,62	2206	974	0,372	6,86	2,50	5,79	63,55	4,43
Biotit-Granulit (Unterkarbon)	2,70	5349	3069	0,246	-	-	14,44	206,05	39,73
Pyroxen-Granulit (Unterkarbon)	3,00	5234	2994	0,2320	-	-	15,70	226,82	44,01

Literatur

Behr HJ (1966) Die Verwendung von Lackfilmen zur Strukturuntersuchung von metamorphen und magmatischen Gesteinen. Monatsber Deut Akad Wiss, Berlin 8(12):897–904

Borchert K-M, Große A (2016) Veränderungen der Boden- und Felsklassen in der VOB, Teil C (2015). geotechnik 39, 3. Ernst & Sohn, Berlin

Deere DU (1963) Technical Description of Rock Cores for Engineering Purposes. Rock Mech Eng Geol 1:16–22

Deutschen Gesellschaft für Geotechnik e. V. Empfehlung Nr. 23 des Arbeitskreises 3.3 „Versuchstechnik Fels"

DGGT e. V. (2004) Empfehlung Nr. 1 des Arbeitskreises „Versuchstechnik Fels der DGGT e. V., „Einachsiale Druckversuche an zylindrischen Gesteinsprüfkörpern", In: Bautechnik 81, H 10, 825 ff

DIN 1054 (2005, ungültig) Baugrund – Sicherheitsnachweise im Erd- und Grundbau – Ergänzende Regelungen zu DIN EN 1997-1. Beuth Verlag ,Berlin

DIN 1054 (2010) Baugrund – Sicherheitsnachweise im Erd- und Grundbau – Ergänzende Regelungen zu

DIN EN 1997-1 (2014) Eurocode 7 – Entwurf, Berechnung und Bemessung in der Geotechnik – Teil 1: Allgemeine Regeln; Deutsche Fassung EN 1997-1:2004 + AC:2009 + A1:2013. Beuth Verlag Berlin

DIN 4084 (1981, ungültig) Baugrund – Geländebruchberechnungen. Beuth Verlag, Berlin

DIN 4084 (2009) Baugrund – Geländebruchberechnungen. Beuth Verlag, Berlin

DIN EN ISO 14688-1 (2018) Geotechnische Erkundung und Untersuchung – Benennung, Beschreibung und Klassifizierung von Boden – Teil 1: Benennung und Beschreibung (ISO 14688-1:2017); Deutsche Fassung EN ISO 14688-1:2018. Beuth Verlag, Berlin

DIN EN ISO 14688-2 (2018) Geotechnische Erkundung und Untersuchung – Benennung, Beschreibung und Klassifizierung von Boden – Teil 2: Grundlagen für Bodenklassifizierungen (ISO 14688-2:2017); Deutsche Fassung EN ISO 14688-2:2018. Beuth Verlag, Berlin

DIN 14689 (2018) Geotechnische Erkundung und Untersuchung – Benennung, Beschreibung und Klassifizierung von Fels (ISO 14689:2017); Deutsche Fassung EN ISO 14689:2018. Beuth Verlag, Berlin

DIN EN ISO 17892 (2018) Geotechnische Erkundung und Untersuchung – Laborversuche an Bodenproben. Beuth Verlag, Berlin

DIN 18136 (2003) Einaxialer Druckversuch. Beuth Verlag, Berlin

DIN 18137 (2009 bis 2011, ungültig) Baugrund, Untersuchung von Bodenproben – Bestimmung der Scherfestigkeit. Beuth Verlag, Berlin

DIN 18196 (2011) Erd- und Grundbau – Bodenklassifikation für bautechnische Zwecke. Beuth Verlag, Berlin

DIN 18300 (2012, ungültig) VOB Vergabe- und Vertragsordnung für Bauleistungen – Teil C: Allgemeine Technische Vertragsbedingungen (ATV) – Erdarbeiten. Beuth Verlag, Berlin

DIN 18300 (2016) VOB Vergabe- und Vertragsordnung für Bauleistungen – Teil C: Allgemeine Technische Vertragsbedingungen (ATV) – Erdarbeiten. Beuth Verlag, Berlin

DIN 18312 (2016) VOB Vergabe- und Vertragsordnung für Bauleistungen – Teil C: Allgemeine Technische Vertragsbedingungen für Bauleistungen (ATV) – Untertagebauarbeiten. Beuth Verlag, Berlin

Hoppe W (1935) Wesen und Erscheinung des Sonnenbrandes. Z dt Ger Ges 87. Berlin, 452–473

ISRM (1981) Basic Geotechnical Description of Rock Mass (BDG). Int J Rock Mech Min Sci, Geomech Abstr 18:85–110

Krompholz (1994) Resonanz- oder Dehnwellenimpulsmessung (Anwenderhinweise). Geotron –Elektronik, Leite 2 –01796 Pirna –Neundorf

Lambert JH (1772) Beyträge zum Gebrauche der Mathematik und deren Anwendung. Berlin

Lauffer H (1958) Gebirgsklassifikation für den Stollenbau. Geologie und Bauwesen 24:46–51

Linné C v (1735) Systema Naturae. Johan Wilhelm de Groot, Leiden

Matula M (1981) Rock and soil description and classification for engineering geological mapping. Report by the IAEG commisssion on engineering geological mapping. Bull IAEG 24:235–274

Müller B (1998) Das Phänomen der Trennflächen und ihre Bedeutung für geotechnische Aufgabenstellungen –Freib Forsch-Heft C 475, 173–200

Müller B et al (2010) Bewertung der Standsicherheit von Felsböschungen und möglichen Felssicherungsmaßnahmen instabiler Bereiche. Felsbau Mag 1:12–25

Müller B, Pippig U (2011) Praktikable geotechnische Klassifikationen von Festgesteinen und Festgebirgen für das Bauwesen sowie den Bergbau. Felsbau Mag 1:10–31

Peschel A (1977) Natursteine -VEB Verlag für Grundstoffindustrie, Leipzig

Prinz H & R Strauss (2011) Abriss der Ingenieurgeologie, 5 Aufl. Springer, Heidelberg

Rentsch W, Krompholz G (1961) Zur Bestimmung elastischer Konstanten durch Schallgeschwindigkeitsmessungen. Bergakademie 13:492–504

Rosiwal A (1916) Neuere Ergebnisse der Härtebestimmung von Mineralien und Gesteinen -Ein absolutes Maß für die Härte spröder Körper. Verh Kais Königl Geol Reichsanstalt 5(6):117–147 Wien

Rossmanith HP et al (1998) Der Einfluss der Detonationsgeschwindigkeit auf das dynamische Verhalten des Gebirges und die Bruchnetzentwicklung. Spreng-Info 20(2):27–34

Sander B (1930) Gefügekunde der Gesteine – mit besonderer Berücksichtigung der Tektonite. Julius Springer, Wien

Schmidt W (1925) Gefügestatistik. Tschermaks Min u Petrogr Mitt, 38

Tertsch F (1949) Festigkeitserscheinungen der Kristalle. Springer, Wien

Thuro K, Käsling H (2009) Klassifikation der Abrasion von Boden und Fels. Geomechanics and Tunnelling 2:179–188

Voight B (1966) Beziehungen zwischen großen horizontalen Spannungen im Gebirge und der Tektonik und der Abtragung. Lissabon -Sitzungsberichte I Kongr Int Ges Felsmechanik, II, 51–56.

Weiterführende Literatur

Bergmann L (1954) Der Ultraschall und seine Anwendung in Wissenschaft und Technik, 6. Aufl, S Hirzel Verlag, Stuttgart, S 566 ff

Bienawski ZT (1989) Engineering rock mass classifikation. Wiley

DIN EN 1926 (1999) Prüfverfahren für Naturstein, Bestimmung der Druckfestigkeit. Beuth Verlag, Berlin

DIN EN 13755 (2001) Prüfung der Wasseraufnahme von Natursteinen. Beuth Verlag, Berlin

DIN EN 14146 (2001) Bestimmung des dynamischen Elastizitätsmoduls. Beuth Verlag, Berlin

DIN EN 14579 (2004) Bestimmung der Geschwindigkeit der Schallausbreitung. Beuth Verlag, Berlin

Everling G, Dreyer W (1970) Generalreport zum Thema Festigkeit von Gesteinen und Gebirge. Bericht über das 10. Ländertreffen der Internationalen Büros für Gebirgsmechanik. Akademie, Berlin, S 29–65

Fecker E et al (1974) Festschrift Leopold Müller-Salzburg zum 65. Geburtstag, Karlsruhe

Fritz P, Kovari K (1979) Böschungsstabilität mit ebenen, keilförmigen und polygonalen Gleitflächen. Rock Mech Suppl 8:291–316

Forschungsgemeinschaft für Straßen- und Verkehrswesen (1992) Merkblatt über Felsbeschreibung für den Straßenbau. Köln

Goodman RE, Taylor RL, Brekke TL (1968) A model for the mechanics of jorted rock. I Soil Mech Fa Div Proc ASCE, 94/SM 3:637–659

Gramberg J (1968) Bruch und Bruchgesteine im spröden Gestein. Abh Deut Akad Wiss 2: Kl Bergbau Hüttenwesen und Montangeschichte. Berlin, S 13–27

Klieboldt U, Müller B, Pippig U (2017) Sprengerschütterungsbegutachtung aus behördlicher und fachlicher Sicht. Spreng-Info 39(H3):20–32

Krauter E, Woszidlo H, Büdinger H (1985) Festigkeitsuntersuchungen an Gesteinen und an Gesteinsverbänden mit dem Prallhammer nach Schmidt. Ingenieurgeologische Probleme im Grenzbereich zwischen Locker- und Festgestein. S 658–671

Langer M (1982) Arbeitskreis „Terminologie der Deutschen Gesellschaft für Erd- und Grundbau e. V." Grundbegriffe der Felsmechanik und Ingenieurgeologie, 2. Aufl. Verlag Glückauf GmbH, Essen

Mandl G (2005) Rock joints -The mechanical genesis. Springer, Berlin

Müller B (1975) Geotechnische Analyse von Festgesteinen und ihre Bedeutung für den Felsbau und die Natursteinindustrie. Dissertation (Dr.-Ing.) Fakultät für Technik und Natursteinwissenschaften der Verkehrshochschule „F. List" Dresden

Müller B (1978) Beziehungen zwischen chemischer Zusammensetzung,

gesteinstechnischen Eigenschaften und dem Trennflächengefüge in Karbonatgesteinen. Z geol Wiss, Berlin 6(7):897–914
Müller B, Klengel KJ (1979) Praktische Ergebnisse bei der Aufnahme und Bestimmung ingenieurgeologisch-felsmechanischer Kennwerte zur Bewertung der Standfestigkeit von Fels. Z für angew Geol 25(10):485–493
Müller B (1980) Die Häufigkeit von Trennflächen im Festgestein. Z der Geol Wiss Berlin 13(3):265–282
Müller B (1986) Grundsätze für den Felsbau im Bauwesen. Habil Schrift (Dr. sc. techn.) Fakultät für Technik und Naturwissenschaften der Hochschule für Verkehrswesen „F. List" Dresden
Müller B (1987) Anwendung der Cloos´schen Granittektonik zur Deutung des Lausitzer Granodiorit-Granit-Massivs. Abh Ber Naturkd Vorgesch, XIII, Magdeburg, S 11–20
Müller B (1988) Kommentar zum Standard TGL 11460/01 „Baugrunduntersuchungen, Bestimmung der Gesteinsarten, Festgestein". Standardisierung im Bauwesen, Berlin 230, S 2639–2654
Müller B (1990) Kommentar zum Standard TGL 11482/09 „Erdarbeiten, Zusätzliche Forderungen für Felsarbeiten" – Standardisierung im Bauwesen, H 238, Berlin, S 2873–2883
Müller B, Pippig U (2013a) Vorstellung von praktikablen geotechnischen Klassifikationen der Festgesteine und Festgebirge an Beispielen aus der Praxis des Fels- und Tunnelbaues. 19. Tagung für Ingenieurgeologie, 13.–16.3.2013, TU München
Müller B et al (2013b) Umsetzung der sonischen Wirkung bei Gewinnungssprengung in die Praxis zwecks Reduzierung von Umwelteinwirkungen –Abschlussbericht über das Projekt, gefördert unter dem AZ: 29049-21/0 von der Deutschen Bundesstiftung Umwelt, Leipzig, 31.01.2013
Müller B, Litschko B, Pippig U (2014) Auswirkungen eines Erdbebens in Nieder-Beerbach und Ableitung von realistischen Anhaltswerten bei Erschütterungen. Sprenginfo 36(3):6–18
Müller B, Litschko B, Pippig U (2015) Innovative Sprengtechnik über und unter Tage. Bergbau, Energie und Rohstoffe 2015, Tagungsband, 7.–9.10.2015 in Freiberg, S 248–270
Müller B, Pippig U (2017) Modern Theory = Flexible Blasting = Low vibration – Proc. th World Conference on Explosives and Blasting. Stockholm, 10.–12.09.2017, 69–81
Müller L (1963) Der Felsbau. Enke, Stuttgart
Murawski H (1983) Geologisches Wörterbuch, 8. Aufl. Enke, Stuttgart
Pforr H (1973) IBG –Richtlinien zur Ermittlung von geomechanischen Kennziffern der Gesteine und des Gebirgsmassivs –VEB Deutscher Verlag für Grundstoffindustrie, Leipzig
Pukall H (1940) Beiträge zur Frage des Sonnenbrandes der Basalte –Teil II. Z angew Min 2:277–303
Rentsch W, Krompholz G(1963) Die Bestimmung der Poissonschen Zahl durch Schallgeschwindigkeitsmessungen. Wiss Z der Hochschule für Bauwesen Leipzig
Reuther CD (2012) Grundlagen der Tektonik. Kräften und Spannungen der Erde auf der Spur. Springer Berlin –Heidelberg
Rossmanith HP (1990) Mechanics of jointed and faulted rock. Proc of an Internat Conf Vienna, Austria. Balkema, Rotterdam
Schön J (1983) Petrophysik. Physikalische Eigenschaften von Gesteinen und Mineralien. Enke, Stuttgart
Schön J (2011) Physical properties of rocks. A workbook. Elsevier, Amsterdam
Schöne D (1965) Die Bedeutung und die Definition der Begriffe „Bohrbarkeit" und „Bohrwiderstand" und die grundsätzlichen Verfahren zur Ermittlung der bohrtechnischen Eigenschaften der Gesteine. Bergakademie, Leipzig 17(3):146–151
Sebastian U (2018) Gesteinskunde. Ein Leitfaden für Einsteiger und Anwender, 4. Aufl. Springer Spektrum
TGL 24336 (1976) Prüfung von Gesteinsbaustoffen und Leichtzuschlagstoffen. Bl 18 – Bestimmung des Abriebs von Gestein mit der Schleifscheibe
Wittke W (1984) Felsmechanik –Grundlagen für wirtschaftliches Bauen im Fels. Springer, Berlin
Wyllie DC, Mah CW (2004) Rock slope engineering. Civil and Mining, 4. Aufl. Spon Press, Taylor & Francis Group, London
Young DH, Freedmann AR (2004) University Physics with Modern Physics, 11. Aufl. Pearson, Addison Wesley, San Francisco

Stichwortverzeichnis

M

N

O

P

Q

R

S

Z

MIX
Papier aus verantwortungsvollen Quellen
Paper from responsible sources
FSC® C105338
FSC
www.fsc.org

If you have any concerns about our products,
you can contact us on
ProductSafety@springernature.com

In case Publisher is established outside the EU,
the EU authorized representative is:
Springer Nature Customer Service Center GmbH
Europaplatz 3, 69115 Heidelberg, Germany

Printed by Libri Plureos GmbH
in Hamburg, Germany